肉牛高效养殖技术问答

董建平　师军锋　辛绪峰　主编

中国农业出版社
农村设物出版社
北　京

《肉牛高效养殖技术问答》

编委会名单

主　编　董建平　师军锋　辛绪峰

副主编　安加俊　魏宝国　董　姣

参　编（以姓氏笔画为序）

朱文华　安加俊　师军锋　辛绪峰

庞西锋　董建平　董　姣　魏宝国

摄　影　昝小强　董建平

序

我国以农立国，养牛业曾是一个古老的传统产业，历史十分悠久，农民群众多有养牛习惯。改革开放 40 年来，随着农业机械化的普及，铁牛“上岗”导致许多地方的黄牛纷纷“下岗”，虽然中国黄牛曾经引以为傲的役用性能逐渐地失去了昔日的用场，但其肉用潜力得到了有效开发利用。尤其近 20 年来，随着国民经济快速发展和城乡居民生活水平不断提高，市场对牛肉的需求量与日俱增，肉牛产业在各级政府的大力支持和社会各界的积极推动下得到了迅猛发展。

董建平高级兽医师是一位热心肉牛养殖技术推广服务的老同志，已在陕西省咸阳市永寿县畜牧兽医系统工作了 40 多年，长期扎根基层，乐于钻研实践，善于总结积累，先后主持开展多项新技术引进、试验研究和示范推广计划项目，曾获咸阳市劳动模范、“三五人才”、突贡专家和科普明星等荣誉，获省、市科技奖 8 项，发表论文 90 余篇，出版著作 1 部，业绩突出。最近，由他牵头历经三年主编完成的《肉牛高效养殖技术问答》即将正式出版，邀我为该书出版作序，作为同行和老朋友，我为他及其同事们身处基层工作一线又能拨冗整理编写出接地气的肉牛养殖实用技术读本感到非常高兴，也对这本科普读物的正式出版表示由衷祝贺。

就肉牛养殖而言，无论是选址建场、品种选择、繁育改良，还是储草备料、养殖育肥、防疫治病等，对许多初入肉牛行业或正在从事肉牛养殖的农户和企业来说，不是想象中传统养牛那样简单，需学习掌握技术要领，做到科学养牛。否则，只会事倍功半、得不偿失。这本书的最大特点就是尽可能地从肉牛养殖实际出发，本着先进、实用的原则，既有对现有养牛技术的精选集成，又有编者多年来一线实践经验的总结，文图并茂，通俗易懂，可操作性强。希望这本书的出版，对广大肉牛养殖者有所裨益。

是为序。

2019 年 4 月

前　言

我国养牛已有6 000多年的历史，在草原地区更早，牛在古代主要是供役用，是古老而重要的陆地交通工具。牛属草食动物，可充分利用植物性饲料及大量的农作物秸秆，饲草、饲料来源广，养牛已成为节粮型畜牧业的一部分。国家发改委、财政部、农业部制定的《全国牛羊肉生产发展规划（2013—2020年）》，提出了发展目标，具体保障措施，政策扶持标准等，是国家今后重点扶持的产业。养牛技术简单易掌握，广大农民群众在长期养牛实践中积累了丰富的经验，养牛业作为农业的重要组成部分，在推进农业产业结构调整，提高城乡居民生活质量，为返乡农民工提供更多就业岗位，带动相关产业，繁荣农村经济，促进农民增收致富和农业提质增效等方面发挥着越来越重要的作用。

肉类是人们重要的营养食物来源，牛肉以瘦肉多、脂肪少、胆固醇低、蛋白含量高、肉质鲜嫩、营养丰富、易消化吸收，受到广大消费者的喜爱。由于我国是一个人口大国，又是一个发展中国家，城乡居民肉类特别是牛肉人均消费量与世界发达国家存在较大差距。随着我国经济的快速发展，城乡居民收入的逐年增长，饮食结构的改变和生活水平的不断提高，牛肉的需求量将会逐步增加，特别是优质牛肉。我国牛肉及其产品消费市场潜力巨大，前景广阔，为此各地政府不断通过多种方式，加大肉牛生产的扶持力度，加快肉牛品种改良和养牛新技术推广，有力推动了肉牛产业的发展。我国肉牛产业将会保持稳定的发展态势。但目前我国养牛业存在着品种单一，良种化率低，肉牛出栏率低，胴体品质不佳，饲草、饲料不能做到一年四季均衡供应，饲养管理粗放、组织化程度不高、产品质量不稳定、养殖效益差等诸多不足和问题，这在一定程度上影响着牛肉及其产品的市场供应，由此可见发展家庭牧场高效养牛意义重大，是当前和今后相当时期内我国发展养牛的重要方式。

为了普及养牛科学技术知识，改变传统落后的养殖方式和方法，提高家庭牧场养殖水平，我们结合工作实践，收集、汇总了近几年在养牛方面的成功经验、先进技术、科研成果等编写了此书，重点介绍了牛场环境建设、饲草与饲料开发、牛的品种利用、牛的杂交繁殖、牛的饲养与管理、牛场生物安全、牛疾病防治等内容，力求做到符合当前养牛的实际需要。

本书在编写过程中得到各界同仁的大力支持，在此表示感谢。因编者水平所限，书中难免有缺陷和不妥之处，敬请广大读者及农民朋友提出批评及改进意见。

董建平

2020 年 3 月

目 录

一、牛场的选址与建设……1

1. 牛场选址的基本条件是什么？……1
2. 牛场怎样进行总体布局最科学合理？……1
3. 禁止建牛场的区域主要指什么？……2
4. 牛场建设的基本流程是什么？……2
5. 养好牛应具备的饲养环境条件是什么？……3
6. 牛舍设计建设的基本原则是什么？……3
7. 牛场生活管理区怎么进行布局？……3
8. 牛场养殖区怎么进行布局？……4
9. 牛场粪污处理区怎么进行布局？……4
10. 牛场的配套设施主要有哪些？……4
11. 牛舍地面有哪几种及地面建设的基本要求是什么？……6
12. 牛舍墙面建设的基本要求是什么？……7
13. 牛槽建设的基本要求是什么？……7
14. 不同阶段牛各自的占地面积是多少？……7
15. 牛舍屋顶的形式有哪几种？……7
16. 牛舍屋顶建设的基本要求是什么？……8
17. 牛舍建设形式分为哪几种类型？……8
18. 单列式牛舍建设的基本要求是什么？……8
19. 双列式牛舍建设的基本要求是什么？……8
20. 开放式牛舍建设的基本求是什么？……9
21. 半开放式牛舍建设的基本要求是什么？……9
22. 全封闭式牛舍建设的基本要求是什么？……10
23. 母牛舍建设的基本要求是什么？……10
24. 产房建设的基本要求是什么？……11
25. 公牛舍建设的基本要求是什么？……11
26. 犊牛舍建设的基本要求是什么？……11
27. 牛场消毒设施建设的基本要求是什么？……11

28. 牛场配种室建设的基本要求是什么？ …… 11
29. 牛场兽医室建设的基本要求是什么？ …… 12
30. 牛场病牛隔离舍建设的基本要求是什么？ …… 12
31. 牛场饲料库建设的基本要求是什么？ …… 12
32. 牛场干草棚建设的基本要求是什么？ …… 12
33. 牛场饲草饲料加工设备主要有哪些？ …… 12
34. 牛场饲草收割机械设备主要有哪些？ …… 13
35. 牛场饲喂设备主要有哪些？ …… 14
36. 牛场供水系统建设的基本要求是什么？ …… 14
37. 牛场供电系统建设的基本要求是什么？ …… 14
38. 牛场供暖系统建设的基本要求是什么？ …… 14
39. 牛场无害化处理设施建设的基本要求是什么？ …… 15
40. 牛场装卸台建设的基本要求是什么？ …… 15
41. 牛场场区道路建设的基本要求是什么？ …… 15
42. 牛场围墙、隔离沟建设的基本要求是什么？ …… 15
43. 牛场场区绿化建设的作用是什么？ …… 16
44. 怎样进行牛场绿化建设？ …… 16
45. 牛运动场建设的基本要求是什么？ …… 16
46. 牛运动场内应配备的主要设施有哪些？ …… 16
47. 牛场的其他附属设施主要有哪些？ …… 16

二、牛的饲草与饲料 …… 17

1. 牛场饲草、饲料开发的重要性是什么？ …… 17
2. 什么是牛的营养需要？ …… 17
3. 牛生长发育及生产活动需要哪些营养物质？ …… 17
4. 蛋白质的作用主要有哪几方面？ …… 17
5. 碳水化合物的作用主要有哪几方面？ …… 18
6. 脂肪的作用主要有哪几方面？ …… 18
7. 牛需要的维生素分为哪几类？ …… 19
8. 脂溶性维生素的作用分别是什么？ …… 19
9. 水溶性维生素的作用分别是什么？ …… 19
10. 牛需要的矿物质主要分哪几类？ …… 20
11. 常量矿物质元素的作用分别是什么？ …… 20
12. 怎样给牛补充钙和磷？ …… 21
13. 食盐的作用是什么？怎样给牛补充食盐？ …… 21
14. 镁的作用是什么？怎样给牛补镁？ …… 21
15. 硫的作用是什么？怎样给牛补硫？ …… 21
16. 钾的作用是什么？怎样给牛补钾？ …… 21
17. 微量矿物质元素的作用分别是什么？怎样给牛补充微量矿物质元素？ …… 22

18. 水对牛有什么作用？ …… 23
19. 牛饲料分为哪几类？ …… 23
20. 养牛人常说的饲草分为哪几类？ …… 23
21. 牛的粗饲料主要包括哪几类？ …… 23
22. 干草的营养特点是什么？ …… 24
23. 秸秆类饲料的营养特性是什么？ …… 24
24. 秕壳类饲料的营养特性是什么？ …… 24
25. 农作物秸秆类饲料有哪些？如何利用？ …… 24
26. 秸秆类粗饲料加工方法主要有哪几种？ …… 24
27. 青干草加工调制的方法是什么？ …… 25
28. 干草品质鉴定的主要内容是什么？ …… 26
29. 牛的青绿多汁饲料主要有哪些？ …… 26
30. 牛的能量饲料主要有哪些？ …… 26
31. 常用的几种籽实饲料营养特性是什么？ …… 26
32. 常用的几种糠麸类饲料营养特性是什么？ …… 28
33. 常用的几种块根、块茎和瓜类饲料营养特性是什么？ …… 28
34. 牛谷实类饲料加工方法主要有哪几种？ …… 29
35. 青绿多汁饲料饲喂应注意哪几个方面？ …… 30
36. 树叶类饲料如何开发与利用？ …… 30
37. 牛的蛋白质饲料主要有哪几种？ …… 31
38. 常用的植物性蛋白质饲料主要有哪几种？ …… 31
39. 蛋白质饲料的过瘤胃保护方法是什么？ …… 32
40. 饲料添加剂分为哪几种类型？ …… 32
41. 饲料添加剂的主要作用是什么？ …… 32
42. 促生长添加剂的作用是什么？如何利用？ …… 32
43. 维生素添加剂如何使用？ …… 33
44. 微量元素添加剂如何使用？ …… 33
45. 中草药添加剂的主要作用是什么？ …… 33
46. 在牛饲料和饮水中禁止使用的主要药品是什么？ …… 33
47. 氨化秸秆的原理是什么？ …… 34
48. 秸秆氨化的方法是什么？ …… 34
49. 影响秸秆氨化效果的主要因素是什么？ …… 34
50. 秸秆氨化对原料的基本要求是什么？ …… 35
51. 氨化秸秆品质评定的主要内容是什么？ …… 35
52. 秸秆氨化饲料使用时应注意什么？ …… 35
53. 秸秆碱化方法及技术要点是什么？ …… 35
54. 什么是青贮饲料？ …… 36
55. 青贮饲料分为哪几类？ …… 36
56. 青贮饲料的营养特性是什么？ …… 36

57. 青贮对原料的基本要求是什么？ …… 36
58. 常用的青贮原料主要有哪些？ …… 36
59. 青贮饲料制作的基本原理什么？ …… 36
60. 青贮饲料的制作方法是什么？ …… 37
61. 青贮饲料的品质鉴定方法是什么？ …… 38
62. 青贮饲料的取用方法是什么？ …… 38
63. 青贮饲料的方法有哪几种？ …… 38
64. 秸秆裹包青贮的制作方法是什么？ …… 39
65. 秸秆裹包青贮的优缺点是什么？ …… 39
66. 秸秆微贮的原理是什么？ …… 39
67. 秸秆微贮饲料的主要优点是什么？ …… 40
68. 秸秆微贮的技术要点是什么？ …… 40
69. 秸秆微贮饲料品质鉴定的主要内容是什么？ …… 40
70. 秸秆微贮饲料饲喂当中应注意什么？ …… 40
71. 紫花苜蓿的营养价值及利用方法是什么？ …… 40
72. 青贮玉米的营养价值及利用方法是什么？ …… 41
73. 沙打旺的营养价值及利用方法是什么？ …… 42
74. 甜高粱的营养价值及利用方法是什么？ …… 42
75. 饲料南瓜的营养价值及利用方法是什么？ …… 43
76. 黑麦草的营养价值及利用方法是什么？ …… 43
77. 燕麦的营养价值及利用方法是什么？ …… 44
78. 三叶草的营养价值及利用方法是什么？ …… 45
79. 草木樨的营养价值及利用方法是什么？ …… 45
80. 串叶松香草的营养价值及利用方法是什么？ …… 46
81. 籽粒苋的营养价值及利用方法是什么？ …… 46
82. 牛的饲养标准是什么？ …… 47
83. 牛日粮配合的原则是什么？ …… 47
84. 牛日粮配合的方法？ …… 47
85. 天然草场、人工草场利用的方法是什么？ …… 47
86. 如何备足牛越冬饲草？ …… 48
87. 牛场用草、料计划的内容是什么？ …… 48

三、牛的品种与选择 …… 49

1. 为什么要饲养良种牛？ …… 49
2. 什么是肉用型良种牛？ …… 49
3. 肉用型牛应该具备的外貌特征是什么？ …… 49
4. 西门塔尔牛的品种特征主要有哪几个方面？ …… 49
5. 利木赞牛的品种特征主要有哪几个方面？ …… 50
6. 夏洛来牛的品种特征主要有哪几个方面？ …… 51

7. 海福特牛的品种特征主要有哪几个方面? …… 51
8. 安格斯牛的品种特征主要有哪几个方面? …… 52
9. 丹麦红牛的品种特征主要有哪几个方面? …… 52
10. 秦川牛的品种特征主要有哪几个方面? …… 53
11. 鲁西牛的品种特征主要有哪几个方面? …… 53
12. 南阳牛的品种特征主要有哪几个方面? …… 54
13. 晋南牛的品种特征主要有哪几个方面? …… 55
14. 延边牛的品种特征主要有哪几个方面? …… 55
15. 蒙古牛的品种特征主要有哪几个方面? …… 56
16. 三河牛的品种特征主要有哪几个方面? …… 57
17. 牛体主要由哪几部分组成? …… 57
18. 肉牛的外形特征主要从哪几个方面观察? …… 58
19. 牛个体外貌鉴定的主要方法有几种? …… 59
20. 牛个体外貌肉眼鉴定的基本方法是什么? …… 59
21. 牛个体外貌测量鉴定的基本方法是什么? …… 59
22. 牛个体外貌评分鉴定的基本方法是什么? …… 60
23. 肉牛膘情鉴定的方法是什么? …… 60
24. 肉牛选择的主要经济性状是什么? …… 61
25. 肉牛选择的主要途径是什么? …… 62
26. 怎样从牙齿鉴别牛的年龄? …… 62
27. 测定活牛体重的方法主要有哪几种? …… 63
28. 选择犊牛的方法是什么? …… 64
29. 犊牛个体外貌应具备哪些特点? …… 64
30. 怎样选留基础母牛? …… 64
31. 基础母牛外貌要求是什么? …… 64
32. 怎样从外貌上选择种用公牛? …… 65
33. 我国肉牛养殖面临的主要问题是什么? …… 65

四、牛的繁殖…… 66

1. 牛的繁殖方法主要有哪几种? …… 66
2. 影响牛繁殖的主要因素是什么? …… 66
3. 血液更新及其作用是什么? …… 66
4. 什么叫终端父系品种? …… 67
5. 什么是杂交? …… 67
6. 什么是牛的杂交效应? …… 67
7. 牛的杂交方法分为哪几类? …… 67
8. 什么是经济杂交? …… 67
9. 什么是两个品种的杂交? …… 68
10. 什么是级进杂交? …… 68

11. 什么是多元杂交？ …… 68
12. 什么是轮回杂交？ …… 68
13. 牛杂交的原则是什么？ …… 68
14. 在肉牛养殖中如何利用杂交优势？ …… 69
15. 影响肉牛杂交优势的因素主要有哪几个方面？ …… 69
16. 什么是牛的性成熟？ …… 69
17. 什么是母牛发情？ …… 70
18. 什么是母牛发情周期？ …… 70
19. 母牛发情周期分哪几个阶段？ …… 70
20. 母牛发情有何规律及主要表现是什么？ …… 70
21. 母牛发情持续期有多长？ …… 71
22. 母牛排卵时间有多长？ …… 71
23. 母牛产后多长时间发情？ …… 71
24. 母牛异常发情主要有哪几种？ …… 71
25. 影响母牛发情的因素是什么？ …… 72
26. 母牛发情鉴定的方法是什么？ …… 73
27. 公母牛的初配年龄是多大？ …… 73
28. 公母牛配种过早的主要危害是什么？ …… 74
29. 母牛的配种方法有哪几种？ …… 74
30. 什么叫自然交配？ …… 74
31. 自由交配的优点和缺点是什么？ …… 74
32. 什么叫人工辅助交配？ …… 74
33. 什么叫人工授精？ …… 74
34. 人工授精的优点是什么？ …… 75
35. 牛冷冻精液制作与保存方法是什么？ …… 75
36. 牛冷冻精液稀释方法是什么？ …… 75
37. 牛人工授精前应做哪些准备？ …… 75
38. 人工授精前后应注意哪些问题？ …… 76
39. 给牛输精的时机和方法是什么？ …… 76
40. 细管冻精与颗粒冻精相比各有什么优缺点？ …… 77
41. 人工授精提高母牛受胎率的关键环节是什么？ …… 77
42. 母牛妊娠后的主要表现是什么？ …… 78
43. 牛的妊娠期是多长？影响妊娠期长短的主要因素有哪些？ …… 78
44. 怎样计算母牛的预产期？ …… 78
45. 怎样做好母牛的保胎工作？ …… 78
46. 母牛分娩前有什么表现？ …… 79
47. 母牛分娩前应做哪些准备工作？ …… 79
48. 牛分娩过程分哪几个阶段？ …… 79
49. 如何正确给母牛接产？ …… 80
50. 造成母牛生理性流产的主要因素是什么？ …… 80

51. 造成母牛外源性流产的主要因素是什么? …… 80
52. 母牛产后为什么要喂给温热麸皮盐水? …… 80
53. 母牛产后多少天开始发情? …… 80
54. 母牛产后多少天可以配种? …… 81
55. 牛繁殖方面常说的"三率"分别是什么? …… 81
56. 怎样提高牛繁殖的"三率"? …… 81
57. 造成牛群繁殖率不高的主要因素有哪几个方面? …… 81
58. 母牛难产的主要因素是什么? …… 82
59. 母牛难产救助的方法是什么? …… 82
60. 产后母牛如何进行护理? …… 82
61. 牛繁殖新技术主要有哪几个方面? …… 83
62. 母牛到繁殖年龄不发情怎么办? …… 83
63. 母牛产后胎衣不下如何处治? …… 83
64. 如何预防母牛产后胎衣不下? …… 84
65. 如何合理利用种公牛? …… 84
66. 提高牛群整体繁殖力的主要措施有哪几个方面? …… 84
67. 犊牛应该怎样进行饲养? …… 85
68. 犊牛卫生管理的主要内容是什么? …… 85
69. 小白牛肉生产技术要点是什么? …… 85

五、牛的饲养与管理 …… 87

1. 牛的生活习性主要有哪几个方面? …… 87
2. 犊牛胃的特点是什么? …… 88
3. 牛消化道构造的特点是什么? …… 88
4. 牛采食的特点主要有哪几个方面? …… 89
5. 牛瘤胃消化的特点是什么? …… 89
6. 牛瘤胃生态环境的特点是什么? …… 90
7. 牛瘤胃微生物的作用主要有哪几个方面? …… 90
8. 唾液在牛消化过程中有何作用? …… 91
9. 肉牛育肥的一般原则是什么? …… 91
10. 什么叫架子牛? 什么叫架子牛强度育肥? …… 92
11. 架子牛选择的要点是什么? …… 92
12. 架子牛的常规分类方法是什么? …… 92
13. 架子牛的饲喂原则是什么? …… 93
14. 新购架子牛饲养管理措施有哪几个方面? …… 93
15. 肉牛育肥怎样饲喂尿素? …… 93
16. 肉牛的育肥方式有哪几种? …… 94
17. 肉牛易地育肥的主要优势是什么? …… 94
18. 肉牛易地育肥的主要技术措施是什么? …… 95

19. 肉牛饲养管理应坚持的原则是什么？ …………………………………………… 95
20. 肉牛放牧技术要点是什么？ ……………………………………………………… 96
21. 什么叫肉牛舍饲强度育肥？ ……………………………………………………… 97
22. 肉牛舍饲强度育肥分哪几个阶段？ ………………………………………………… 97
23. 肉牛舍饲强度育肥的饲喂方法主要有哪几种？ ……………………………………… 97
24. 肉牛舍饲强度育肥应注意哪几方面的技术问题？ …………………………………… 98
25. 肉牛放牧＋补饲强度育肥技术的关键环节是什么？ ………………………………… 99
26. 怎样做好妊娠母牛的饲喂？ ……………………………………………………… 99
27. 怎样做好妊娠母牛的管理？ ……………………………………………………… 100
28. 初生犊牛如何进行护理？ ………………………………………………………… 100
29. 为什么要让犊牛尽早吃到初乳？ ………………………………………………… 101
30. 犊牛吃奶多少天最理想？ ………………………………………………………… 101
31. 怎样做好哺乳犊牛的饲养管理？ ………………………………………………… 101
32. 怎样保证母牛哺乳期有充足的奶水？ ……………………………………………… 102
33. 种公牛饲养管理的重要性是什么？ ………………………………………………… 103
34. 种公牛的生理特性主要有哪几个方面？ …………………………………………… 103
35. 种公牛饲养管理过程中应做好哪些安全防范工作？ ………………………………… 103
36. 种公牛的饲喂当中应采取哪几个方面的技术措施？ ………………………………… 104
37. 种公牛管理当中应采取哪几个方面的技术措施？ …………………………………… 104
38. 淘汰牛育肥饲养管理措施有哪几个方面？ ………………………………………… 105
39. 淘汰牛育肥前应做好哪几方面的工作？ …………………………………………… 105
40. 影响肉牛育肥效果的主要因素是什么？ …………………………………………… 106
41. 给牛驱虫的重要性及方法是什么？ ………………………………………………… 107
42. 公牛去势的时间及作用是什么？ ………………………………………………… 107
43. 给牛刷拭的方法是什么？ ………………………………………………………… 107
44. 给牛编号的方法主要有哪几种？ ………………………………………………… 108
45. 家庭牧场式养牛的优点是什么？ ………………………………………………… 108
46. 确定牛场规模大小的基本原则是什么？ …………………………………………… 108
47. 规模化养牛最理想的牛群结构应该是什么？ ……………………………………… 109
48. 确定肉牛育肥最佳出栏时间的依据是什么？ ……………………………………… 109
49. 如何制定牛场生产计划？ ………………………………………………………… 109
50. 如何进行养牛的成本核算？ ……………………………………………………… 110
51. 如何才能使肉牛养殖效益最大化？ ………………………………………………… 111
52. 不同季节怎样养好牛？ …………………………………………………………… 112
53. 肉牛养殖的风险因素主要有哪几个方面？ ………………………………………… 114
54. 牛场档案管理的主要内容是什么？ ………………………………………………… 115

六、牛场生物安全措施 …………………………………………………………… 116

1. 牛场生物安全的重要性是什么？ ………………………………………………… 116

2. 牛场从业人员健康保障的重心是什么? ……116
3. 牛场应如何做好人畜共患病防控工作? ……116
4. 保障牛场从业人员健康应采取哪些有效措施? ……117
5. 养牛生产的污染物主要是哪几类? ……117
6. 养牛生产对环境污染的危害主要表现在哪几个方面? ……118
7. 牛场环境保护的重要性是什么? ……118
8.《畜禽规模养殖污染防治条例》对防治养殖污染是怎样规定的? ……118
9. 牛场粪污治理的原则是什么? ……118
10. 牛场建设应遵循的原则性是什么? ……119
11. 牛场粪污收集与贮存应采取哪几种方法? ……119
12. 牛场粪污处理的具体措施是什么? ……119
13. 牛场堆肥场地规划设置应满足什么条件? ……119
14. 粪污好氧堆肥的基本原理是什么? ……120
15. 好氧堆肥应具备的基本条件是什么? ……120
16. 牛场堆肥的方法有哪几种? ……120
17. 粪污厌氧处理的基本原理是什么? ……120
18. 粪污厌氧处理的基本条件是什么? ……121
19. 牛粪利用模式有哪几种? ……121
20. 牛场隔离措施的主要内容是什么? ……121
21. 为确保牛场生物安全日常应做的主要工作是什么? ……122
22. 牛场发生疫情时应采取的紧急防控措施有哪几个方面? ……122
23. 怎样做好牛场疾病综合防治工作? ……123
24. 牛场卫生管理的主要内容是什么? ……123
25. 牛场消毒的目的有哪几个方面? ……123
26. 防治牛疫病的主要措施有哪几个方面? ……123
27. 制定牛场免疫计划的原则是什么? ……124
28. 预防牛病常做的免疫有哪几个? ……124
29. 健康生态养牛的重要性是什么? ……124
30. 目前养牛有哪几种模式? ……125
31. 牛场消毒分为哪几类? ……125
32. 常用的几种消毒方法是什么? ……125
33. 常用的化学消毒剂有哪几种? ……126
34. 如何用福尔马林与高锰酸钾进行熏蒸消毒? ……126
35. 常用的化学消毒方法有哪几种? ……127
36. 影响消毒剂消毒效果的主要因素是什么? ……127
37. 牛场消毒对象主要有哪几个方面? ……127
38. 牛场免接种分哪几种? ……128
39. 牛场免疫接种方法有哪几种? ……128
40. 牛场免疫接种常用的疫苗、血清主要有哪几种? ……128

41. 使用疫苗应注意哪几个方面？……129
42. 牛寄生虫病预防用药原则是什么？……129
43. 牛场从业人员卫生管理的重要性是什么？……129
44. 养牛对从业人员的健康威胁主要有哪些方面？……130
45. 如何保证场内牛和从业人员的安全健康？……130

七、牛疾病防治……131

1. 牛的生理指标正常值分别是多少？……131
2. 牛个体检查的内容及方法是什么？……131
3. 牛的给药方法主要有哪几种？……132
4. 给牛注射用药注意事项是什么？……133
5. 养牛常用的药物主要有哪几类？……133
6. 牛场疫病净化应采取的主要措施有哪几个方面？……135
7. 牛场兽药使用要求有哪几个方面？……135
8. 牛场用于治疗牛病时国家禁用的兽药主要有哪几种？……135
9. 牛疾病主要分哪几类？……136
10. 口蹄疫的发病特点及防治措施是什么？……136
11. 布鲁氏菌病的发病特点及防治措施是什么？……138
12. 牛结核病的发病特点及防治措施是什么？……139
13. 牛气肿疽病的发病特点及防治措施是什么？……140
14. 牛传染性鼻气管炎的发病特点及防治措施是什么？……141
15. 牛病毒性腹泻（黏膜病）的发病特点及防治措施是什么？……142
16. 牛巴氏杆菌病的发病特点及防治措施是什么？……143
17. 牛沙门菌病的发病特点及防治措施是什么？……144
18. 犊牛大肠杆菌病的发病特点及防治措施是什么？……145
19. 牛乳房炎的发病特点及防治措施是什么？……146
20. 牛蹄叶炎的发病特点及防治措施是什么？……147
21. 牛瘤胃酸中毒的发病特点及防治措施是什么？……148
22. 牛生产瘫痪（产后瘫痪）的发病特点及防治措施是什么？……149
23. 牛酮病的发病特点及防治措施是什么？……150
24. 牛胎衣不下的发病特点及防治措施是什么？……151
25. 牛子宫内膜炎的发病特点及防治措施是什么？……152
26. 牛皱胃变位的发病特点及防治措施是什么？……153
27. 牛螨病的发病特点及防治措施是什么？……155
28. 牛球虫病的发病特点及防治措施是什么？……156

附录：养好肉牛顺口溜……158

参考文献……159

一、牛场的选址与建设

1. 牛场选址的基本条件是什么?

（1）位置。牛场场址的选择，要有周密的考虑、统盘的安排和比较长远的规划。且必须与农牧业协调发展规划、农田基本建设规划以及今后修建住宅等规划结合起来，必须适应于标准化养牛的需要，所选择的场址，要有扩大发展的余地。牛场应选在离饲料生产基地和放牧地较近，交通便利，供电、供水方便的地方，但不要靠近交通要道与工厂、住宅区，以利防疫和环境保护。

（2）地形地势。牛场场址应选在地下水位低、排水良好、有缓坡、开阔而较为平坦的地方。平原沼泽低洼地、丘陵山区的峡谷，由于潮湿阴冷、光线不足、空气流通不畅等，不利于牛体健康和正常生产作业；高山山顶虽然地势高燥，但风势大、气温变化剧烈，交通运输不方便。因此，这类地方都不宜选做牛场的场址。

（3）交通。牛场场址选择要考虑物资需求和产品供销，应保证交通方便，场外应通公路，但不应与主要交通线路交叉，牛场一般与公路主干线距离不应小于 500 米。

（4）饲料供应。养牛所需饲料特别是粗饲料需要量大，牛场应选择在距离秸秆、青贮和干草饲料资源较近的位置，以保证草料正常供应，减少运输成本。

（5）防疫。为防止牛场被外界病菌污染，牛场与化工厂、畜禽产品加工厂等的距离应不小于 1 500 米，与其他养殖场距离应不少于 1 000 米。而且不应将养牛场设在其下风向，远离人口密集区与居民点，应有 1 000 ～ 3 000 米的距离，并应处在下风向和水源的下游。

（6）水源。水是牛维持生命、健康和生产力发挥的必要条件，牛场需水量大，一般情况下，100 头成年牛每天的需水量，包括饮水、清洗用具、洗刷牛舍和牛体等，至少需要 5 ～ 15 吨。因此，牛场场址应选在水源充足良好之处，以保证常年供应，并注意水中的微量元素成分与含量，溪、河、湖、塘等地面水应尽可能地经过净化处理后再用，并要保持水源周围的清洁卫生。

2. 牛场怎样进行总体布局最科学合理?

养牛场通常按生活管理区、养殖区（即生产区和辅助生产区）和隔离区进行总体布局。生活管理区和养殖区位置应在常年主风向的上风和地势较高处，隔离区位于牛场常年主风向的下风和地势较低处（图 1–1）。

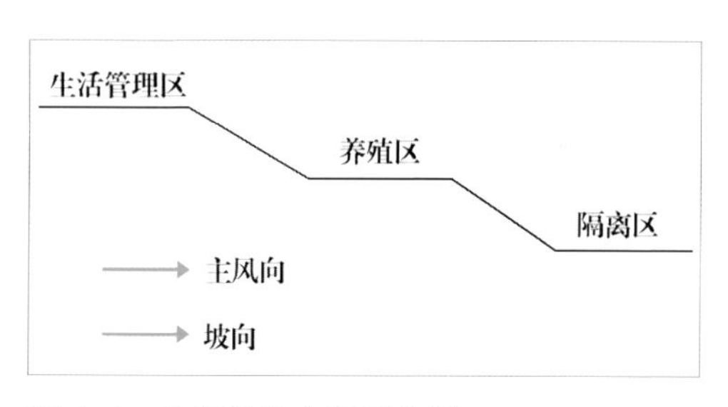

图 1–1　牛场总体布局示意图

（1）生活管理区。主要指与生产经营、管理、化验等密切的建筑物，包括办公室、会议室、职工宿舍、门卫室、更衣消毒室等。应在牛场上风处和地势较高地段，并与养殖区严格分开，保证适当距离，一般为 10 ～ 20 米。生活管理区应处在对外联系方便的位置，大门前设与门同宽，长 4 米（大于车轮周长，深度 30 ～ 40 厘米）的车辆消毒池。

（2）养殖区。主要包括生产区和辅助生产区。生产区是牛场的核心区域，包括各种牛舍，应该处在生活管理区的下风向和地势较低的位置。辅助生产区包括精料库、青贮池、干草棚、配种室等辅助设施，应在靠近牛舍的边缘地带，便于加工和运输（图 1-2）。

（3）隔离区。隔离区应在养殖场的最下风向，地势最低的位置，并与牛舍保持 50 ～ 100 米的卫生安全距离。大、中型牛场应在养殖区下风向 300 米以上的地方单独建病牛隔离区（图 1-3）。

图 1-2　养殖区

图 1-3　病牛隔离区

3. 禁止建牛场的区域主要指什么?

《畜禽规模养殖污染防治条例》规定禁止建牛场的区域主要包括：

（1）饮用水水源保护区，风景名胜区。

（2）自然保护区的核心区和缓冲区。

（3）城镇居民区、文化教育科学研究区等人口集中区域。

（4）法律、法规规定的其他禁止养殖区域。

4. 牛场建设的基本流程是什么?

第一步，制定规划并形成书面材料。首先确定牛场饲养管理的方式，是繁殖场还是育肥场，是放牧还是舍饲或是放牧加舍饲。其次确定牛场养殖规模大小及建设地址，要远离村、镇、居民生活区，且在下风位置，选址符合动物卫生及环保要求。再次对养牛规模及所需资金、饲草饲料、技术水平、管理能力、劳动力组成等做到心中有数，目的明确后再进行建设。最后牛场建设应预留扩建用地，租赁或流转土地期限应在 5 年以上。

第二步，到县级相关部门提出建场申请。首先到县级规划部门搞清楚计划建设的牛场是否在禁养区，是否符合县域整体规划。其次到县级畜牧兽医管理机构提出建场申请，准确认定计划建设的牛场是否在禁养区，请专业技术人员对所选场址进行现场查看，所选场址是否符合动物卫生的相关法律、法规规定。再次到县级环保部门申请对所选牛场进行环评，拿到环评报告再做下一步工作。最后到本地土地管理部门申请办理土地使用相关手续，不要在没有土地管理部门批准的情况下建设，现在国家对基本农田管理非常严格，土地红线任何人都不能撞，如果没有允许建设，有可能被视为非法占地，有强制拆除的可能性，这点非常重要。

第三步，分步实施牛场建设。得到县级计划，畜牧兽医、环保、土地管理等部门的批准后，就可分步实施牛场建设。牛场建成后，去畜牧兽医管理机构申请验收，经验收合格达标就可办理动物防疫条件合格证，合格证中尽可能包含以下经营范围：肉牛养殖、繁育、运输、销售等；拿动物防疫条件合格证去工商部门办理营业执照，目前以合作社或家庭牧场名义办理营业执照较好，可享受国家相关优惠政策。

第四步，逐步进入正常生产。分期分批引进种牛进行繁殖、育肥等，同时办理税务登记证、银行开户许可证，使牛场运行更加规范。

5. 养好牛应具备的饲养环境条件是什么?

（1）地势高燥。牛场选址一般建在地势高燥、背风向阳、地下水位较低的地方，最好具有北高南低的缓坡，整体看来是平坦的，不要建在低凹处、风口处，避免排水困难、多雨季节积水以及冬季防寒保温困难。

（2）土质良好。土质以沙壤土最好。土质松软，透水性强，雨水和尿液等不易积聚，雨后不会出现硬结、有利于牛舍及运动场的清洁和卫生干燥，同时也有利于防止蹄病和其他疾病的发生。

（3）水源充足。要有充足的合乎卫生要求的水源，保证生产、生活以及人畜饮水。水质良好，不含有毒物，确保人畜的健康安全。

（4）草料丰富。因为牛需要的粗饲料量比较大，不宜运输，牛场应距离秸秆、青贮等资源较近的地方，以保证草料的供应，减少运输，降低成本。

（5）交通方便。因为牛和大批饲料的购入，育肥牛和粪肥的销售，运输量都是比较大的，车辆来往也比较的频繁，因此要保证交通运输方便，一般建设在离公路或者铁路较近的地方。

（6）卫生防疫。一般远离主要的交通要道、村镇工厂500米开外，同时要避开屠宰场、畜产品加工厂和工矿企业，特别是化工类企业。符合兽医卫生和环境卫生的要求，周围没有传染源。

6. 牛舍设计建设的基本原则是什么?

要根据地形、地势和当地主风向，对牛场内的各类房舍、道路、排水、排污等的位置进行合理的分区规划设计和建设，同时还要对各种房舍的位置、朝向、间距等进行科学布局。牛舍坐北朝南或朝东南，房顶有一定厚度，隔热保温性能好，圈舍内部环境舒适干燥，冬暖夏凉，地面应保温、不透水、不打滑，且污水、粪尿易于排出舍外，舍内清洁卫生，空气新鲜。牛场各种房舍和设施的分区规划和建设要考虑有利于防疫、安全生产，使牛场管理工作高效方便。牛场圈舍要因地制宜，合理布局，统筹安排，场内建筑物的配置应做到紧凑整齐，提高土地利用率，节约供水管道，减少建场的投资，并注意防火。牛场生物安全措施到位，贮粪场应设在牛场下风向的地势低洼处。

7. 牛场生活管理区怎么进行布局?

生活管理区是牛场管理和对外业务的窗口，与社会联系频繁，应在牛场上风处和地势较高的位置，并建造围墙与养殖区严格分开，并要保持一定的安全距离，在生活管理区入口和养殖区入口分别设置相应的大门和消毒通道，严格管理，按时消毒等（图 1-4）。

图 1-4　牛场生活区

8. 牛场养殖区怎么进行布局？

牛场养殖区是牛场核心区域，应该处在生活管理区的下风向和地势较低处，由不同牛舍构成，分为公牛舍、母牛舍、犊牛舍、育肥牛舍、配种室等，育肥牛舍应建在生产区的中心，并按照牛群生产目的、体重、年龄等指标对牛群分舍饲养。饲料库、青贮池、干草棚等辅助设施可布置在靠近牛舍的边缘地带，便于加工和运输。

9. 牛场粪污处理区怎么进行布局？

牛场粪污处理区主要包括病牛的隔离舍，病死牛的尸坑，粪污的存放、处理区等。应建在牛场的最下风向，地势最低的位置。若布局不合理，不但对牛场有不良影响，而且影响周围环境。所以粪污处理区应与养殖区保持 100 米以上的动物卫生安全距离，有条件的牛场应在生产区下风向 300 米以外的地方单独设置病牛隔离舍。

10. 牛场的配套设施主要有哪些？

（1）牛舍。应建造在场内中心，为了便于饲养管理，尽可能缩短运输路线，既要利于采光，又要便于防风。修建数栋牛舍时，应采取长轴平行配置，当牛舍超过四栋时，可两行并列配置，前后对齐，相距 10 米左右。没有设置水塔的小型牛场，还应在牛舍内设水箱（或贮水槽），在牛舍四周和舍与舍间规划好道路，道路两旁和各建筑四周都应绿化，种植果树苗木等，夏季可以遮阴防暑，还可调节场内小气候，并增加经济收入（图 1-5）。

图 1-5　牛舍

（2）干草棚。干草棚的建设大小主要依据牛场的饲养量决定，常见的干草棚多为四周无围护结构的简易棚，也可以三面设墙一面敞开，檐高一般不低于 4 米，对草的保护更好，干草棚应注意做到通风良好，防火、防水、防潮。干草棚应距离牛舍 50 米左右，且在下风向，与周围建筑物间的距离应符合消防安全规定（图 1-6）。

图 1-6　干草棚

（3）精料库。精料库多采用双坡屋顶，正面敞开。精料库内设多个隔间，隔间的多少、跨度由牛场大小、所用的精料种类、牛存栏量、精料用量和原料贮存时间等因素综合决定。精料库位置应靠近饲料调制室，运输方便，车辆可以直接到达饲料库门口。

（4）饲料调制室。饲料调制室采用双坡屋顶，全封闭建设，应设在牛舍中央和水塔附近，距离各栋牛舍都较近，同时也要考虑运输饲料比较方便。

（5）青贮池。青贮池可设在距离牛舍较近、地势高燥、容易排水的地方，便于运送和取用，牛场常采用的青贮池分半地下式、地下式和地上式三种。青贮池应建在距离牛舍较近、地势高燥、容易排水的地方，一般青贮池成条形，三面为墙，一面敞开，为防雨水进入池内，将青贮池的地面向取料口方向形成 0.5% ～ 1.0% 的坡度，并在取料口设计横向排水沟。青贮池高度一般为 2.5 ～ 4.0 米，采用倒置梯形断面，内壁倾角 6° ～ 9° ，宽度可根据牛群每天需要量确定，要求每天取料深度应在 20 厘米以上。青贮池长度根据青贮量和地形而定，一般青贮池长 30 ～ 100 米（图 1–7、图 1–8、图 1–9）。

图 1–8　半地下槽式青贮池

图 1–9　地下槽式青贮池

（6）颈枷。拴系式颈枷包括硬式颈枷和链式颈枷。硬式多为自锁式，采用钢管制成，使用硬式颈枷拴系，管理方便，但牛的活动范围很小。使用链式拴系，牛的活动范围大，但增加了饲养员的劳动量，链式拴系的长度要能保证牛正常的活动，如休息及用头部蹭其身体侧面等，拴系链过短，会使牛在卧床上躺卧时间缩短，并不断调换躺卧姿势，牛腿和蹄子受伤明显增加（图 1–10）。

图 1–7　地上槽式青贮池

图 1–10　活动杆式颈枷

（7）饮水设备。采用小群饲养，设专门的饮水槽，冬季设有保温装置，也可以选择食槽代替水槽饮水以节约投资。采用拴系饲养模式，可采用杯状饮水器，一般是两头牛共用一个饮水器，设在相邻隔栏的固定立柱上，安装高度要高出卧床70～75厘米（图1-11）。

（8）食槽。食槽分为有槽帮食槽与地面食槽两种（图1-12、图1-13）。

图1-11 牛舍内饮水槽

图1-12 单列式有帮食槽

图1-13 双列式地面食槽

（9）配种室。设在基础母牛舍的一端，面积8～10米^2，三面有墙正面敞开，室内设置四柱或六柱栏保定架。

（10）办公室和职工宿舍。建设面积要依据牛场规模大小确定，建筑风格要美观大气，位置一般设在牛场大门口和养殖区外，以防外来人员联系工作时进入场内。

（11）贮粪场和兽医室。面积根据牛场规模大小确定，位置设在养殖区的下风向，且在地势低洼处。

（12）病牛舍。建筑面积大小依据牛场规模确定，要建在距牛舍200米以外偏僻的地方，避免疾病传染。

11. 牛舍地面有哪几种及地面建设的基本要求是什么？

牛舍地面通常称为牛床，是牛躺卧休息、排泄和生产的地方，地面的保暖和卫生状况直接关系到牛生产性能的发挥。一般牛舍地面分为以下五种。

（1）土地面。土地面造价低，易于取表换新，导热性小，但不坚固，不耐用，易渗水，常形成坑穴，易积留粪、尿，不便打扫、清洗和消毒，需经常维护。北方干燥地区可采用，饲养密度不能太大。在北方农户养牛冬季不起圈，每天在粪、尿上垫干土，牛自然踩踏，逐渐积厚形成土粪结合的垫层，这样的土圈冬季保温性能好，来年春季再起圈（土粪结合的垫层全部取走），经济实用。

（2）三合土地面。三合土地面是用碎石、黄黏土、石灰按2：6：2的比例混合均匀，整平夯实而成，其特点是就地取材、成本低、较为干燥、便于清扫，但不能持久耐用。

（3）砖砌地面。应用较普遍，因砖多孔隙，导热性小，具有一定的保温性，在铺砌合理的情况下，可以做到不渗水，坚实耐用，便于清扫和消毒。施工时需在夯实的地面上先铺 4 ～ 6 厘米厚的粗沙或炉渣，压实平整后在铺砖，砖缝用干沙填充，再用水泥抹缝。砖砌地面不如混凝土地面耐用，但保温性能比混凝土地面好，砖砌地面不耐水，水浸泡后容易损坏。

（4）混凝土地面。混凝土地面也叫水泥地面，优点是硬度大、耐用、不容易损坏、导热快、便于清扫和消毒，缺点是保暖性能较差，对牛蹄子有损伤。混凝土地面一般由 3 层组成：底层是素土夯实，中间层为 3 ～ 5 厘米厚的粗沙卵石垫层或三合土垫层，表层是 5 ～ 10 厘米厚的混凝土，分段设伸缩缝。为了便于牛站稳，混凝土地面通常设计凹槽进行防滑处理，常见的有条形凹槽、六边形凹槽、正方形凹槽等。

（5）木质地面。保暖性好，能给牛提供干燥舒适的休息生活、生产环境，也便于清扫与消毒，但相对成本较高，适合于冬季寒冷、昼夜温差较大的地区。

12. 牛舍墙面建设的基本要求是什么？

牛舍墙面应做到坚固耐用、厚度适宜、无裂缝、保温、防潮、耐水、抗冻、抗震、防火、易清扫消毒等。在建筑形式上采用砖混结构，宜用空心砖、多孔砖等，其保温性好、容重低，为了防止吸潮，可用 1 ： 1 或 1 ： 2 的水泥勾缝和抹灰。墙壁厚度可根据气候特点及承重情况采用二四墙（一砖厚）、或三七墙（一砖半厚）。经济条件好的可采用金属铝板、胶合板、玻璃纤维材料建成保温隔热墙，效果更好。

13. 牛槽建设的基本要求是什么？

牛槽分为地面食槽与有槽帮食槽两种。地面食槽一般适用于机械饲喂，槽底一般比牛床高 10 ～ 15 厘米，挡料板或墙比食槽底部高 20 ～ 30 厘米，防止牛采食时将蹄子伸到食槽内，食槽宽 60 ～ 80 厘米，如果需要将食槽兼作水槽，则加深食槽，将槽底抹成圆弧形，以便牛饮水。有槽帮食槽适用于工人饲喂，且无饮水设备时食槽还可代替水槽饮水，有槽帮食槽一般为混凝土或砖混结构。

14. 不同阶段牛各自的占地面积是多少？

牛舍建设时可根据牛场规模大小、养殖形式、场内地形、当地气温、常年主风向等灵活确定，可参考以下标准；种公牛每头占地面积 8 ～ 15 米 ^{2},空怀母牛 5 ～ 10 米 ^{2}，怀孕或哺乳母牛 8 ～ 14 米 ^{2}，一岁育成牛 5 ～ 10 米 ^{2}。牛舍外设运动场与牛舍相连，运动场的面积一般为舍内面积的 2 ～ 5 倍，地面向南呈斜坡，便于排水，保持场内干燥，周围用砖或其他材料砌成围墙，高 1.3 ～ 1.5 米。

15. 牛舍屋顶的形式有哪几种？

牛舍屋顶建设形式种类繁多，在养牛实际当中采用双坡式屋顶的较多，但也可以根据实际情况，如当地的气候、地形、常年主风向、气温、建筑材料、交通等条件灵活采用单坡式屋顶、平顶式屋顶、联合式屋顶、钟楼式屋顶、拱门式屋顶等。单坡式屋顶牛舍跨度较小，自然采光好，适于气候比较寒冷地区，牛舍坐北朝南冬季保温性能好，也适用于简易牛舍或小规模牛场；双坡式屋顶牛舍跨度较大，保温能力强，但自然采光、通风较差，适于寒冷地区，也是最常见的一种牛舍屋顶建设形式。在冬季寒冷地区还可选用平顶式屋顶牛舍、联合式屋顶牛舍等类型，在炎热地区可选用钟楼式屋顶牛舍（图 1-14）。

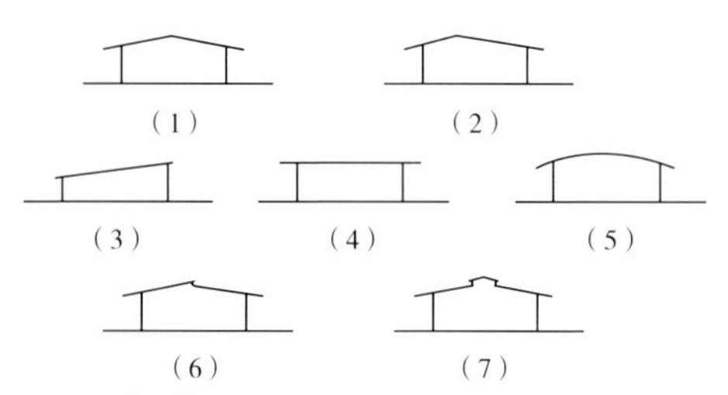

（1）双坡式（等坡） （2）双坡式（不等坡） （3）单坡式 （4）平顶式 （5）圆拱式 （6）联合式 （7）钟楼式

图 1-14 牛舍屋顶（侧面）

16. 牛舍屋顶建设的基本要求是什么?

牛舍屋顶兼有防水、防风、保温、隔热、承重等多种功能，正确处理各方面的关系对于保证牛舍环境的控制极为重要。其建筑材料有陶瓦、石棉瓦、采钢瓦、木板、塑料薄膜、油毡等。

17. 牛舍建设形式分为哪几种类型?

牛舍建设形式按照牛槽在舍内分布的方向可分为单列式、双列式和多列式三种类型，以单列式、双列式最常见。按建筑结构分为开放式牛舍、半开放式牛舍、有窗式牛舍（全封闭式牛舍）三种类型（图 1-15、图 1-16）。

18. 单列式牛舍建设的基本要求是什么?

单列式只有一排采食位，牛舍跨度一般 6 ～ 8 米，长度以 60 ～ 80 米为宜，屋顶常采用单坡式钢构架，彩钢瓦或石棉瓦适用于农户或小型牛场采用。

19. 双列式牛舍建设的基本要求是什么?

双列式牛舍有两排采食位，根据牛采食时饲槽的布局，可分为对头式和对尾式，对头式牛舍跨度一般 10 ～ 12 米，以对头式最为常用，牛舍中间设一条纵向饲喂通道，两侧牛群对头采食，每侧设置相应的清粪走道，这种布置方式，便于实现机械

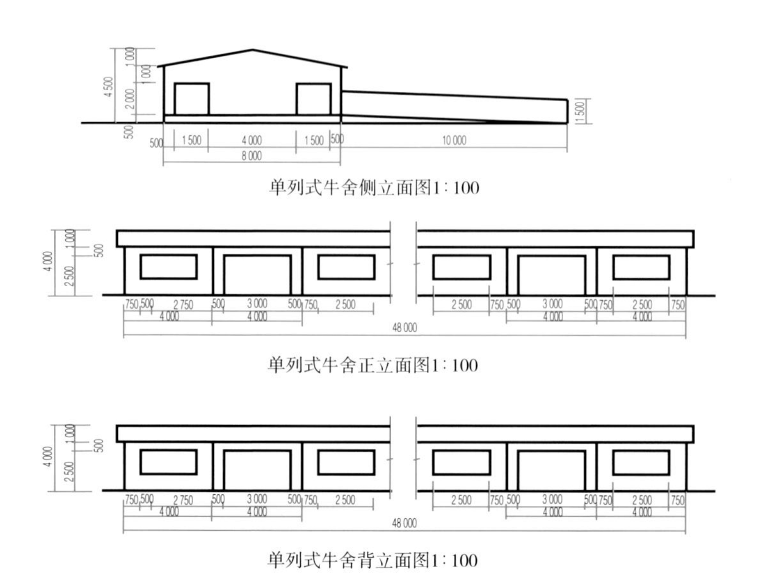

图 1-15 单列式牛舍

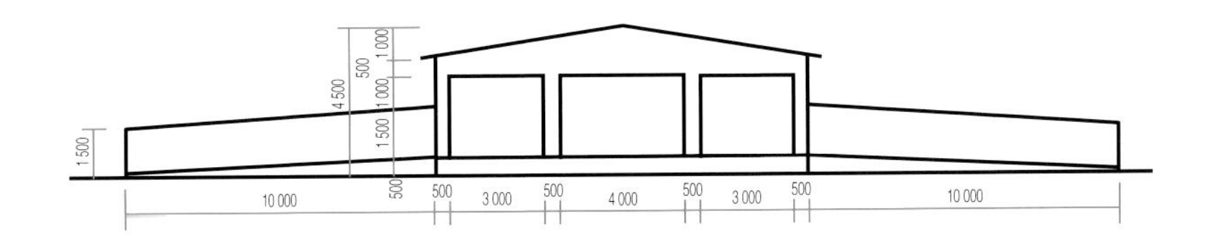

双列式牛舍侧面图1∶100

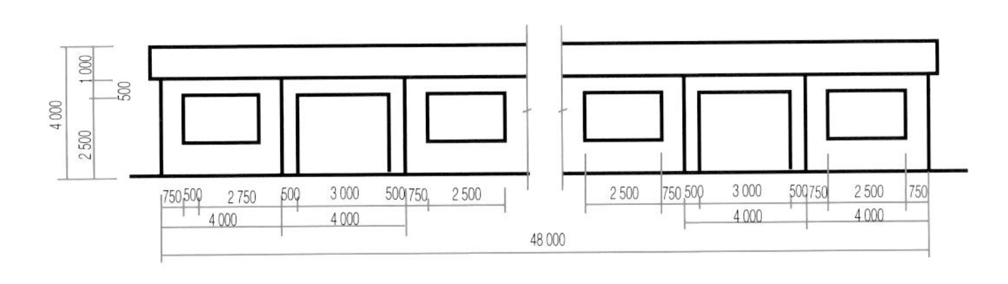

双列式牛舍正、背立面图1∶100

图 1-16　双列式牛舍建设

化饲喂，易于观察牛的采食状况。屋顶常采用双坡式钢构架，彩钢瓦或石棉瓦建筑。

20. 开放式牛舍建设的基本求是什么?

开放式牛舍四面无墙，采用双坡式彩钢瓦或石棉瓦屋顶，钢构架，多为双列式建造，长度依饲养量及地理位置条件而定，达到遮阳、避雨，避免夏季暴晒。开放式牛舍防暑降温效果较好，牛舍东西朝向，牛群均匀采光，适用于饲喂育肥牛。牛舍内中间设饲喂走道，牛舍直接与运动场相连。地面可采用混凝土地面，运动场采用砖砌地面。牛的饲养管理可采用人工或机械喂料、水槽饮水、人工清粪，适于气候条件较温暖的地区，中型牛场采用拴系饲养（图 1-17）。

图 1-17　双列开放式牛舍

21. 半开放式牛舍建设的基本要求是什么?

半开放式牛舍三面有墙，正面全部敞开，敞开部分通常朝南向，冬季可保证阳光照入舍内。屋顶常采用单坡式或双坡式钢构架，材料用彩钢瓦或石棉瓦，长度依饲养量及地理位置条件而定，达到遮阳、避雨。单列半开放式牛舍适合小群饲养，跨度一般 6 ～ 8 米，用于饲养育肥牛或母牛，牛舍朝向一般为南向或偏东偏西 15°以内，牛舍内北侧设饲喂走道及饲喂食槽，牛舍直接与运动场相连，牛接受光照充足，饲养效果好。双列半开放式牛舍，跨度一般 10 ～ 14 米，中间设饲喂通道，宽度 1.5 ～ 2.0 米，两侧为饲槽，牛对头站立采食，适于大规模机械化饲喂。地面可使用混凝土地面，也可以采用砖砌地面。该形式牛舍造价低，适用性广，但在寒冷地区冬季只起挡风作用，保温效果不佳，会影响育肥牛增重（图 1-18）。

图 1-18　半开放式牛舍

22. 全封闭式牛舍建设的基本要求是什么？

全封闭双列式牛舍也可称为有窗式牛舍，通过墙体、窗户、屋顶等围护结构形成全封闭的牛舍，有较好的保温、隔热能力，屋顶常采用单坡式或双坡式钢构架，材料用彩钢瓦或石棉瓦。在严寒地区，有窗牛舍很普遍，这类牛舍造价较高，防寒保温效果好。为了降低造价，可将南面墙体改为卷帘，既能保温又有利于夏季通风，牛舍跨度一般 10 ～ 14 米，中间饲喂通道宽度 1.5 ～ 2.0 米，两侧为饲槽，牛对头站立采食，为了冬季保温窗户可设卷帘，也可在上风向加设挡风墙，北方寒冷地区尽量选用，地面可使用砖砌地面或混凝土地面（图 1-19）。

图 1-19　全封闭式牛舍

23. 母牛舍建设的基本要求是什么？

（1）母牛舍的位置。位于养殖场的上风，与公牛舍、犊牛舍相连。

（2）母牛舍的建筑。一般采用单列式外带运动场，也可采用半开放式或全封闭式牛舍，饲喂通道紧靠北沿墙，宽度 1.2 ～ 1.5 米，水泥地面，屋顶常采用单坡式或双坡式钢构架，屋顶材料用彩钢瓦或石棉瓦，墙体为砖混结构，水泥抹面，1.5 米以下压光，牛舍内地面为砖铺地面，栏杆高度 1.5 米。

（3）牛舍的跨度和长度。牛舍的跨度一般不宜过宽，有窗自然通风的牛舍跨度以 8 ～ 9 米为宜，这样舍内空气流通较好。牛舍的长度没有严格的限制，但考虑到设备安装和工作方便，一般以 30 ～ 50 米为宜。牛舍长度和跨度除要考虑牛所占面积外，还要考虑生产操作所需要的空间。

（4）牛舍面积及运动场大小。牛舍的面积大小可根据饲养数量、品种和饲养管理方式来确定。运动场面积一般为牛舍面积的 1.5 ～ 3 倍。每 6 间为一个牛圈，约 160 米^2，每个牛圈可养基础母牛 20 ～ 30 头，每个圈外设置约 15 米 ×20 米的运动场，成年牛运动场可按 5 ～ 10 米^2/头计算。

（5）牛舍高度。牛舍高度根据气候条件有所不同，跨度不大、气候不太炎热的地区，牛舍不必太高，一般从地面到沿口的高度为 2.5 米左右，对于跨度大、气候炎热的地区可增高至 3 米左右，对于寒冷地区可适当降低到 2 米左右。

（6）门窗。一般门宽 1.8 ～ 3.0 米，高 1.8 ～ 3.0 米。设双扇门，便于机械出入饲喂及清扫牛粪，窗一般宽 1.0 ～ 1.2 米，高 0.8 ～ 1.2 米，窗台距地面 1.3 ～ 1.5 米（图 1-20）。

图 1-20 牛舍圈帘式窗户

（7）附属设施。饲槽设在舍内紧靠饲喂通道、水槽设在运动场，长度和数量以牛采食、饮水不拥挤为原则。

24. 产房建设的基本要求是什么？

产房可按基础母牛数的 20% ～ 25% 计算面积，屋顶常采用双坡式钢构架，彩钢瓦或石棉瓦全封闭式建筑，室内饲槽单列式布局，北面设饲喂通道，宽 1.5 米，舍外设运动场，沿饲喂通道设饲喂槽，水槽也设在运动场。墙体用二四砖砌成，水泥抹面压光，怀孕后期进入分娩舍单栏饲养，牛床垫褥草，一般采用单列封闭式饲养。

25. 公牛舍建设的基本要求是什么？

因为公牛具有特有的气味，对刺激母牛发情有良好的影响，因此公牛舍的位置应在母牛舍的上风向。采精室靠近公牛舍。屋顶常采用双坡式钢构架，彩钢瓦或石棉瓦建筑，室内饲槽单列式布局。占地面积种公牛 5 ～ 15 米^2/头，单栏饲养，运动场面积为舍内面积的 2 ～ 5 倍，墙体用二四砖混结构，水泥抹面压光。

26. 犊牛舍建设的基本要求是什么？

屋顶常采用双坡式钢构架，彩钢瓦或石棉瓦建筑，室内饲槽单列式布局，舍外带运动场，并设置高低不等的小丘，供犊牛运动，运动场地面用三合土地面，舍内地面采用砖砌地面或水泥地面，隔栏高度 1.2 米，犊牛舍设在牛场的上风方向，以防感染疾病。犊牛断奶后进入犊牛舍，合格的母犊牛 10 月龄进入后备牛舍，公犊至育肥后出栏，应根据年龄段、强弱大小进行分群饲养管理，根据牛的大小设计料槽的高低，饮水设备准备充足。

27. 牛场消毒设施建设的基本要求是什么？

牛场消毒设施包括消毒室、消毒池、洗浴室、更衣室、消毒垫等。消毒室设在生活区大门入口旁与传达室相连，采用平顶屋面，室内地面为水泥地面，并铺设消毒垫，屋顶安装紫外线灯或消毒喷雾系统，面积为 30 ～ 50 米^2，人员经过消毒室应走 S 形，室内四周及屋顶都应安装紫外线消毒灯，每面墙均安装 40 瓦紫外线消毒灯各 2 盏。消毒池设在生活区大门入口处，与大门同宽约 3 米，长 3 ～ 4 米（大于车轮周长），深 0.2 ～ 0.3 米，消毒池内消毒液用 2% 氢氧化钠溶液，一周左右更换一次，要求池壁、池底坚固耐腐蚀、不渗漏。洗浴室、更衣室设在生产区入口处，采用平顶屋面，室内为水泥地面，配备工作服、雨靴等用品，各栋牛舍出入口设置小型消毒池，长、宽 0.6 ～ 1 米，并配置消毒垫（图 1-21）。

28. 牛场配种室建设的基本要求是什么？

配种室承担全场配种、妊娠诊断等职责，位置应设在养殖区靠近母牛舍的地方。采用平顶屋面，面积为 20 ～ 25 米^2，室内地面为水泥地面，配备日常消毒药品。

图 1-21　消毒池

29. 牛场兽医室建设的基本要求是什么？

兽医室承担全场疫病防控、常规病治疗、场内卫生安全监督等职责，位置应设在养殖区下风口或地势较低的地方，能够最大限度地减少牛的发病机会，但有时由于实际条件的限制，做起来十分困难，可以通过种植树木，建阻隔墙等防护措施加以弥补。兽医室采用平顶屋面，面积为 30 ～ 60 米 ^{2}，室内地面为水泥地面，配备冰柜、冰箱及兽医防治设备，常规检验设备，日常消毒药品、治疗药品及防疫应急物品等。

30. 牛场病牛隔离舍建设的基本要求是什么？

病牛隔离舍应处于养殖区下风方向，并与养牛区保持 100 ～ 200 米的距离。病牛隔离舍采用单列式双坡屋顶，钢构架封闭式建筑，面积依养殖规模大小来决定，一般为 50 ～ 100 米 ^{2}，分成若干小圈，地面为水泥地面，便于清洗和消毒，并配置相应的饲喂槽和水槽。

31. 牛场饲料库建设的基本要求是什么？

牛场配置与养殖规模相适应的饲料库，容积按每头牛每月储存 70 千克计算，饲料库按封闭双坡式钢构架彩钢瓦或石棉瓦屋顶建设，跨度一般为 9 米，长度 35 ～ 70 米（10 ～ 20 间），沿口高度为 4 米，脊高 5 米，饲料库应高出地面 30 ～ 40 厘米，库内地面为水泥地面，并做防潮、防渗处理。

32. 牛场干草棚建设的基本要求是什么？

牛场配置与养殖规模相适应的干草棚，容积按每头牛每月储存 500 千克计算。干草棚按半封闭双坡式钢构架彩钢瓦或石棉瓦屋顶建设，跨度一般为 9 ～ 12 米，长度 35 ～ 70 米（10 ～ 20 间），沿口高度为 4 ～ 4.5 米，脊高 5 ～ 6 米，干草棚应高出地面 30 ～ 40 厘米，棚内地面为水泥地面，并做防潮、防渗处理。

33. 牛场饲草饲料加工设备主要有哪些？

（1）料粉碎机。饲料粉碎机主要有爪式和锤式两种。爪式粉碎机是利用转子上的齿爪将饲料击碎，这种粉碎机结构紧凑、体积小、重量轻，适合粉碎籽实类饲料及小块饼粕类饲料。锤式粉碎机是利用高速旋转的锤片将饲料击碎，粉碎效果好，非常实用，加工饲料种类多（图 1-22）。

图 1-22　精料粉碎搅拌一体机

（2）铡草机。主要用于牧草和农作物秸秆切碎，选购时要考虑切割段长度可以调节；通用性能好，可以切割各种秸秆、牧草、青草等；能把粗硬的秸秆压碎，切割平整无斜茬；切割时发动机负荷均匀，能量比耗小；结构简单便于维修等（图1-23）。

图 1-23 铡草机

（3）草料混合搅拌机。分立式、卧式、移动式三种，使用时直接将青贮饲料、各种草捆、秸秆、精料、糙楂等投入搅拌机内切碎、混合，搅拌速度快，可减轻劳动强度，节省人力，提高饲喂效率（图1-24）。

（4）配合饲料生产机组。配合饲料生产机组由粉碎机、混合机和输送装置等组成。一般大、中型牛场采用该机械，用预混料或浓缩料生产混合精料。

图 1-24 草料混合搅拌机

34. 牛场饲草收割机械设备主要有哪些？

饲草收割机械设备主要包括：饲草收割机、打捆机、搂草机、饲草料转运机具等。

（1）青贮饲料收割机。玉米青贮收获期短，对于牛场靠农户收割运送玉米秸秆开展青贮，往往会耽误青贮制作，影响青贮饲料的储备，应根据养殖规模配备青贮饲料收割机。青贮饲料收割机有较多机型，较先进的是一次完成收割、切碎、抛送和装车等作业自走式多功能青贮饲料收割机（图1-25）。

图 1-25 青贮饲料收割机

（2）打捆机。匹配动力18～50马力四轮拖拉机，一次完成自动拾草、自动打捆、自动切绳，使草捆不散、不凌乱，机型按出捆大小分130型（出包50×80）、165型（出包50×80）、180型（出包100×70）、200型（出包100×70），是牛场必备的机械之一（图1-26）。

图 1-26 打捆机

（3）搂草机。搂草机是将散铺于地面上的牧草楼集成条（带）状的牧草机械，目的使牧草充分干燥，便于干草收集，按照草条方向与机具前进方向的关系，搂草机分为横向和侧向两大类。

35. 牛场饲喂设备主要有哪些？

（1）青贮取草机。主要部件由取料割头和传送带组成，取料割头由电机驱动，旋转取料，刮板快速上料，液压驱动行走和转向，高抛卸料 3.5 米以上。该机节省铲车操作，取料整齐，青贮不易发霉，减少浪费，适合较大、中型牛场采用。

（2）自动撒料车。自动撒料车一般兼有饲料转运功能，根据养殖规模大小可选用不同规格。电动自动三轮车撒料车主要从事运输行走及撒料，撒料系统是通过主输送和小输送带完成投喂。撒料车开到指定投喂处时，先开启小输送控制开关（左、右），然后再开启大输送并同时开动撒料车进行投喂，停止投喂时先停止大输送开关后再停止小输送。电动自动撒料车一次可饲喂200头牛，使用简单方便，易于操作，经久耐用，节能环保（图 1-27、图 1-28）。

图 1-27　小型自动撒料车

图 1-28　大型自动撒料车

36. 牛场供水系统建设的基本要求是什么？

供水系统包括水源、输水管道、贮水罐、水塔等，满足生产生活及养殖需要。有条件的牛场应设置专用水槽，饮水槽为 U 形，上口宽 30 ～ 40 厘米，槽底部距地面 15 ～ 20 厘米，槽深 15 厘米，底部设排水阀门，水槽应坚固，槽面光滑，不渗水，易清洗消毒，有条件的最好在冬季使用自动加热饮水槽。

37. 牛场供电系统建设的基本要求是什么？

（1）牛场动力用电。在建场前要了解提供电源的位置与牛场的距离，最大供电允许量，供电是否有保证，规模较大的牛场应有自己的变电设施，如变压器、配电室等，保证 380 伏动力电正常运行，牛场还应自备 380 伏发电机，以保证场内供电的稳定可靠。

（2）牛场生活照明用电。牛舍每 50 米^2，运动场每 100 米^2，场区道路每 50 米安装 1 盏照明灯，功率 60 ～ 500 瓦。

38. 牛场供暖系统建设的基本要求是什么？

冬季比较寒冷的地方，牛舍建筑时应采取相应的保温措施。做到墙体坚固、耐用，便于清扫消毒，采用空心砖砌墙具有良好的保温与隔热能力。屋顶一般用带夹层的彩钢瓦，中间要有 8 ～ 15 厘米的保温层。根据牛场规模大小配置相应的供暖锅炉，特别是产房、犊牛舍温度要保证 16 ～ 20℃。

39. 牛场无害化处理设施建设的基本要求是什么？

（1）粪污处理设施。在粪污处理区配置两个堆粪场，堆粪场要求高出地面 10 ～ 30 厘米，地面用水泥硬化处理，建成两个以上日光温棚，以增温促进发酵，满足对粪污进行循环堆积发酵处理的要求（图 1-29）。

（2）病死牛处理设施。在粪污处理区配备焚尸炉、尸体无害化发酵处理设备或修建化尸池等。

图 1-29 粪污处理设施

40. 牛场装卸台建设的基本要求是什么？

为了方便牛的装车、卸车应设置装卸台，用于出售牛装车或引进牛卸车，装卸台分为砖混斜坡式装卸台、液压升降式装卸台和移动斜坡式装卸台，根据各自牛场不用情况灵活建设。砖混斜坡式装卸台由于采用固定式结构，费用较低，但斜坡高度无法调整，因此难以适应不同高度的货箱装卸。而液压升降式装卸台虽然装卸高度可调，但是结构较为复杂，需要使用电力来驱动，费用较高。装卸台每次使用后应清扫、冲洗和消毒（图 1-30）。

图 1-30 牛场装卸台

41. 牛场场区道路建设的基本要求是什么？

场区道路设净道、污道、牛转群通道。净道一般位于每栋牛舍操作间一端，用于饲养人员出入和运输饲料；污道一般连通每栋牛舍另一端，是清扫废弃物、运出粪便、病死牛专用通道。净道、污道应分离，相互不能交叉，出入口各自分开。净道入口和场区大门相通，污道出口与粪污处理区连接。场内主干道路宽 6 米，辅助道路宽 3 米，转群通道宽 1 ～ 1.2 米。同时污水道与雨水道分离，分设在污道一端。

42. 牛场围墙、隔离沟建设的基本要求是什么？

牛场围墙高度 2.5 ～ 3 米，墙体应建成二四实心墙，既有防风作用，还可防止其他动物如猫、狗等进入牛场，墙体必须坚固、耐用、抗震、耐水、抗冻，结构简单。一般大、中型牛场应建隔离沟宽 2 ～ 3 米，深 1.5 ～ 2 米，也可起到防止其他动物进入牛场的作用，一般大、中型牛场应建隔离沟。

43. 牛场场区绿化建设的作用是什么?

（1）改善牛场内的温度、湿度、气流等。在夏季，一部分太阳的辐射热量被稠密的树冠所吸收，而树木所吸收的辐射热量，绝大部分又用于蒸腾和光合作用，所以温度的升高并不明显，绿化可以增加空气的湿度，减缓风速。

（2）净化空气。牛场空气中的微生物及有害颗粒含量往往很高，在牛场及其四周种有高大树木的林带，能吸收大量的二氧化碳和氨，净化、澄清大气中的粉尘，同时又释放出氧；种有草地除了可以吸附空气中的微粒外，还可以固定地面上的尘土，不使其飞扬。

（3）减轻噪声。树木与植被等对噪声具有吸收和反射的作用，可以减弱噪声的强度，树叶密度越大，减声效果越显著，因此牛舍周围应栽种树冠较大的树木和建造草地。

（4）减少空气中的细菌含量。树木可使空气中的微生物及有害颗粒量大大降低，因而减少病菌传播的机会。有些树木的花、叶能分泌一种芳香物质，可以杀死细菌、真菌等。

44. 怎样进行牛场绿化建设?

牛场绿化可采用植树、种花和种草等方法，也可多种方法综合运用，并请专业人员进行规划设计，用于绿化的树木花草不仅要适应当地的水土环境，还要有抗污染、吸收有害气体等功能。常见的绿化树种有：泡桐、梧桐、小叶白杨、毛白杨、钻天杨、旱柳、垂柳、槐树、红杏、臭椿、合欢、刺槐、油松、侧柏、雪松、樟树、核桃树、苹果树、杏树等。常见的绿化花草有：月季、菊花、樱花、牡丹花、黑麦草、沙打旺、聚合草、三叶草、紫花苜蓿等。

45. 牛运动场建设的基本要求是什么?

生命在于运动，牛的运动场与牛舍相连，通常设在牛舍的南面，其面积为牛舍的2～5倍，运动场地面要干燥，地面用砖砌，呈斜坡形，排水方便。周围用砖或其他材料砌成花墙或围墙，也可用铁丝围成高1.3～2.0米的围栏。运动场要设水槽，四周还应栽种槐树、杨树、桐树等阔叶树种，夏季遮阴避雨，特别是饲养公牛和犊牛的圈舍外必须设运动场，育肥牛舍不一定设运动场。

46. 牛运动场内应配备的主要设施有哪些?

（1）盐槽。给牛补盐和其他矿物质，如果不在室内或混在饲料中饲喂，可在运动场修建一个防止雨淋的盐槽，任牛自由舔食。

（2）水槽。放置清洁饮水，供牛群自由饮用。

（3）分牛栏。制作成可移动的铁栅栏或木栅栏，供分群、鉴定、防疫、驱虫、称重、打号等生产活动使用。

（4）遮阴棚。除开放式和半开放式牛舍外，一般牛场都要在运动场搭建遮阴棚，保证牛群在舍外正常采食，免遭雨淋和暴晒。

47. 牛场的其他附属设施主要有哪些?

（1）办公用品。如办公桌椅、电脑、传真机、电话、照相机、监控设备等。

（2）生活设施。如电视机、冰箱、洗衣机及厨房用具等。

（3）防疫消毒设施。如冰箱、冰柜、高压清洗机、喷雾机、保温灯、清粪车、工作服、消毒药、体温计、温度计、湿度计、听诊器、口罩、乳胶手套、护目镜等。

二、牛的饲草与饲料

1. 牛场饲草、饲料开发的重要性是什么?

饲草、饲料是养牛非常重要的物质基础，其中含有各种营养物质，饲草、饲料保证牛维持正常的生理活动如生长、发育，保证牛育肥、繁殖、泌乳等生产性能的充分发挥。饲草、饲料是发展肉牛生产的前提条件，按照牛的营养需要，对饲草、饲料进行科学合理的开发，进行必要的加工、调制、配合，从而制成配合饲料，使其所含营养成分全面、均衡，以满足牛各种生理活动和各种生产活动的营养需求，从而提高养牛的经济效益和社会效益。

2. 什么是牛的营养需要?

牛的营养需要是指牛在生理活动及生产过程中，所需要的各种营养成分的总和。牛的营养需要可分为维持生长发育需要的营养物质和保证生产活动正常进行需要的营养物质。维持生长发育需要的营养物质主要用于基础代谢、自由活动和维持体温，维持生长、发育需要占总摄取养分的比例越低，用于生产活动需要的比例就越高，养殖效益就越好。保证生产活动需要的营养物质包括生长、育肥、妊娠、产奶需要等。不论何种情况牛摄取的营养物质首先要满足维持生长发育需要，剩余的营养物质才用于生产活动的需要。

3. 牛生长发育及生产活动需要哪些营养物质?

牛需要的营养物质包括：蛋白质、碳水化合物、脂肪、维生素、矿物质、微量元素、各种酶、活性物质和水等。蛋白质是提供氮素的物质，也是细胞的主要组成部分，参与牛体内代谢的大部分化学反应。碳水化合物主要是淀粉和纤维类物质，为牛的各种活动提供能量。脂肪广泛存在于动、植物组织中，其中禾本科籽实饲料、糠麸类和各种饼粕类饲料含量较高，成熟后的农作物秸秆含量较低。牛除了长期饲喂单一饲料，一般不会缺乏脂肪，因此，不需要另外补充。维生素是牛体必需的营养物质，有控制和调节代谢的功能，对维持牛的健康、生长发育和繁殖具有十分重要的作用。矿物质元素是牛体需要的一大类无机营养素，自然界有60多种，牛所必需的有27种。水对维持牛体内正常代谢，保持酸碱平衡等有重要作用。

4. 蛋白质的作用主要有哪几方面?

（1）维持正常生命活动。蛋白质不仅是牛的肌肉、皮肤、血液、神经、结缔组织、腺体、精液等组织器官的主要成分，而且在体内起着传递、运输、支持、保护、连接、运动等多种功能性作用。由于构成各组织器官的蛋白质种类不同，不同的组织器官具有各自特异性生理功能。蛋白质又是成年牛体内各种酶、激素和抗体的主体成分，并在维持牛体内渗透压和水分的正常分布方面起着重要作用。

（2）为机体提供热能。在牛体内营养不足时，蛋白质可分解供给能量，维持机体代谢活动。当蛋白质摄入过剩时，也可转化成糖、脂肪或分解产生热能，供机体代谢之用。

（3）更新和修补机体组织。蛋白质的营养作用是碳水化合物、脂肪等所不能代替的，在牛的新陈代谢过程中，蛋白质起着更新和修补组织主要原料的作用。牛缺乏蛋白质饲料时，会出现消化功能减退、体重减轻、生长发育受阻、免疫力下降，容易发生疾病，严重缺乏时可导致死亡。精料中蛋白质水平过低，还会影响牛对其他营养物质的吸收和利用，降低精料的利用效率。

各类饲料中的粗蛋白质含量各不同，其中饼粕类为30%～45%，豆科籽实类为20%～40%，糠麸类为10%～17%，豆科干草类为9%～12%。豆科籽实、饼粕、豆科牧草等是牛的主要蛋白质饲料来源。在牛饲养中应根据饲料的来源、价格以及牛的饲养标准和要求调整蛋白质饲料比例，犊牛的饲料粗蛋白质含量应为16%～18%，成年牛育肥饲料粗蛋白质水平可降至12%～14%。

5. 碳水化合物的作用主要有哪几方面？

（1）维持牛体生命活动。碳水化合物不仅是大脑神经系统、肌肉组织、脂肪组织、胎儿生长发育、乳腺发育等生命活动及代谢的能源，而且是维持正常体温的必需物质，供给不足时，牛易出现妊娠毒血症，严重缺乏时还会造成死亡。

（2）形成牛体组织。碳水化合物是形成牛体组织的重要成分之一，其中五碳糖是细胞核酸的组成成分，半乳糖与类脂肪是神经组织的必需物质，许多糖类与蛋白质化合而成糖蛋白，低级核酸与氨基化合形成氨基酸。

（3）形成畜产品。碳水化合物是形成畜产品的重要物质，如葡萄糖可以合成乳糖，并参与部分必需氨基酸的形成，黏多糖保证牛正常的生理功能及生产活动。

（4）维持牛消化机能。碳水化合物是维持牛正常消化机能所必需的营养，碳水化合物类饲料中的粗纤维除了为牛提供能量及合成葡萄糖和乳糖的原料外，还能刺激消化道黏膜，促进消化道未消化物质的排出。

碳水化合物饲料来源丰富，如各种农作物籽实类、糠麸类及饼粕类，其成本低廉，一般情况下，牛不会缺乏，但发病牛、体弱牛、妊娠母牛和哺乳母牛应注意补充。

6. 脂肪的作用主要有哪几方面？

（1）为机体提供能量。脂肪是为牛提供能量来源的重要成分，也是贮存能量的最好形式，脂肪是含能量最高的营养素，所产的热能是蛋白质和碳水化合物的两倍左右。

（2）构成牛体组织细胞。脂肪是组成牛体组织细胞的重要成分，如神经、肌肉、血液等均含有脂肪，各种组织的细胞膜是由蛋白质和脂肪按照一定比例所组成，脂肪也参与细胞内多种代谢调节物质合成，在细胞膜传递信息的活动中起着载体和受体的双重作用。

（3）溶解脂溶性维生素。脂肪是脂溶性维生素的溶解剂，饲料中缺乏脂肪时，脂溶性维生素消化代谢过程发生障碍，维生素的利用率会不同程度降低，牛可表现出维生素缺乏症。

（4）提供必需脂肪酸。在犊牛在生长过程中，必须通过饲料供给的脂肪酸包括亚油酸、亚麻酸和花生油酸。牛缺乏必需脂肪酸时，会出现皮肤角质化、毛质变脆、免疫力下降、生长发育受阻、繁殖力下降等现象，易引发疾病甚至死亡。

7. 牛需要的维生素分为哪几类?

牛生长发育及生产活动需要的维生素可分为脂溶性维生素和水溶性维生素两大类。脂溶性维生素是指不溶于水，可溶于脂肪及其他有机溶剂的维生素，在消化道随脂肪一同被吸收，如维生素 A、维生素 D、维生素 E（α-生育酚）等。水溶性维生素可溶于水，包括整个 B 族维生素和维生素 C（抗坏血酸）。

8. 脂溶性维生素的作用分别是什么?

（1）维生素 A。维生素 A 能促进骨骼正常生长，保护表皮黏膜，使细菌不易侵害，可调解上皮组织细胞的生长，防止皮肤黏膜干燥角质化，提高机体自身免疫功能，增强牛对各种病原菌及寄生虫感染的抵抗能力。牛摄入过量的维生素 A 也可引起中毒，中毒量一般为需要量的30倍左右。

（2）维生素 D。维生素 D 能提高牛对钙、磷的吸收与利用，促进生长发育和骨骼钙化，通过肠壁增加磷的吸收，并通过肾小管增加磷的再吸收，还可防止氨基酸通过肾脏损失。在精料中添加维生素 A 的同时，一般应添加维生素 D，以提高机体代谢水平，促进钙、磷的平衡吸收。如果维生素 D 添加过量，也会引起中毒，牛饲喂 60 天以上超过需要量 4 ～ 10 倍的维生素 D 时，就会出现软骨生长发育受阻、食欲和体重下降、血钙升高、血液磷酸盐降低等症状。维生素 D 在豆科植物中含量较多，在其他植物性饲料中含量极少。但植物中麦角固醇在紫外线照射下，其中一部分可转变为维生素 D_3；牛皮肤颗粒层中的 7-脱氢胆固醇在紫外线照射下，也可转变为维生素 D_3，贮存于牛肝脏。光照不足或消化吸收障碍可导致牛钙、磷吸收和代谢障碍，从而使骨骼发育受阻。

（3）维生素 E（α-生育酚）。维生素 E 能促进生殖系统的生长发育，对维持牛正常繁殖性能和提高肉质有重要作用，而且又有保护 T 淋巴细胞、红细胞的作用，是一种抗氧化剂和免疫增强剂。一般来说，饲料越绿胡萝卜素和维生素 E 含量越高，鲜嫩牧草的胡萝卜素含量远远高于干黄牧草和农作物秸秆，因此在肉牛养殖中应注意提供足够的青绿饲料、多汁饲料和青干草，以满足维生素 A 和维生素 E 的需要。常年放牧牛群一般不会缺乏维生素 E。但舍饲应注意优质青绿饲料、多汁饲料和青干草（如豆科牧草）的供给和舍外活动的时间。

9. 水溶性维生素的作用分别是什么?

（1）B 族维生素。B 族维生素参与蛋白质、脂肪、碳水化合物的代谢，能提高牛的食欲，增强消化吸收功能，维持神经组织正常活动，促进体内氧化还原反应和能量生成。除瘤胃功能不健全的犊牛外，牛瘤胃微生物可以合成足够的 B 族维生素，在大量使用抗生素时，某些水溶性维生素的利用会受到不同程度的影响，应在饲料中适当补充。缺乏B族维生素可引起牛代谢功能紊乱和体内酶活力降低。

（2）维生素C。维生素C是一种特别有效的抗氧化剂，具有捕捉游离氧自由基、还原黑色素、促进胶原蛋白合成的作用，广泛参与牛体内多种生化反应，一般情况下，牛体可以合成足够的维生素C，但牛在妊娠、泌乳和甲状腺功能亢进的情况下，维生素C吸收量减少、排泄量增加。在高温、寒冷、运输等应激条件下以及能量、蛋白质、维生素E、硒和铁等供应不足时，牛对维生素C的需要量会增加，在饲料中需要加以补充。

10. 牛需要的矿物质主要分哪几类？

牛生长发育及生产活动需要的矿物质分为常量矿物质元素和微量矿物质元素两大类。常量矿物质元素是指在牛体内的含量大于体重0.01%的元素，如钙、磷、钠、钾、氯、镁、硫等7种。微量矿物质元素是指在牛体内的含量小于体重0.01%的元素，如铁、铜、钴、碘、锰、锌、硒、钼、氟、硅、铬等。

11. 常量矿物质元素的作用分别是什么？

（1）钙和磷。钙和磷是牛体内含量最多的元素，也是配合饲料中添加量较大的物质。牛在正常情况下钙、磷比例为2∶1左右，钙作为牛体结构组成物质，参与骨骼和牙齿的组成。通过钙控制神经传递物质释放，调节神经兴奋性；通过神经体液调节，改变细胞膜通透性；钙离子进入细胞内触发肌肉收缩，激活多种酶的活性；促进胰岛素、儿茶酚胺、肾上腺皮质固醇分泌，同时钙还具有自身营养调节功能。磷除了与钙一起参与骨骼与牙齿组成外，主要参与体内能量代谢，促进营养物质的吸收，保证生物膜的完整性，并且作为牛生命活动重要的物质DNA、RNA和一些酶的结构成分，参与许多生命活动过程。牛钙、磷缺乏时，易发生佝偻病、骨质疏松症和产后瘫痪等，磷的含量不足时，牛对传染病的抵抗力降低，采食量也大大下降，胡萝卜素转化为维生素A的能力降低。

（2）钠、钾、氯。牛体内这三种元素主要分布在体液和软组织中，起着维持渗透压、调节酸碱平衡、控制水代谢等生理作用。钠对传导神经冲动、营养物质吸收和维持酸碱平衡等起重要作用；钾离子影响肌肉神经的兴奋性，参与碳水化合物和蛋白质的代谢，又是多种酶的激活剂；氯是胃液的重要成分，对维持牛的消化吸收功能有重要作用。各种饲料比较普遍的现象是缺乏钠，其次是氯，钾一般不缺乏，但缺乏其中任何一种元素，牛都会表现食欲下降，生长发育缓慢，体重降低，皮肤粗糙缺乏弹性，繁殖机能下降，饲料利用率低等。

（3）镁。镁是牛骨骼、牙齿及许多酶（如淀粉酶、胃蛋白酶、胰淀粉酶、胰脂肪酶和肠肽酶）的组成成分，参与DNA、RNA和蛋白质的合成，调节神经肌肉兴奋性，保证神经肌肉的正常功能。缺镁时，表现厌食、生长发育受阻、过度兴奋、痉挛和肌肉抽搐，严重缺镁可导致死亡。但镁过量也可导致牛中毒，其表现为采食量和生产力下降、抑郁昏睡、运动失调和腹泻，严重可引起死亡。

（4）硫。硫的作用主要是通过体内含硫有机物来实现，含硫氨基酸合成体蛋白、被毛、软骨素基质及许多激素等。硫是辅酶A、硫胺素、黏多糖的成分，参与结缔组织的代谢。牛出现硫缺乏症时，采食量和利用纤维素的能力下降。牛硫中毒可引起牛厌食、便秘、腹泻、失重、抑郁等症状，严重时可导致死亡。

12. 怎样给牛补充钙和磷？

犊牛日粮缺钙会发生佝偻病，成年牛钙缺乏引起软骨症或骨质疏松症。日粮中钙过多则会抑制干物质采食量和生产性能的发挥，并影响其他元素的吸收。日粮缺磷会使牛呈异食癖，母牛不发情或发情不规则、卵巢萎缩或卵巢囊肿、受胎率低下、易发生流产，生产性能不正常，增重缓慢等，磷过多也可引起卵巢囊肿和受胎率低下。牛对钙磷比不敏感，钙磷比在 1 ：7 ～ 1 ：1 的范围内，牛的生产性能基本不受影响。每天给牛补充 100 克左右主要由磷酸钙组成的矿物质预混料，基本可满足牛对钙、磷的需要。

13. 食盐的作用是什么？怎样给牛补充食盐？

食盐的化学名称是氯化钠，含氯和钠。食盐的主要作用是提高牛的食欲，维持牛体内渗透压，提高消化吸收功能，保持体液酸碱平衡，参与氨基酸转运、神经传导和葡萄糖吸收等。日粮缺乏钠时，常表现为食欲下降、异食癖、生长缓慢、泌乳下降和消化机能降低，但进食过多的氯化钠会增加乳房炎、乳房水肿的发病率。氯是激活淀粉酶的必需因子，胃酸的主要成分，参与调节血液的酸碱性，缺乏时牛常表现为异食癖，肌肉萎缩，食欲下降等。在放牧的情况下，牛每年需要 11 千克左右氯化钠（食盐）。牛每月食盐的具体用量如下：高精料肥育牛 0.3 千克，放牧肉牛 0.45 ～ 1.1 千克，只喂粗饲料的繁殖母牛为 1.3 千克。

14. 镁的作用是什么？怎样给牛补镁？

牛体内的镁约有 70% 以盐的形式存在骨骼和牙齿中，此外镁是牛机体内许多酶的活化剂，对糖类和蛋白质的代谢起重要作用。镁可影响神经肌肉的兴奋性，低浓度时可引起痉挛。通常日粮中的镁都能满足需要，牛对镁需要量约为精料的 0.2%，镁的缺乏往往带有地区性和季节性，春季放牧的成年泌乳母牛采食大量青草，可能会出现低镁综合征，表现为泌乳量下降，食欲减退，兴奋和运动失调，如不及时治疗可导致死亡。补镁可用含镁添加剂混于饲料中。

15. 硫的作用是什么？怎样给牛补硫？

硫分布于牛体全身的每个细胞中，是含硫氨基酸和硫胺素的重要成分，只有少量呈无机状态，日粮缺硫会引起牛的食欲减退，增重变缓，毛的生长速度变慢等，日粮中的硫可促进牛瘤胃微生物发酵，用以确保微生物蛋白质的合成。饲料含硫量与饲料蛋白质浓度密切，在饲喂玉米青贮料或非蛋白氮时，常需要补饲硫。补硫可用硫酸钠 0.3% ～ 0.4% 或含硫添加剂混于饲料中。

16. 钾的作用是什么？怎样给牛补钾？

钾是牛体需要最多的阳离子，主要存在于细胞内液中，参与体内渗透压和酸碱平衡，在调节体内代谢平衡、促进酶活性和维持正常心、肾机能等方面，都起着重要的作用。机体缺钾时，表现为生长受阻、肌肉软弱、异食癖、过敏症等。补钾可用含钾添加剂混于饲料中。

17. 微量矿物质元素的作用分别是什么？怎样给牛补充微量矿物质元素？

（1）铜。铜是牛必需的微量元素，为血红蛋白的必需成分之一，是构成红细胞所需辅酶的主要成分和体内许多酶的激活剂，红细胞的生成、骨的构成、被毛色素的沉着等都需要铜。缺铜会出现营养性贫血，被毛粗糙，毛色变浅，犊牛消瘦，运动失调，生长发育缓慢，消化紊乱等。在繁殖方面还会表现为母牛胚胎早期死亡，胎衣不下，空怀增多，公牛性欲减退，精子活力下降，受精能力降低等。

按采食的日粮干物质计算，牛对铜的需要量为 4 ～ 10 毫克 / 千克，在应激条件下增加到 30 ～ 35 毫克 / 千克。饲料可以通过补充硫酸铜、碳酸铜等无机铜，也可采用赖氨酸铜、蛋氨酸铜等适口性和稳定性更好的无机铜。

（2）铁。铁是血红蛋白和肌红蛋白中血红素的组成部分，也是许多酶的组成部分，参与牛体内生物氧化过程。长期喂奶的犊牛常出现缺铁，发生低色素性贫血，皮肤和黏膜苍白，食欲减退，生长缓慢，体重下降，舌乳头萎缩等。

通常只要日粮干物质铁含量达到 50 毫克 / 千克就能满足犊牛及其他牛的需要，而犊牛的需要量以日粮干物质计为 100 毫克 / 千克。实际生产中很少发生缺铁的问题，一般只需给犊牛补充少量铁，牛对铁的耐受量为 1 000 毫克 / 千克。

（3）锌。锌分布于牛的肌肉、皮毛、肝脏、精液、前列腺和牛奶中，在牛体内具有广泛的生理功能，与肌肉生长、被毛生长、组织修复和繁殖机能密切相关。缺锌时常发生食欲减退、消化功能紊乱、生长减慢、蹄肿胀、脱毛、皮炎等症状。

在缺锌的牛日粮中添加锌 100 ～ 160 毫克 / 千克，可迅速改善牛的缺锌症状。饲料中含锌添加剂为硫酸锌、氧化锌和碳酸锌。

（4）锰。锰作为辅助因子参与糖类、脂肪、蛋白质代谢，并参与骨骼形成和维持牛正常的繁殖机能。犊牛锰缺乏时出现畸形，运动共济失调，生长速度下降，成年母牛缺乏时导致繁殖机能退化，怀孕母牛流产，公牛发生睾丸萎缩，精子生成不正常，精子活力下降，受精能力降低。

牛对锰的需要量为 20 ～ 25 毫克 / 千克，在应激条件下为 90 ～ 140 毫克 / 千克，在生产条件下为 40 ～ 60 毫克 / 千克，犊牛为 30 ～ 40 毫克 / 千克。日粮中缺锰可用硫酸锰、碳酸锰和氯化锰补充。

（5）钴。钴是钴胺素（维生素 B_{12}）的组成部分，牛瘤胃能够利用钴合成钴胺素，所以当缺乏钴时，会出现钴胺素的缺乏，表现为采食量下降、步履蹒跚、被毛粗乱、产奶量下降、营养不良、消瘦、贫血等。缺乏钴元素的土壤生长的牧草不能满足牛对钴的需要。饲料中三氯化钴、硝酸钴和硫酸钴是牛适宜的钴源。

牛对钴的需要量为 0.07 ～ 0.11 毫克 / 千克，在应激条件下为 2 ～ 4 毫克 / 千克，在生产条件下为 0.5 ～ 1 毫克 / 千克。硫酸钴、磷酸钴和氯化钴可作牛饲料的有效添加剂。

（6）碘。碘在牛体内含量甚微，但其功能非常重要，在牛体内主要合成甲状腺素，当日粮碘缺乏时，甲状腺肿大，泌乳量下降，公牛性欲降低，精液品质差，犊牛生长发育缓慢，骨骼细小，常形成侏儒症。

一般牛的碘需要量为 0.2 ～ 2.0 毫克 /

千克，在应激条件下为1.5～3毫克/千克，可以选择碘化钾、碘化钙或加碘盐作为添加剂。

（7）硒。硒分布于牛全身所有组织，是谷胱甘肽过氧化物酶的组成成分，也是细胞抗氧化系统的组成成分，硒能增加机体的免疫功能，降低牛乳房炎的发病率。牛缺硒时出现白肌病，犊牛生长迟缓，母牛繁殖力低下，公牛精液品质下降。缺硒的主要原因是由于土壤中硒缺乏，导致饲料和饲草硒含量低，我国绝大部分土壤和水都缺硒，需要在牛日粮中补充硒。在补硒的同时补充维生素E，对改善牛的繁殖机能比单补任何一种效果都好。牛对硒的需要量为0.05～0.3毫克/千克（按采食的干物质计）。亚硒酸钠和硒酸钠都可以作为补硒的选择，但其纯品为毒物，使用时要慎重，最好使用经过100倍稀释的产品。

18. 水对牛有什么作用?

牛体内的水主要来源于饮水、饲料中的水和体内代谢的水。其中饮水占70%～97%，而牛的代谢水只能满足需要量的5%～10%，牛机体水损失是通过泌乳、粪和尿的排泄、排汗以及肺呼吸水分的蒸发。牛的饮水量受气候、产奶量、干物质采食量、日粮组成、牛生理状况等几个因素的影响。缺水会引起代谢紊乱，消化吸收发生障碍，蛋白质和非蛋白质含氮物的代谢产物排泄困难，血液循环受阻，体温上升，导致发病甚至死亡。

19. 牛饲料分为哪几类?

牛的饲料种类繁多，分类方法也有许多种。这里主要按照饲料营养特性可分为：粗饲料、青绿饲料、青贮饲料、能量饲料、蛋白质饲料、矿物质饲料、维生素饲料、添加剂饲料八大类。

20. 养牛人常说的饲草分为哪几类?

养牛人常说的饲草主要包括青草（指青绿多汁饲草）和干草两大类。青草如各种植物的鲜茎叶、块根，瓜果类，叶菜类，水生植物等，共同特点是含粗纤维较少，柔嫩多汁，易消化，营养丰富，维生素含量丰富，可以直接用来喂牛，消化利用率高。干草如各种农作物秸秆、干牧草、秕壳、树叶等。

21. 牛的粗饲料主要包括哪几类?

粗饲料是指在干物质中粗纤维的含量大于或等于18%，并以风干物形式饲喂的饲料。这类饲料的突出特点是粗纤维含量高，尤其是收割过迟的劣质干草、秸秆和秕壳等，其木质素的含量较高，营养价值较低。主要包括干草及农作物副产品如秸秆、秕壳、荚壳和藤蔓等。

（1）干草。干草是指青草（或青绿饲料作物）在未结籽实前刈割，然后经自然晒干或人工干燥调制而成的饲料产品，包括豆科干草、禾本科干草和野杂干草等。

（2）秸秆。秸秆是指农作物在籽实成熟并收获后的剩余副产品即茎秆和枯叶，包括禾本科秸秆和豆科秸秆两大类，禾本科秸秆主要有稻草、大麦秸、小麦秸、玉米秸和谷草等；豆科秸秆主要有大豆秸、蚕豆秸、豌豆秸等。

（3）秕壳。秕壳是指作物在收获脱粒后的副产品，包括籽实的颖壳、荚皮、瘪谷和碎落的叶片等。秕壳的营养价值略高于同种作物的秸秆，秕壳的质地更坚硬、粗糙，且含泥沙较多，甚至还含有芒刺，大量饲喂很容易引起牛消化道功能障碍，应控制喂量。

22. 干草的营养特点是什么？

（1）阳光晒制的干草中含有丰富的维生素 D_2，是牛维生素 D 的重要来源，但是，其他维生素却因日晒而遭受较大的破坏，另外晒制的干草其他营养物质的损失也较多，相反人工干燥的优质干草中维生素和蛋白质的损失破坏较少，营养价值较高，并含有较丰富的 β－胡萝卜素，而劣质干草的营养价值很低，几乎与秸秆相当。

（2）不同生育期的牧草产量不同，质量也有很大差异。一般来说，豆科牧草在现蕾至初花期，禾本科牧草在抽穗期刈割可获单位面积内最高营养物质。

（3）豆科干草的营养价值一般优于禾本科干草，豆科干草粗蛋白质含量为 15% ～ 24%，而禾本科干草粗蛋白质含量为 7% ～ 13%。

23. 秸秆类饲料的营养特性是什么？

秸秆类饲料干物质中蛋白质、脂肪和无氮浸出物的含量均较少，能值较低，粗纤维含量高，通常为 30% ～ 45%，且木质化程度较高，质地坚硬粗糙，适口性较差，不易于消化利用，除维生素 D 外，其他维生素都很缺乏。所以秸秆类饲料的营养价值偏低，另外秸秆类饲料的营养价值高低与秸秆的种类有一定关系。

24. 秕壳类饲料的营养特性是什么？

（1）豆荚。粗蛋白质含量为 5% ～ 10%，无氮浸出物 42% ～ 50%。

（2）谷壳。谷壳也称谷糠，主要包括小麦壳（糠）、大麦壳（糠）、高粱壳（糠）、稻谷壳（糠）等。其营养价值都低于豆荚，稻壳的营养价值最差。

（3）棉籽壳。粗蛋白质含量为 4.0% ～ 4.3%，粗纤维 41% ～ 50%，无氮浸出物 34% ～ 43%。棉籽壳含棉酚 0.01%，饲喂时喂量要逐渐增加，应有 1 ～ 2 周的适应期，以防棉酚中毒。

25. 农作物秸秆类饲料有哪些？如何利用？

（1）玉米秸秆。同一株玉米秸秆的营养价值，上部比下部高，叶片较茎秆高，玉米穗苞叶和玉米芯营养价值较低。粗蛋白质含量约为 6%，粗纤维 25% 左右。

（2）麦秸秆。营养价值低于玉米秸，其中木质素含量很高，能量低，消化率低，适口性差，是质量较差的粗饲料。小麦秸秆蛋白质含量低于大麦秸秆，春小麦秸秆比冬小麦秸秆好，燕麦秸秆的饲用价值最高。

（3）稻草。粗蛋白质含量为 2.6% ～ 3.2%，粗纤维 21% ～ 33%。能值低于玉米秸秆，灰分含量高，主要是不可利用的硅酸盐，钙、磷含量均低。

（4）谷草。质地柔软，营养价值较麦秸秆、稻草高。

（5）豆秸秆。指豆科秸秆，与禾本科秸秆相比，粗蛋白质含量和消化率较高。大豆秸秆木质素含量高达 20% ～ 23%，故消化率极低。在豆秸秆中，蚕豆秸秆和豌豆秸秆品质较好。

26. 秸秆类粗饲料加工方法主要有哪几种？

（1）物理处理。常采用机械、盐化、颗粒化等加工方法，改变秸秆的物理性状，达到提高牛对其利用率和采食量、减少浪费的目的。这些方法简单易行，可以增加适口性，提高牛的采食量和吃净率，但对秸秆营养价值和消化率提高作用不大。主要有以下三种处理方法：

①机械处理。利用机械将粗饲料铡短、粉碎或揉碎。用铡草机将粗饲料切成长度1～2厘米，稻草较柔软，可稍长些，玉米秸秆较硬且有结节，以1厘米左右为宜。粉碎机的筛底孔径以8～10毫米为宜，揉碎机械可将秸秆饲料揉搓成丝条状，尤其适用于玉米秸秆的揉碎。

②盐化处理。铡碎或粉碎的秸秆饲料，用1%的食盐水，与等重量的秸秆充分搅拌后，放入容器内或在水泥地面上堆放，用塑料薄膜覆盖，放置12～24小时，使其自然软化，可明显提高适口性和采食量。

③颗粒化处理。将秸秆粉碎、揉碎，然后根据用途设计配方，与其他农副产品及饲料添加剂搭配，用颗粒机械制成颗粒饲料。由于可将维生素、微量元素、添加剂等成分加入颗粒饲料中，提高其营养价值，并改善适口性，饲喂牛的效果明显。颗粒饲料以直径0.5～0.8厘米，长3～4厘米为宜。

（2）化学处理。用化学物质处理可以打开纤维素、半纤维素与木质素之间对酸碱不稳定的酯链，溶解半纤维素，有利于牛对饲料的消化，提高粗饲料的利用率。

（3）生物处理。生物处理法即利用微生物进行处理的方法，对粗饲料加入一定量的、特定的微生物或发酵物，在适当的温度下发酵一段时间，加入的菌种或秸秆中原来的微生物产生氧化酶，使粗纤维部分转化成为牛可消化利用的糖类、脂肪和蛋白质等成分，以改善适口性、提高其营养价值和消化利用率。

27. 青干草加工调制的方法是什么？

（1）适时刈割。牧草不同生长时期的产量不同，质量也有很大差异，一般随着生长期的延长，牧草的粗蛋白质含量逐渐降低，而不易消化的粗纤维则显著增加。牧草刈割时期一般根据饲喂需要来确定，同时考虑牧草的生长情况，根据牧草产量和质量综合考虑来确定最适刈割时期。刈割太早，产量低，不利再生；刈割晚，草质粗老，营养下降。一般刈割利用的时间，豆科牧草为现蕾至初花期，禾本科牧草在初穗期，这样既有较高的产量，同时营养也较丰富。牧草刈割时不能留茬太低，如同刮地皮一样刈割，破坏了牧草的生长点，不利于牧草的再生，刈割时一般留茬高度为5～10厘米。多年生牧草以春、秋季利用为主，一年生牧草以夏、秋季利用为主。

（2）牧草的干燥。鲜草经过晾晒或人工干燥，水分下降到14%～17%时，称为干草，牧草的干燥是生产青干草的重要环节。优质干草，各种养分比较平衡，含有所必需的营养物质，是钙、磷、维生素D的重要来源。

①自然干燥。将新鲜牧草放在阳光下晒，使牧草水分迅速降至20%以下，堆成草垛或切碎、粉碎后饲喂。这种方法成本低，操作简便，但受天气的影响较大，营养物质损失相对人工干燥来说也比较多。常用的有地面干燥法、草架阴干法等。

②人工干燥。有常温鼓风干燥法和高温快速干燥法两种。常温鼓风干燥是把刈割后的牧草压扁并在田间预干到含水率50%，再运到有通风道的干草棚内，用鼓风机进行常温鼓风干燥。高温快速干燥是将鲜草切短，通过烘干机高温气流的作用，

使牧草迅速干燥，牧草的含水率在短时间内下降至15%以下。人工干燥法营养物质损失少，色泽青绿，干草品质好，但设备投资较多。

（3）牧草打捆。当牧草水分降至15%左右时，用打捆机制作成干草捆，在通风良好的情况下可贮存6个月（图2-1）。

图2-1　牧草打捆

（4）草粉颗粒化和压块。将粉碎的草粉制成颗粒，制作颗粒过程中可按营养要求配置成全价饲料。干草块的加工是含水10%的干草，切短至3～4厘米，然后加水，使其含水率达到14%～15%时压制而成的，或用粉碎机粉碎，但不宜粉碎得过细或成粉面状，以免引起反刍停滞，降低消化率。

28. 干草品质鉴定的主要内容是什么?

（1）颜色气味。优质青干草呈绿色，绿色越深，品质越好，有干草香味。茎秆上每个节的茎部颜色是干草所含养分高低的标记，每个节的茎部呈现深绿色部分越长，则干草所含养分越高。

（2）叶片含量。干草中的叶量越多，品质越好，优质豆科牧草的干草中，叶量应占干草总重量的50%以上。

（3）牧草形态。干草中所含的花蕾、未结实花序的枝条越多，叶量越多，茎秆质地越柔软，适口性与品质越好。

（4）含水率。优质干草的含水率在15%～18%,含水率超过20%时不宜贮存。

（5）病虫害情况。有病虫害的牧草调制成的干草品质较低，不利于牛健康，如果干草叶有病斑或有黑色粉末，则为有病症的干草，不能喂牛。

29. 牛的青绿多汁饲料主要有哪些?

青绿多汁饲料人们习惯称为青草，是指天然水分含量为45%及以上的饲料，包括天然牧草、栽培牧草、树叶类饲料、叶菜类饲料、水生饲料等。常见的青绿多汁饲料品种有青饲玉米、牧草燕麦、牧草高粱、黑麦草、紫云英、番薯、狼尾草、鲁梅克斯、大绿豆、串叶松香草和桑叶等。

30. 牛的能量饲料主要有哪些?

牛的能量饲料主要有禾谷籽实类、糠麸类、块根茎类和瓜果类四大类。禾谷籽实类如玉米、高粱、小麦、大麦、稻谷、小米（粟谷）等，糠麸类如次粉、小麦麸、米糠、统糠等，块根茎和瓜果类如甘薯、胡萝卜、马铃薯和南瓜等。

31. 常用的几种籽实饲料营养特性是什么?

籽实类饲料大多是禾本科植物成熟的种子，其主要特点是无氮浸出物含量高，一般占干物质的66%～80%,主要是淀粉。粗纤维含量低，一般在10%以下，因而适口性好,可利用能量高。粗脂肪含量在3.5%左右，粗蛋白质含量低，一般在10%左右，而且缺乏赖氨酸、蛋氨酸、色氨酸。钙及维生素A、维生素D含量不能满足牛的需要，钙低磷高，钙、磷比例不当。常用谷实类饲料的主要养分含量见表2-1。

（1）玉米。在各种谷物籽实中，玉米被称为“饲料之工”，它在谷物籽实类饲料中含可利用能量最高，是世界各国应用最普遍的能量饲料，其特点是可利用能量高，亚油酸含量较高。蛋白质含量低（8%左右），含代谢能约13.56兆焦千克，玉米的颜色有黄、白和黑之分，黄玉米含有少量胡萝卜素，我国的饲料原料标准把玉米分为三级。玉米含钙、磷均少，且比例不合适，是一种养分不平衡的高能饲料，玉米在牛的精料补充料中，用量通常为50%左右。

（2）高粱。高粱与玉米相比，代谢能含量低一些，约12.3兆焦/千克，粗蛋白质含量与玉米相近，脂肪含量比玉米低，不含胡萝卜素，我国的饲用高粱质量标准分为三级。高粱含有0.2%～0.5%的鞣酸，对适口性和蛋白质的利用率有一定影响，所以添加数量受到一定限制，用量通常为10%～20%。

（3）小麦。小麦与玉米相比，含代谢能稍低一些，约12.72兆焦/千克，脂肪含量低，约1.7%。但蛋白质及维生素含量较高，约15.9%，所含B族维生素及维生素E较多，维生素A、维生素D、维生素C、维生素K则较少。小麦有轻泻性，使用比例不要太高，约占日粮的10%～45%。

（4）大麦。大麦分皮大麦与裸大麦，用作饲料的为皮大麦。由于皮大麦外包颖壳，所以粗纤维含量比玉米高一倍以上，代谢能较低，约11.3兆焦/千克，但粗蛋白质含量比玉米高，约10.8%，大麦中粗脂肪含量低，约1.7%。由于皮大麦表面尖硬，适口性较差，如能脱壳喂最好。在大麦比小麦便宜的地方可以部分或全部替代小麦。

（5）燕麦。燕麦总的营养价值低于玉米，但蛋白质含量较高，为9%～11%，粗纤维含量较高，为10%～13%，能量较低，富含B族维生素，脂溶性维生素和矿物质较少，钙少磷多，燕麦是牛的好饲料，喂前应适当粉碎。

（6）稻谷。稻谷含粗纤维高，表面粗糙，适口性差，消化率低，如用作饲料，不要超过日粮的10%。而稻谷脱壳后的糙米及脱米筛分出来的碎米是好饲料。糙米中所含代谢能及粗蛋白质与玉米相似，适口性好，易消化，适宜喂犊牛，缺点是糙米价格较高，成本较大。

（7）小米（粟谷）。小米含代谢能约

表2-1　常用谷实类饲料的主要养分含量

常用谷实类饲料	干物质DM/%	粗蛋白质CP/%	粗脂肪/%	钙/%	磷/%	能量单位/RND
玉米	88.4	8.6	3.5	0.08	0.21	2.76
高粱	98.3	8.7	3.3	0.09	0.28	2.47
小麦	88.1	12.1	1.8	0.11	0.36	2.56
稻谷	89.5	8.3	1.5	0.13	0.28	2.39
大麦	88.8	10.8	2.0	0.12	0.29	2.47
燕麦	90.3	11.6	5.2	0.15	0.33	2.45

11.88 兆焦 / 千克（2.84 兆卡 / 千克），粗蛋白质含量约 9.7%，用于饲喂犊牛，因价格较高，成本加大。

32. 常用的几种糠麸类饲料营养特性是什么?

糠麸类饲料为谷实类饲料的加工副产品。包括次粉、麸皮、米糠及统糠等。其共同的特点是除无氮浸出物含量（40% ～ 62%）较少外，其他各种养分含量均较其原料高。有效能值低，含钙少而磷多，含有丰富的 B 族维生素，胡萝卜素及维生素 E 含量较少。常用糠麸类饲料的主要养分含量见表 2-2。

（1）次粉。次粉是小麦加工成面粉时的副产品，为胚芽、部分碎麸和粗粉的混合物。其含代谢能约 12.51 兆焦 / 千克（2.99 兆卡 / 千克），粗蛋白质约 13.6%。影响次粉质量的因素为杂质含量及含水量，发霉、结块的次粉不能使用。

（2）麸皮。小麦麸皮的营养价值因小麦类品种和出粉率的高低而变化，由于粗纤维含量高，代谢能含量就很低，只有约 6.82 兆焦 / 千克（1.63 兆卡 / 千克），粗蛋白质约 15.7%，属于低能饲料。大麦麸优于小麦麸，麸皮质地蓬松，适口性较好，具有轻泻作用。麸皮在日粮中的比例不宜太多，母牛产后喂以适量的麦麸粥，可以调养消化道的机能。

（3）米糠。米糠是糙米加工成白米时的副产物，营养变化较大，随含壳量的增加而降低，为使米糠便于保存，可经脱脂生产米糠饼。经榨油后的米糠饼脂肪和维生素减少，其他营养成分基本被保留下来。米糠含代谢能约 11.21 兆焦 / 千克（2.68 兆卡 / 千克），粗蛋白质约 14.7%，含油量可达 16.5%。粗脂肪含量高，在贮存不当时，易在微生物及酶的作用下发热霉变，因此必须用新鲜米糠配料。

（4）统糠。统糠是由稻壳粉和少量米糠混合而成，因其营养价值低很少用于喂牛。

33. 常用的几种块根、块茎和瓜类饲料营养特性是什么?

常用的块根、块茎和瓜类饲料如甘薯、胡萝卜、马铃薯和南瓜等，含有较多的碳水化合物和水分，适口性好，体积大，如果喂量过多，会降低牛对干物质的采食量和养分的吸收利用，从而影响其生产性能。块根、块茎类饲料按干物质中的营养价值来考虑，属于能量饲料，营养特点是水分含量高达 70% ～ 90%，富含淀粉、糖，消化率高，适口性好，但蛋白质量含量低。

（1）甘薯。甘薯富含淀粉，干物质中

表 2-2　常用糠麸类饲料的主要养分含量

常用糠麸类饲料	干物质 DM/%	粗蛋白质 CP/%	粗脂肪 /%	钙 /%	磷 /%	能量单位 /RND
麸皮	88.6	14.1	3.7	0.18	0.78	2.08
米糠	90.2	12.1	15.5	0.14	1.04	2.62
统糠	88.2	9.7	4.0	0.28	0.35	2.07
次粉	89.1	13.6	3.5	0.1	1.0	2.99

淀粉占40%，糖占30%左右，粗蛋白只有4%。甘薯的粗纤维含量少，热能低于玉米，钙含量低。因其多汁味甜，适口性好，生熟均可饲喂。在平衡蛋白质和其他养分后，可占牛日粮中能量来源的50%。甘薯如有黑斑，其毒性会使牛发生喘气病，严重者引起死亡。

（2）马铃薯。马铃薯又称土豆，成分特点与其他薯类相似，与蛋白质饲料、谷实饲料混喂效果较好。马铃薯贮存不当发芽时，在其青绿皮上、芽眼及芽中含有龙葵素，采食过量会导致牛中毒。若已发芽，饲喂时一定要清除皮和芽，并进行蒸煮，蒸煮用的水不能用于喂牛。

（3）胡萝卜。胡萝卜含有较多的糖分和胡萝卜素（100～250毫克/千克），是牛最理想的维生素A来源，对各生理阶段的牛都有良好的效果。但其水分含量高，容积大，一般多作为冬季调剂饲料，而不作为能量饲料使用。

（4）南瓜。南瓜含有淀粉、蛋白质、胡萝卜素、维生素B、维生素C和钙、磷、多糖、氨基酸、活性蛋白、类胡萝卜素及多种微量元素等，其营养丰富。据测算4千克南瓜中的主要营养成分与0.5千克精饲料的营养成分基本相同，将南瓜及南瓜蔓作为牛的饲料可节约养殖的饲料成本。

34. 牛谷实类饲料加工方法主要有哪几种？

谷实类精饲料的加工是利用机械设备改变饲料的物理、化学或生物学特性，提高其营养价值，减少水分、脱毒、改变适口性等。常用的加工方法有粉碎、压扁、制粒、浸泡和熟化等。

（1）粉碎、压扁。禾谷类和豆类籽实被覆着颖壳或种皮，需加工调制。粉碎是精饲料最常用的加工方法，精饲料不宜粉碎过细，稍加粉碎即可，否则适口性变差。一般粉碎成直径2.5毫米大小的颗粒即可。压扁是将谷物加水，将水分调解至5%～20%，用蒸汽加热到120℃左右，再用压扁机压成1毫米厚的薄片，迅速干燥。由于压扁可改变精料中的营养物质结构，如淀粉经加热糊化、纤维素松软化，饲喂后消化率明显提高。

（2）制粒。将精饲料粉碎混匀，根据牛的营养需要，制成颗粒饲料，具有适口性好，防止挑食，减少饲料浪费，提高饲料利用率的优点。颗粒饲料一般为圆柱状，喂牛时以直径4～5毫米、长10～15毫米为宜。

（3）浸泡。豆类、油饼类、谷物等饲料经浸泡、吸收水分、膨胀软化，易于咀嚼，便于消化。浸泡方法：在容器内把饲料用水拌匀，一般料水比为1∶1.5～1∶1，即手握泡料指缝渗出水滴为准，浸泡的时间应根据季节和饲料种类的不同而异，以不引发饲料变质为宜。有些饲料中含有鞣酸、棉酚等有毒物质，并常有异味，浸泡后毒素、异味均可减轻，从而提高适口性，减轻毒性作用。

（4）熟化。熟化包括蒸煮、焙炒和糊化处理，主要应用于大豆、豌豆、马铃薯等，能提高饲料的适口性和营养价值。熟化可以提高饲料的消化率。焙炒的作用是把饲料中的淀粉转化为糊精，提高饲料利用率和适口性，增进牛的食欲，提高采食量。

（5）发芽。发芽饲料主要用于种公牛、犊牛、育肥牛、泌乳牛等。为防止妊娠母牛流产，一般在临产前不用。发芽用于麦类、高粱、稻谷等，经发芽处理后的饲喂，有促进发情、提高精液品质和产奶量的作用。发芽的方法是将去杂后的籽实饲料用30～40℃温水浸泡一昼夜，待籽实充分膨胀后再捞出发芽。在芽长5～6厘米时，切碎或打浆后拌入饲料中饲喂。

（6）膨化。膨化指含有一定比例淀粉（20%以上）和水分的饲料，经高温高压处理后，淀粉糊化，蛋白质变性，再在短时间（约10秒）内降为常压，温度骤降，饲料体积迅速膨胀，水分迅速蒸发，形成质地疏松的饲料的过程。膨化处理主要用于玉米和大豆，经过高温高压膨化而成的饲料，由于淀粉糊化和蛋白质变性，提高了饲料营养价值。同时高温高压有良好的杀菌效果，饲料的适口性好、消化率高。膨化过程中的热处理还能使蛋白质抑制物以及其他抗营养因子失活，使蛋白质变性，提高蛋白质的营养价值。

35. 青绿多汁饲料饲喂应注意哪几个方面?

（1）青绿多汁饲料用量不要超过日粮干物质的20%。

（2）青绿多汁饲料中干物质和能量含量低，应注意与能量饲料、蛋白质饲料配合使用。

（3）松针粉含粗纤维较一般阔叶高，且有特殊的气味，不宜多喂。

（4）有的树叶含有单宁，有涩味，适口性不佳，必须加工调制后再喂。

（5）叶菜类饲料中含有硝酸盐，在堆贮或蒸煮过程中被还原为亚硝酸盐，牛瘤胃中的微生物也可将青绿多汁饲料中的硝酸盐还原成亚硝酸盐，引起牛中毒，甚至死亡。因此应选用新鲜的原料，现采现喂，不用隔夜的叶菜类饲料。

（6）放牧于苜蓿地或饲喂鲜苜蓿的牛喂量应加以控制，并补饲干草，以防瘤胃臌气病的发生。

（7）幼嫩高粱苗、玉米苗等含氰苷配糖体，牛食入后可在瘤胃微生物作用下分解成氢氰酸，从而导致牛中毒。尤其是玉米、高粱收获后的再生苗，经霜冻危害更大，应特别注意，喂前晾晒或青贮可预防中毒。

36. 树叶类饲料如何开发与利用?

（1）紫穗槐叶、刺槐叶。紫穗槐叶粉约含粗蛋白质23.2%，粗脂肪5.01%，无氮浸出物39.3%，钙1.76%，磷0.31%，刺槐叶粉含粗蛋白质19.1%，粗脂肪5.4%，无氮浸出物44.6%，钙2.4%，磷0.03%。两者富含多种维生素，尤以胡萝卜素和维生素B_2含量高。采集季节不同，槐叶质量不同，一般春季质量较好，夏季次之，秋季较差，但过早采集影响林木生长。因此，科学采集时间宜在不影响林木生长的前提下尽量提前，北方可在七月底、八月初开采，最迟不超过九月上旬。采集过迟，绿叶变黄，营养价值大幅度下降。

（2）苹果枝叶、橘树叶、桑树叶。苹果枝叶来源广、营养价值高，含粗蛋白质9.8%，粗脂肪7%，粗纤维8%，无氮浸出物59.8%，钙0.29%，磷0.14%。橘树叶粗蛋白质含量较高，比稻草高3倍，每千克橘树叶含维生素C约151毫克，并含单糖、双糖、淀粉和挥发油，故该叶有舒肝、通气、化痰、消肿、解毒等功效。长期给牛喂橘树叶或橘树叶粉，可有效地预防疾病。鲜桑树叶含粗蛋白质4%，粗纤维6.5%，钙0.65%。桑树枝、叶营养价值接近，宜鲜用，否则营养价值下降。叶枝量大时，可阴干储藏供冬季饲用。

（3）针叶。指马尾松、黄山松、油松、云杉等树的针叶。马尾松针叶含粗蛋白质6.5%～9.6%，粗纤维14.6%～17.6%，钙0.45%～0.62%，磷0.02%～0.04%，富含维生素、微量元素、氨基酸、激素和抗生素等。针叶一般以每年11月至翌年3月采集较好，其他时间因针叶含脂肪和挥发性物质较多，易对牛胃肠和泌尿器官产生不良影响。采集时应选嫩绿肥壮松针，采集后避免阳光暴晒，从采集到加工要求时间不应超过3天。

37. 牛的蛋白质饲料主要有哪几种?

蛋白质饲料是指干物质中粗纤维含量在18%以下，粗蛋白质含量20%以上的饲料，主要包括植物性蛋白质饲料、动物性蛋白质饲料、微生物蛋白质饲料和非蛋白氮饲料。我国规定禁止在牛饲料中添加动物性蛋白质饲料。

38. 常用的植物性蛋白质饲料主要有哪几种?

（1）籽实类。豆类籽实蛋白质含量高，为20%～40%,较禾本科籽实高2～3倍，其品质好，赖氨酸含量较禾本科籽实高4～6倍，较蛋氨酸高1倍。全脂大豆饲喂时为提高过瘤胃蛋白，可做适当的热处理（110℃，3分钟）。大豆也可生喂，但不宜与尿素一起饲喂牛。带绒全棉籽因含有棉纤维，内有脂肪（棉籽油）和蛋白质，又称三合一饲料，其干物质中粗蛋白质含量为21.17%，粗脂肪17.39%，中性纤维45.32%，利用棉籽饲喂牛，每日每头喂量控制在0.5千克以下。

（2）饼粕类。指油料作物籽实提取油脂后的副产品，其中用压榨法取油后的产品称为饼，而用溶剂浸提油脂后，呈小片状或颗粒状的称为粕。是目前牛所需蛋白质的主要来源，主要产品有大豆饼粕、棉仁饼粕、菜籽饼粕、芝麻饼粕、花生饼粕和亚麻仁饼粕等。饼粕类饲料的共同营养特点为：蛋白质含量均较高，且品质较好，残留有一定量的油脂，故能值也较高，但含有不同的抗营养因子或有毒成分，饲喂牛时应区别对待。

①大豆饼粕：是饼粕类饲料中营养价值最高的饲料，蛋白质含量高达42%～46%，除含硫氨基酸外，赖氨酸、色氨酸、甘氨酸含量均较高，大豆饼粕中钙少磷多，磷主要是植酸磷，大豆饼粕中维生素B_{12}缺乏，但胆碱含量较高。此外，在生的或熟度不够的大豆饼粕中含有胰蛋白酶抑制因子、皂角苷、血细胞凝集素和脲酶等抗营养因子，饲喂牛需做适当的热处理。

②棉仁饼粕：蛋白质含量一般为35%～40%，仅次于大豆饼粕，但其蛋白质的品质较大豆饼粕低，其氨基酸的组成受加工条件的影响很大，特别是其中有效赖氨酸的含量相对较低，而精氨酸的含量又过高，导致二者发生拮抗作用，但蛋氨酸含量较大豆饼粕高。棉仁饼粕作为牛饲料的不利因素是其中含有毒素——游离棉酚，若过量饲喂易引起牛中毒，因此需严格控制棉仁饼粕的用量。

③菜籽饼粕：蛋白质含量一般为35%～39%，氨基酸组成平衡，蛋氨酸、赖氨酸含量较高，含硫氨基酸较多，精氨酸含量低，精氨酸与赖氨酸的比例适宜，是一种良好的氨基酸平衡饲料，粗纤维含量较高12%～13%，矿物质中钙、磷含量均高，但大部分为植酸磷，富含铁、锰、

锌、硒。另外，菜籽饼粕含有硫代葡萄糖苷、芥子碱、植酸、单宁等抗营养因子，影响其适口性，硫代葡萄糖苷在芥子酶的催化下可水解生成异硫氰酸盐等有毒物质，可刺激牛的胃肠道黏膜而引起炎症和腹泻，还可影响甲状腺激素的合成，导致牛甲状腺肿大。因此，最好饲喂双低（低芥酸和低硫葡萄糖苷）菜籽饼粕，或严格限制菜籽饼粕的饲喂量。一般牛精料中使用菜籽饼粕10%以下，双低菜籽饼粕可适当提高使用量。

39. 蛋白质饲料的过瘤胃保护方法是什么？

牛是反刍动物，粗蛋白质消化代谢过程与单胃动物有很大区别，进入牛小肠内的蛋白质有两个来源，一是经瘤胃微生物酵解后又合成的菌体蛋白，二是饲料中未经微生物酵解而直接进入小肠的未降解蛋白，又称“过瘤胃蛋白”。为了提高饲料蛋白质的利用率，可采用化学调控、热处理、食管沟反射、蛋白质包被和氨基酸包被等措施，能产生较好的效果。比较实用的保护方法有以下几种：

（1）甲醛处理。这是应用较广泛的方法，操作时应注意把不同的蛋白质饲料所需甲醛量计算准确，否则形成“过度保护”反而不利于蛋白质饲料的有效利用。一般每100千克饼粕加入0.8千克甲醛（37%福尔马林溶液），在混合机中混合均匀，甲醛能较好地保护饼粕中的蛋白质不受瘤胃微生物的酵解。

（2）全血处理。利用血粉在瘤胃中降解率低的特点，对蛋白质饲料作包被保护，一般采用畜禽新鲜血液，在宰杀时收集于桶中，每升鲜血加入柠檬酸钠6.8克，每100千克饼粕加上处理过的血液150～200升，混合均匀，在70℃温度干燥后，再过3毫米筛即可。

（3）氢氧化钠处理。每100千克饼粕加入3千克5%的氢氧化钠溶液，在混合机中混合均匀10分钟，密封储存24小时，晾干即可饲喂。

40. 饲料添加剂分为哪几种类型？

饲料添加剂是根据牛生长发育、生产性能发挥等的需要在配合饲料时加入的所需物质。传统广义的饲料添加剂包括营养性添加剂和非营养性添加剂两大类，前者主要包括氨基酸、维生素和微量元素添加剂等，后者主要包括生长促进剂、牛保健剂、助消化剂、代谢调节剂、牛产品品质改进剂和饲料保护剂等。目前饲料添加剂则专指非营养性添加剂。

41. 饲料添加剂的主要作用是什么？

饲料添加剂是指在配制饲料过程中有目的地加入各种微量成分。其主要作用是完善饲料的营养特性，提高饲料的利用率，促进牛的生产性能发挥和预防疾病，减少饲料在贮存期间的营养损失，改善饲草、饲料品质等。

42. 促生长添加剂的作用是什么？如何利用？

最常用的促生长添加剂是抗生素类促生长剂——莫能菌素，又称瘤胃素。瘤胃素能提高牛的食欲，促进营养物质的吸收，减轻消化道内细菌感染类疾病的症状，是目前国内外广泛使用的牛饲料添加剂之一，无残留，无休药期。

添加方法：舍饲育肥时，每头牛每天添加量为100～200毫克，饲喂时应有一定的过渡期，刚开始每头每日饲喂 60 毫克瘤胃素，8 天后剂量逐渐加大，逐渐达到标准规定喂量。

43. 维生素添加剂如何使用?

牛机体自身能够合成维生素 B、维生素 K 及维生素 C，除犊牛外，日粮中不用额外添加上述维生素。但在以秸秆为主要粗料，无青绿饲料或用酒糟育肥牛时，要注意维生素 A、维生素 D、维生素 E 的补充。

44. 微量元素添加剂如何使用?

微量元素添加剂主要是补充饲粮中微量元素的不足，要考虑铜、锌、钴等的补充，在缺硒地区还要考虑添加硒，微量元素添加剂可拌入精料中，也可将其制成舔盐或矿物砖，让牛自由舔食。

45. 中草药添加剂的主要作用是什么?

针对抗生素在畜禽产品中的残留及其所产生的抗药性等问题的出现，研制抗生素替代品的呼声日益高涨，中草药成为人们研究开发出的最具有代表性的抗生素替代品。同时中草药天然、高效、无毒副作用，对促进生长、增强体质、提高生产性能、抗应激和防治疾病等效果良好。中草药饲料添加剂的有效成分主要有多糖、低聚糖、有机醇、生物碱、苷类、游离黄酮、挥发油、鞣质、氨基酸、蛋白质、酶、油脂、无机成分及色素等。到目前已有 200 余种中草药饲料添加剂，其主要作用有安神定惊、理气消食、助脾健胃，驱虫除积，活血散淤，促进血液循环，补气壮阳，养血滋阴，消热解毒，杀菌抗菌，宣肺化痰，止咳平喘等多种功效。常用的中草药有黄芪、党参、当归、淫牛藿、山楂、麦芽、甘草、松针粉、白术、茯苓、益母草、木通、杜仲、苍术、丹参、刺五加、厚朴、五味子、何首乌等。

46. 在牛饲料和饮水中禁止使用的主要药品是什么?

为维护人民身体健康，根据《饲料和饲料添加剂管理条例》《兽药管理条例》等有关规定，农业农村部公布了禁止在牛饲料、饮水中使用的药物和物质主要包括以下几类。

（1）性激素类。雌性激素类如己烯雌酚及其盐、酯及制剂等。孕激素类如孕酮等。雄性激素类如玉米赤霉醇、去甲雄三烯醇酮、醋酸甲羟孕酮，乙酸盐及制剂。同化激素类如甲睾酮、丙酸睾酮、去氢甲睾酮、苯丙酸诺龙、苯甲酸雌二醇及其盐、酯及制剂。

（2）蛋白同化激素。为甲状腺素的前驱物质，具有类似甲状腺素的生理作用。如碘化酪蛋白等。

（3）β－受体兴奋剂类（俗称瘦肉精）。是一类结构和功能类似肾上腺素和去甲肾上腺素的物质。主要包括盐酸克仑特罗、沙丁胺醇、硫酸沙丁胺醇、莱克多巴胺、盐酸多巴胺、西马特罗、硫酸特布他林、苯乙醇胺 A、班布特罗、盐酸齐帕特罗、盐酸氯丙那林、马布特罗、西布特罗、溴布特罗、酒石酸阿福特罗、富马酸福莫特罗等各种制剂。

（4）精神药品。如氯丙嗪、盐酸异丙嗪、利血平、安定、苯巴比妥钠、巴比妥、艾司唑仑等。

（5）抗菌药物。主要包括磺胺类、硝基呋喃类、卡巴多、咪唑类及有机砷制剂等，广泛用作饲料添加剂，但后来发现这类药物的毒副作用大，特别是对牛的肝、肾等脏器造成持久性损害，甚至有致畸或致癌作用，目前此类药物均已被禁止使用。

47. 氨化秸秆的原理是什么？

氨化秸秆是指在农作物秸秆中加入一定量的外源氨放入密闭的容器中，经氨解作用，使秸秆的消化率和粗蛋白质含量提高的一项秸秆处理技术，它的实质是化学处理方法的一种。其基本原理是，在氨的作用下，将秸秆中不能被牛利用的、与木质素紧紧结合在一起的纤维素和半纤维素分离出来被牛消化利用。加入氨的饲料被牛瘤胃微生物利用形成菌体蛋白质进而被牛消化吸收，提高了秸秆的营养成分含量和消化率。牛对氨化秸秆的有机物消化率、采食量、能量利用效率均有提高，节省精饲料消耗。

48. 秸秆氨化的方法是什么？

（1）堆垛氨处理。在平地上铺无毒透明乙烯塑料薄膜10米×10米、6米×6米各一块，原料水分含量不够时边码垛边均匀地洒水,使秸秆含水量达到30%左右。草垛码到0.5米高，于垛里均匀埋入直径10毫米、4米长的硬质塑料管2根，在距塑料管前端2/3管长的部位钻一些2～3厘米的小孔，以便充氨；后端露出草垛外面约0.5米，通过胶管接上氨瓶，用铁丝缠紧。堆完草垛后，用10米×10米塑料薄膜盖好，四周以石头或土压紧，输氨管外露，按秸秆重量3%的比例向垛内缓慢输入液氨，输氨结束后，抽出塑料管，立即将孔堵严，注氨密封处理后，经常检查塑料薄膜，发现破孔立即用塑料粘胶剂粘补。

（2）窖氨处理。用土窖或水泥窖，深不应超过2米，长、方、圆形均可，四壁光滑，底微凸（蓄积氨水）。以长5米、宽5米、深1米的方形土窖为例，先铺一块8.5米×8.5米的塑料薄膜。将含水量10%～13%的铡短秸秆填入窖中，装满窖后覆盖6米×6米塑料薄膜，留出上风头一面的注氨口，其余3边用塑料薄膜盖好，压土封严，将注氨管插入，注完后抽出氨管封严。用氨处理秸秆时一定要注意安全，防止氨水伤人，要戴上防护用具，并在风头上方操作。

（3）尿素碳铵处理。根据秸秆的重量，称出尿素或碳铵的量，将其溶解于水搅匀，再用喷壶喷洒到切短的秸秆上，边喷洒边搅拌，一层一层的喷洒，一层一层地踩压，一直到垛顶或窖顶，再压实，用塑料膜覆盖压紧密封。每100千克秸秆（干物质）在气温5～10℃时分别用尿素碳3千克、铵6千克、水60千克，气温20～27℃时分别用尿素碳5.5千克、铵12千克、水60千克。

（4）氨水处理。氨水是氨溶解于水的溶液，常用的氨水含量（以重量计）为25%，有的为10%或20%。处理用量可按100千克秸秆加15千克20%的氨水或30千克10%的氨水，相当于3%的液氨处理秸秆。方法是先把切短的秸秆压入窖或垛中，用塑料封严后开一口，将氨水倒入立即封口。

49. 影响秸秆氨化效果的主要因素是什么？

影响秸秆氨化效果的因素主要有温度、湿度、秸秆含水量等。温度高氨化时间短，温度低氨化时间长，秸秆含水量15%～20%较为合适，秸秆的类型方面玉米秸秆优于其他秸秆，密封反应时间也影响秸秆氨化效果，温度高、水分适宜、时间相对较长氨化效果就好。氨化时间与温度的关系见表 2-3。

50. 秸秆氨化对原料的基本要求是什么?

小麦秸秆、玉米秸秆、稻米秸秆等铡短至 2 ～ 3 厘米，秸秆原料含水量要求 20% ～ 40%。液氨为市售通用液氨，氨瓶或氨罐装运。氨水为无毒、无杂质、含氮量 15% ～ 25%。用胶皮袋、塑料桶等密闭容器运装。尿素为市售农用尿素，含氮量 46%，塑料袋密封包装。

51. 氨化秸秆品质评定的主要内容是什么?

良好的氨化秸秆为棕色、深黄色或黄褐色，气味糊香，质地柔软，色泽发亮。如果开窖后秸秆颜色呈白色、灰色，甚至发黑、发黏、结块，并有腐败味则不能利用。

52. 秸秆氨化饲料使用时应注意什么?

（1）放氨。根据氨化天数，并参看秸秆颜色褐黄色即可开垛（窖、缸、袋）放氨，经自然通风将氨味全部放掉才能喂用，一般需 2 ～ 5 天，如暂时不喂可不必开封放氨，放氨后如果一时喂不完，要保存起来可重新堆垛，防止霉烂。

（2）饲喂。喂前必须将氨味完全放掉，呈糊香味时可饲喂，饲喂时由少到多，少给勤添。刚开始饲喂时，可与青干草、精料等搭配喂，7 天后即可全部喂氨化秸秆。

53. 秸秆碱化方法及技术要点是什么?

（1）氢氧化钠处理法。将秸秆铡成 2 ～ 3 厘米小段，每 100 千克干秸秆用 1.5% ～ 2% 氢氧化钠溶液 6 千克，使用喷雾器均匀喷洒，使之湿润，24 小时后，再用清水把余碱洗掉，饲喂时把碱化秸秆与其他饲料混合饲喂，用量占日粮的 20% ～ 40%。

（2）生石灰处理法。每 100 千克干秸秆用 3 千克生石灰或 4 千克熟石灰、1 ～ 1.5 千克食盐，加水 200 ～ 250 千克制成溶液。把石灰液喷洒在切碎的秸秆上，搅拌均匀，然后放置 24 ～ 36 小时，不经冲洗即可饲喂。

（3）混合处理法。用 1.5% ～ 2% 氢氧化钠和 1.5% ～ 2% 生石灰混合溶液，秸秆铡碎平铺成 20 ～ 30 厘米厚，喷洒混合溶液后压实，再重新依次铺放秸秆，并再次喷洒混合溶液。经过 1 周后，秸秆内温度达到 50 ～ 55℃，经过处理的秸秆粗纤维消化率可由 40% 提高到 70%。

（4）氢氧化钠尿素处理法。这种方法既可以提高秸秆有机物的消化率，又可以增加秸秆中的含氮量。秸秆用 2% 的氢氧化钠溶液处理，然后加 3% 尿素拌匀。经混合处理的麦秸和稻草饲喂牛时占日粮的比例一般不超过 35%。

表 2-3　氨化时间与温度的关系

温度	时间	温度	时间	温度	时间
0 ～ 5℃	8 周以上	15 ～ 20℃	2 ～ 4 周	30 ～ 35℃	少于 1 周
5 ～ 15℃	4 ～ 8 周	20 ～ 30℃	1 ～ 3 周	35℃以上	24 小时

54. 什么是青贮饲料?

青贮饲料是指将新鲜的青绿多汁饲料在收获后直接或经适当的处理后，切碎、压实、密封于青贮窖、壕或塔内，在厌氧环境下乳酸菌大量繁殖，抑制霉菌和腐败菌的生长，并达到把青绿饲料中的养分长期保存下来，可常年均衡供应的一种青绿多汁饲料。

55. 青贮饲料分为哪几类?

青贮饲料包括常规青贮饲料（高水分青贮）、半干青贮饲料（低水分青贮）和添加剂青贮饲料三类。目前在养牛生产上常用的青贮饲料有玉米秸秆青贮饲料和全株玉米青贮饲料等。

56. 青贮饲料的营养特性是什么?

青贮饲料的营养价值因青贮原料不同而异，其共同特点是可以最大限度地保持青绿饲料的营养价值，在青贮过程中，由于密封厌氧，物质的氧化分解作用微弱，养分损失仅为3%～10%，从而使绝大部分养分被保存下来，特别是在保存蛋白质和维生素方面，要远远优于其他保存方法。在青贮过程中，由于微生物发酵作用，产生大量乳酸和芳香物质，使青贮料具有很好的适口性和消化率，同时在青贮过程中能杀死青饲料中的病菌、虫卵，破坏杂草种子的再生能力，从而减少对牛的危害。

青贮饲料的品质与其青贮原料接近，主要特性是酸香可口，适口性好，具有轻泻作用。大部分淀粉和糖类分解为乳酸，粗纤维质地变软，胡萝卜素含量丰富，粗蛋白质主要是由非蛋白氮组成，且酰胺和氨基酸的比例较高，青贮饲料的氮利用率常低于青贮原料。另外青贮饲料在密封状态下可以长年保存，是养牛的基础饲料，可解决冬季青饲料供应问题，做到营养物质的全年均衡供应，其喂量一般以不超过日粮的30%～50%为宜。

57. 青贮对原料的基本要求是什么?

（1）适时刈割。适时刈割是保证青绿饲料营养价值的重要前提。适时刈割可使原料水分含量适当，以获得品质优良的青贮饲料。一般禾本科牧草在孕穗期刈割，豆科牧草在初花期刈割，带果穗玉米蜡熟期收割，收穗的玉米秸（玉米秸下部仅有1～2个黄叶）在玉米穗收获后立即收割青贮。青贮都可加入0.2%的食盐，促进茎叶内的水分渗出，改善青贮饲料的适口性。

（2）调节含水率。一般要求原料的含水率在65%～70%，原料水分过高时，可在制作前经短时间的晾晒，以减少水分，或者与水分含量少的原料混合青贮，如果原料含水率不足，可以添加清水调整。

（3）切碎。原料的切碎长度直接影响青贮的质量，一般含水率高、质地细软的原料，可以切得长些，反之则要短些。玉米和高粱要求1～2厘米，其他牧草（如大麦、燕麦等）为2～3厘米，较干的牧草及茎秆中空的要切得更短些。

58. 常用的青贮原料主要有哪些?

常用的青贮原料主要有各种作物秸秆、牧草、野草等，以玉米秸秆最常用。

59. 青贮饲料制作的基本原理什么?

青贮是贮备青绿饲料的一种方法，是将新鲜的青绿饲料填入密闭的青贮塔、窖或其他密闭容器内，经过厌氧微生物的发酵作用而发生一系列物理的、化学的、生物的变化，形成一种多汁、耐贮、适口性好、营养价值高的饲料。青贮制作简便，成本低廉，是各种粗饲料加工中保存营养物质最理想的方法。

60. 青贮饲料的制作方法是什么?

青贮的方法可分为槽式青贮、塔式青贮、囊包青贮和广场式青贮，槽式青贮池一般建成长条形，三面为墙，一面敞开，应将青贮池的地面向取料口方向形成 0.5% ～ 1.0% 的坡度，并在取料口设计横向排水沟，防止舍内及运动场的污水渗入其中。槽式青贮池又分地上槽式、半地下槽式、地下槽式三种，青贮池高度一般为 2.5 ～ 4.0 米，地宽度可根据牛群每天需要量确定，要求每天取料深度应在 20 厘米以上，长度根据青贮量和地形而定，一般青贮池长 30 ～ 100 米。塔式青贮是应用较早的方法，目前已很少应用。囊包青贮是将原料塑封形成密封的厌氧环境，制作成本相对较高。广场式青贮一般建成高出周围地面 0.2 ～ 0.3 米的水泥广场，将青贮原料堆成园弓形，宽 8 ～ 12 米，最高处 3 ～ 4 米，长度根据牛场用量灵活确定。以上几种青贮池各有优点和缺点，实际当牛应根据不同情况选用。槽式青贮池的最大优势是节约地面，地下槽式青贮制作方便，但取用费工、费时，地上槽式取用方便、省工，便于机械操作，但青贮制作不方便、费工、费时。广场式青贮占地面积较大，青贮制作、取用方便、省工，便于机械操作。制作过程是：收割、切碎、压实、封严（图 2-2）。

收割。将乳熟期末至蜡熟期前的青贮玉米用青贮收割机收割，采用揉丝和切碎一次完成，并尽快运达目的地（图 2-3）。

原料快装压实。将青贮原料快速送入青贮池，装料越快越好，以防原料在装满与密封前腐败，装料时要铺平一层（15 ～ 20 厘米）立即压实，原料压得愈坚实，残留在原料间隙的空气愈少，有利于形成好的厌氧条件，一般用机械碾压（图 2-4）。

图 2-2　广场式堆贮

图 2-3　青贮玉米收割

图 2-4　机械碾压

密封。装填原料要高出青贮设施边缘，一般为 10 ～ 30 厘米，踩实后覆盖塑料薄膜，然后再盖细土，盖土时要由地面向上部盖土，使土层厚薄一致，并适当拍打踩实，覆土厚度 30 ～ 40 厘米，表面拍打坚实光滑，以便雨水流出，在窖的四周挖排水沟，防雨水流入窖内。青贮后 1 周内应经常检查，如盖土裂缝或下陷，要立即补好，防止透气或渗入雨水。

61. 青贮饲料的品质鉴定方法是什么?

青贮饲料在饲用前，需要经过品质鉴定后方可饲喂，可通过感官鉴定。感官鉴定是通过观察青贮料的颜色、气味、茎叶比、水分含量、质地结构等，判断其发酵程度、品质的优劣。

优质青贮饲料颜色青绿或黄绿色，有光泽，近于原色，芳香且有浓酸味，质地湿润，结构紧密，茎叶花保持原状，易分离；中等青贮饲料色泽暗绿或黄褐色，有刺鼻酸味，香味浓，茎叶花基本保持原状，柔嫩，水分稍多；如果为黑色、褐色、暗墨绿色，有特殊刺鼻腐臭味或霉味，腐烂，污染状，茎叶花结构极差，黏滑或干燥或黏成块状，为质量低劣，不能饲用。

62. 青贮饲料的取用方法是什么?

青贮后经过 30 ～ 40 天，就能完成发酵过程，即可开封取用。封存严密的青贮饲料可以保存 1 年左右，质量不变。

（1）取用方法。开窖时不可将青贮饲料全部暴露，应按每日的需用量逐层取用，要从窖的一端开始，按一定的厚度，从表面一层层地往下取，使青贮饲料始终保持在一个平面，不能由一处挖洞掏取，同时要避免泥土、杂物混入，每天取后应将开口处盖好，以免雨水、污物等落入。

（2）取用量。青贮料可以作为牛的主要粗饲料，开始饲喂青贮饲料时，牛不喜采食，喂量应由少到多，逐渐增加，停止饲喂时，也应由多到少逐步减少，青贮饲料饲喂太多有轻泻作用。母牛妊娠后期不宜多喂，产前 15 天应停喂；成年牛每 100 千克日喂量为 4 ～ 5 千克，禁用霉烂青贮饲料。

63. 青贮饲料的方法有哪几种?

（1）低水分青贮。又称半干青贮，干物质含量比一般青贮饲料高 1 倍以上，无酸味或微酸，适口性好，色深绿，养分损失少。利用低水分青贮技术解决了豆科牧草单独青贮不易成功的问题，制作时一般应在收割后 24 ～ 30 小时，原料在低水分状态下装窖、压实、封严。

（2）加尿素青贮。为了提高青贮饲料的粗蛋白含量，满足牛对粗蛋白的要求，可以在青贮原料中添加相当原料0.5%左右的尿素。添加方法是原料装填时将尿素制成水溶液均匀喷洒在原料上。

（3）加酸青贮。加入适量酸类，能进一步抑制腐败菌和霉菌的生长，常用的添加物有甲酸，禾本科牧草添加0.3%甲酸，豆科牧草添加0.5%甲酸，一般不用于玉米青贮；苯甲酸按青贮料的0.3%添加，丙酸按青贮料的0.5%～1%添加。

（4）添加乳酸菌青贮。接种乳酸菌促进乳酸发酵，增加乳酸含量，保证青贮质量。一般每吨青贮原料加乳酸菌培养物0.5升或乳酸菌剂450克。

（5）添加酶制剂青贮。在青贮时可以用淀粉分解酶和纤维素分解酶，把淀粉和纤维素分解成单糖，从而促进乳酸菌发酵。

（6）添加营养物青贮。直接在青贮过程中添加各类营养物，能提高青贮的饲用价值，在玉米青贮中添加0.3%～0.5%磷酸钙，能补充钙、磷。

64. 秸秆裹包青贮的制作方法是什么?

秸秆裹包青贮是利用机械设备完成秸秆饲料青贮。制作方法是将粉碎好的青贮原料用打捆机进行高度压实打捆，通过裹包机用拉伸膜包裹起来，创造一个厌氧的发酵环境，完成乳酸发酵过程（图2-5）。

图2-5　囊包青贮的制作

65. 秸秆裹包青贮的优缺点是什么?

（1）秸秆裹包青贮的优点。制作不受时间、地点的限制，与其他青贮方式相比，裹包青贮过程的封闭性比较好，通过汁液损失的营养物质也较少，不存在二次发酵的现象，运输和使用都比较方便。

（2）秸秆裹包青贮的缺点。包装很容易被损坏，一旦拉伸膜被损坏，酵母菌和霉菌就会大量繁殖，导致青贮料变质、发霉（图2-6）。

图2-6　秸秆裹包青贮

66. 秸秆微贮的原理是什么?

秸秆微贮的原理是在秸秆微贮过程中，在适宜的温度和厌氧条件下，由于秸秆发酵菌的作用，秸秆中的半纤维素被酶解变柔软多汁，使牛瘤胃微生物能直接与其接触，从而提高了粗纤维的消化率。同时，在发酵过程中，部分木质纤维素类物质转化为糖类，糖类又被有机酸发酵菌转化为乳酸和挥发性脂肪酸，使pH降到4.5～5.0，抑制了有害菌的繁殖，使秸秆能够长期保存不坏。秸秆微贮除需进行菌种复活和菌液配制外，其他步骤和尿素氨化秸秆制作方法基本相同。

67. 秸秆微贮饲料的主要优点是什么？

将用微生物发酵处理后的秸秆称为秸秆微贮饲料。其成本低、效益高，同等条件下喂牛的效果优于秸秆氨化饲料，秸秆微贮饲料可随取随喂，不需晾晒，无毒无害，安全可靠，可长期饲喂。在农作物秸秆中,加入高效活性菌（秸秆发酵活干菌）储藏，经一定的发酵过程使农作物秸秆变成具有酸、香味的饲料。

68. 秸秆微贮的技术要点是什么？

（1）菌种的复活。将一袋3克发酵菌倒入2千克水中，充分溶解，在水中加白糖20克以提高菌种复活率，可处理秸秆1吨。然后常温下放置1～2小时使菌种复活，再将菌液倒入0.8%～1.0%食盐水1 000～1 200千克中搅匀备用，复活好的菌剂当天用完。

（2）装窖。用于微贮的秸秆长度2～3厘米，含水量60%～70%。在窖底铺放20～30厘米厚的秸秆，均匀喷洒菌液，压实后，再铺放20～30厘米厚的秸秆，均匀喷洒菌液，如此重复，直到高出窖口40厘米再封口。为提高微贮饲料的质量，在装窖时可以铺一层秸秆撒一层麸皮、米糠等养料。每1 000千克秸秆加1～3千克麸皮、米糠等，为微生物在发酵初期提供一定的营养物质。

（3）封窖。秸秆装满压实后，在最上面一层均匀洒上一些食盐，再盖上塑料薄膜，薄膜上面撒上20～30厘米厚的稻草、麦秸或杂草，覆土15～20厘米，保证窖内呈厌氧状态。秸秆微贮后，窖内贮料慢慢下沉，要经常注意检查是否漏水、漏气，发现问题及时排除，秸秆在窖内经21～30天即可完成发酵过程。

69. 秸秆微贮饲料品质鉴定的主要内容是什么？

秸秆发酵完成的时间由环境温度决定,夏季需21～28天,春秋季28～50天,冬季要50天以上。可根据微贮饲料的外部特征，用看、嗅和手感的方法鉴定。

（1）看。优质秸秆微贮饲料的颜色呈橄榄绿，稻麦秸秆呈金黄色，如为褐色或墨绿色，表明质量较差。

（2）嗅。优质秸秆微贮饲料只有醇香和果香气味，并有弱酸味。若有强烈酸味，表明醋酸较多，这是由于水分过多或高温过度造成的，若有腐臭味、发霉味则不能饲喂。

（3）手感。优质秸秆微贮饲料拿到手里感到很松散，且质地柔软湿润；若拿到手里发黏，或者粘在一块，说明其质量不佳，有的虽然松散，但干燥粗硬，也属不良的发酵饲料。

秸秆微贮用的活杆菌属厌氧菌，只要按使用说明操作，掌握好贮料的水分，并将饲料尽量压实，排出多余空气，密封发酵，即可得到满意的优质饲料。

70. 秸秆微贮饲料饲喂当中应注意什么？

微贮饲料可作为牛日粮中的主要粗饲料，饲喂时与其他草料搭配，初喂应由少到多,5天达到正常饲喂量。每头牛日喂量：1岁以下牛3～6千克，经产牛5～10千克，育肥牛8～12千克。微贮过程中所加食盐应在牛日粮中扣除。

71. 紫花苜蓿的营养价值及利用方法是什么？

（1）生物学特性。紫花苜蓿也叫苜蓿，紫苜蓿。为多年生豆科牧草，是世界上分布最广、栽培历史最古老的豆科牧草，有“牧草之王”的美称。茎直立斜生，多分枝，株高 100 ～ 150 厘米。三出复叶，小叶卵圆或椭圆形，先端有锯齿，总状花序，花紫色，荚果螺旋形。苜蓿适口性好，抗逆性强，产量高，营养丰富，粗蛋白质占干物质的 18% ～ 26%。钙、磷等矿物质及铁、铜、锰、锌、钴和硒等微量元素含量丰富，其中铁、锰含量较多，苜蓿维生素含量丰富，每千克含胡萝卜素 18.8 ～ 161 毫克、维生素 C 210 毫克，还含有皂苷、黄酮类、苜蓿多糖、苜蓿色素、酚醛酸等生物活性成分，年产量可达 4 000 ～ 6 000 千克 / 亩*（图 2-7）。

图 2-7　紫花苜蓿

（2）栽培措施。苜蓿是温带植物，生长发育适宜温度为 25℃左右，抗旱力强，对土壤适应性强，年降水量 400 ～ 800 毫米的地方，温带和寒温带各地都能生长。年降水量超过 1 000 毫米的地方，土壤过于潮湿，易引起烂根，一般不宜种植。应选择平坦和缓坡地，以排水良好、水分充足、土质肥沃的沙土或土层深厚的黑土最为适宜，苜蓿可春播也可夏播。苜蓿种子细小，要求精耕细作，种前进行晒种 1 ～ 2 天或在 60℃温水浸种 15 分钟，根瘤菌拌种，可增强种子发芽率。播种量，每亩 1 ～ 1.5 千克，单种和混播都行，以条播为好，一般行距 30 厘米，苜蓿可与小麦、油菜、荞麦、黑麦草等作物混播，能在低温时起到共生作用。苜蓿齐苗、返青和刈割后均应适时追肥，追肥以磷钾肥为主，适当增施氮肥能明显提高产量，苗期或春季要进行中耕除草（也可用除草剂除草）。

（3）利用方法。苜蓿营养丰富，蛋白质含量高，随着生长期延长，蛋白质含量下降，粗纤维含量增加。应该适时刈割，以提高其营养价值和利用率，适宜的刈割时期为初花期，留茬高度 5 ～ 10 厘米。苜蓿干草是养牛的好饲料，青饲是苜蓿的一种主要利用方式，青年母牛每天每头喂量 10 ～ 15 千克，单一大量饲喂容易使牛患膨胀病，青饲应在刈割后凋萎 1 ～ 2 小时最佳。放牧前应先喂一些干草或粗饲料，豆科牧草和禾本科牧草混种，也可防止或减少膨胀病的发生。

72. 青贮玉米的营养价值及利用方法是什么？

（1）生物学特性。玉米是春播类一年生禾本科牧草，生长最适温度 24 ～ 26℃，茎秆粗壮，直径 1.5 ～ 2 厘米，直立丛生，株高约 3 米，花单性，雄雌同株，雄花顶生，圆锥花序，雌花为穗状花序，营养全面高于普通玉米，牛喜食，从距地面 5 ～ 8 节以上的叶腋中生出。因茎叶柔嫩，鲜喂清香可口，分蘖力强，再生性强，为喜温、喜湿、耐肥的饲料作物，其草质脆，叶宽而无毛，单株鲜重 750 克以上，风干物中干物质含量 86%，粗蛋白质为 13.8%，粗脂肪为 2.1%，粗纤维为

*亩为非法定计量单位，1 亩 =1/15 公顷。——编者注

30.2%，碳水化合物为72%。亩产鲜草量可达7 000～10 000千克（图2-8）。

图2-8　青贮玉米

（2）栽培措施。玉米播种期北方在4月中旬至6月中旬，南方在3月下旬至6月中旬，如采用大棚育苗可提前至3月初，亩播种量2～3千克，可采用穴播或条播，穴播穴距为20厘米×30厘米，条播行距30～40厘米，播深2厘米，种子播前用40℃温水浸种12小时，播前应施足基肥，一般需亩施有机肥2 000千克，播后土壤湿润，以利出苗，玉米苗期长势较弱，要注意中耕除草，并在苗高40～60厘米时作适当培土，防止以后倒伏。

（3）利用方法。刈割株高在100厘米为宜，一般年可刈割3～4次，可鲜饲、青贮，也可晒制干草，是青贮的最佳原料，同时还可晒制青干草，为越冬的优质饲草。

73. 沙打旺的营养价值及利用方法是什么?

（1）生物学特性。沙打旺别名直立黄芪、麻豆秧、苦草，为多年生豆科牧草，茎直立或斜生，株高1.5～2米，全株被丁字形茸毛。奇数羽状复叶，小叶长椭圆形7～27片，总状花序，荚果矩形。喜温暖气候，耐寒、抗旱，耐盐碱，在我国北方沙打旺已成为退耕还草、改造荒山荒坡及盐碱沙地、防风固沙和治理水土流失的主要牧草品种之一。春播当年亩产鲜草2 000～3 000千克，此后可达5 000千克以上（图2-9）。

图2-9　沙打旺

（2）栽培措施。播种前应平整地块，以早春播种较好，春末和夏秋可趁雨抢播，但秋播时间不要迟于8月下旬，播种行距30～40厘米，苗期应及时中耕除草。

（3）利用方法。沙打旺营养价值几乎接近紫花苜蓿，氨基酸含量丰富，适口性较好。青饲在株高50～60厘米时刈割，青贮可在现蕾期刈割，调制干草则在现蕾到开花初期刈割为宜，且留茬高度5～10厘米。播种当年可刈割1～2次，其后每年可刈割2～3次。

74. 甜高粱的营养价值及利用方法是什么?

甜高粱为禾本科高粱属一年生草本植物，根系发达入土深，茎干直立，株高3～5米，耐旱能力强，耐涝、耐盐碱，适应性广泛，最适生长温度20℃～35℃，该草生长快，产草量高。甜高粱营养丰富，无氮浸出物一般可达40%～50%，粗蛋白11%～15%，可消化率56%～64%，茎秆糖分含量高，在成熟时干物质含糖量达35%，亩产量可以达到5 000～10 000千克，各种养分含量均优于玉米。甜高粱茎秆含糖量高，远远超过玉米茎秆，制成的青贮饲料酸甜，且有酒香味，适口性好，牛喜食，可有效提高牛的净肉率及肉品质量。甜高粱可放牧、可鲜喂、可青贮、又可调制青干草。鲜喂时必须进行加工，如铡碎、拉丝等，甜高粱不论是鲜喂，还是用作青贮，其效果比玉米好，是青贮主要原料（图 2-10）。

图 2-10　甜高粱（牧草高粱）

75. 饲料南瓜的营养价值及利用方法是什么?

南瓜是葫芦科南瓜属一年生蔓生草本植物，适应性强，种植技术简单、易管理、产量高，亩产 3 000 ～ 7 000 千克，作为多汁饲料使用期长达 6 ～ 8 个月。据测算 8 千克南瓜中的主要营养成分同 1 千克玉米的营养成分基本相同，重要的是南瓜中维生素、生物活性成分等远远高于常规饲料，将南瓜及南瓜蔓作为养殖肉牛的饲料来开发和利用，不仅可节约饲料成本，而且给牛补充了维生素、矿物质、微量元素等，提高了牛的抗病能力。

南瓜若鲜喂应随采随用，若贮藏应采收成熟度好的老南瓜，采收后存放于通风、阴凉的室内，温度 10 ～ 20℃，湿度 60% ～ 75%，一层草帘（麦草）一层南瓜，堆放高度不能超过 1 米，除鲜喂外也可采用切片、干燥、粉碎等工艺加工成粉状饲料常年饲喂。鲜喂每天每头成年牛用量不超过 1 ～ 2.5 千克，过量易引发拉稀，犊牛以熟喂效果最佳，饲喂时应逐步增加喂量（图 2-11）。

图 2-11　饲料南瓜

76. 黑麦草的营养价值及利用方法是什么?

（1）生物学特性。黑麦草是优良的禾本科牧草品种，其草质脆嫩，适口性好，蛋白质含量高。黑麦草有一年生和多年生之分，黑麦草春播、秋播均可，亩产量为 4 000 ～ 7 000 千克，高的可超过 10 000 千克（图 2-12）。

图 2-12　黑麦草

（2）栽培措施。黑麦草种子质轻细长，栽培上要求精细整地，播前作浸种或晒种处理后用磷钾肥拌种，以利出苗均匀。亩用种量 5 ～ 8 千克，可撒播、条播，条播行距 15 ～ 30 厘米，播深 1 ～ 2 厘米。黑麦草喜肥性强，播前土壤最好能施足基肥，基肥以畜禽腐熟粪便等有机肥为好，要求亩施 3 000 ～ 5 000 千克。齐苗后应少施氮肥，促进苗期生长，一般刈割后应亩施尿素 10 ～ 20 千克，以利分蘖和生长。

（3）利用方法。黑麦草品质优良，其产草主要集中在春季，适时刈割期为拔节至孕穗期，黑麦草用于放牧应在草高 20 ～ 30 厘米时，晒制干草以盛花期刈割为宜。

77. 燕麦的营养价值及利用方法是什么？

（1）生物学特性。燕麦为一年生草本植物，生命力顽强，可作为一年生人工草地种植，一直被视为最有价值的粮、饲兼用作物。自古以来燕麦被当作喂马的最佳饲料，燕麦不论是秸秆还是籽实都是极佳的饲草、饲料，燕麦籽实干物质中含可消化蛋白 8.9%，燕麦青贮饲料含可消化蛋白 3.3%，亩产量为 2 000 ～ 2 500 千克（图 2–13）。

图 2–13　牧草燕麦

（2）栽培措施。在干旱地区蓄水保墒作用突出，高产栽培与其他牧草一样。整地施肥的重点是早、深，即在前作收获后即进行深耕，充分利用自然降雨较多和气温较高的早秋季节，提高土壤含水量和土地熟化程度，耕翻深度 20 ～ 30 厘米，耕后采取耙、耱、磙、压等整地措施来碎土、平地、保墒。坡梁地以耱为主，一般不进行耙地，滩水地和下湿地土壤比较黏重，要先耙后耱，地下水位高、带有盐碱的黏重地块，耕后不耙、耱，要经过一定时间暴晒和风化，进行冬季碾压、春季耙、耱。燕麦整地前每亩施用有机肥 2 000 ～ 4 000 千克、磷酸二铵 15 ～ 20 千克、尿素 4 ～ 5 千克。播前种子处理包括选种、晒种和拌种。播种时期根据不同地区的生态条件和耕作栽培制度来确定，可春播、夏播，以 4 月初播种为宜。燕麦播种方法主要采用条播，耧播和机播，行距一般为 23 ～ 25 厘米，播种深度一般为 4 ～ 6 厘米，早播适当深一些，晚播适当浅一些，干旱少雨的地区和土壤墒情差的年份，播种要适当深一些。燕麦苗期管理以保全苗、促壮苗为基础，并喷药防治蚜虫，中耕除草要掌握“由浅入深，除早、除小、除了”的原则。穗期是营养生长和生殖生长并进期，茎叶生长旺盛，各种生理过程活跃，对养分需求旺盛，是吸收水肥的高峰阶段，如发现田间有缺肥现象，可结合降雨或浇水，追施氮肥或磷钾肥。

（3）利用方法。燕麦青草可用于青饲，也可制备青干草、草颗粒、草饼、青贮等，还可与豆科作物混合制作配合饲料，成熟后的燕麦秸秆也是十分优良的饲草，是贮备牛、羊越冬的优质饲草、饲料。若利用燕麦籽粒，当花铃期已过，穗下部籽粒进入蜡熟期，穗中上部籽粒进入蜡熟末期时就应收获，此时籽粒干物质积累达到最大值，茎秆尚有韧性，收获时麦穗不易断落，收获不及时，常因大风落铃、落粒而造成减产。全燕麦、粉碎燕麦、燕麦粉及麸皮基本上都可以用于饲喂家畜。

78. 三叶草的营养价值及利用方法是什么？

（1）生物学特性。三叶草属豆科牧草，茎匍匐，长 30 ～ 60 厘米，茎节着地生根并长出新的匍匐茎向四周蔓延，侵占性强，三出复叶，叶柄细长，小叶倒卵形或心脏形，叶面有 V 形白斑，头形总状花序，花叶梗较叶柄长，生于腋窝，有小花 20 ～ 40 朵，花白色或粉红色（图 2-14）。

图 2-14　三叶草

（2）栽培措施。喜温暖湿润气候，耐阴、耐瘠薄，适宜的土 pH 为 6 ～ 7，不耐盐碱，最适排水良好、富含钙质的黏性土壤。播前需精细整地，可春播或秋播，播深 1 ～ 3 厘米，播种量 0.4 ～ 0.8 千克 / 亩。除单播外，最适与多年生黑麦草、鸭茅等混播，每年刈割 3 ～ 4 次，每亩产鲜草 45 ～ 60 吨。

（3）利用方法。三叶草茎叶柔嫩，叶量丰富，无论刈割还是放牧，都是利用叶片。粗蛋白质含量高，粗纤维含量低，干物质消化率为 75% ～ 80%。再生力强，耐践踏，最适宜放牧利用。三叶草与禾本科草的混合饲喂营养价值超过单纯的禾本牧草，可有效减少牛腹泻、膨胀病的发生。

79. 草木樨的营养价值及利用方法是什么？

（1）生物特性。草木樨系一年或二年生草本植物，茎直立，多分枝，株高 50 ～ 120 厘米，最高可达 2 米。草木樨耐寒、耐旱、耐高温、耐酸碱和耐土壤贫瘠的性能强。广泛栽培的有白花草木樨和黄花草木樨，蛋白质含量 13.1%（图 2-15）。

图 2-15　草木樨

（2）栽培措施。草木樨喜欢生长于温暖而湿润的沙地、山坡、草原、滩涂及农区的田埂、路旁等，草木樨新鲜种子播种前需要做硬实处理，播种期以春播为最好，播种量每亩 1 ～ 1.5 千克，在一些干旱或寒冷地区，播种量每亩可加大到 2.0 ～ 2.5 千克，每亩产鲜草 4 000 ～ 6 500 千克。

（3）利用方法。草木樨可刈割鲜喂；也可制成青干草、草粉；也可青贮或打浆等；也可放牧，但牛开始时不喜进食，需逐渐适应，另外摄食过多易发生膨胀病。

80. 串叶松香草的营养价值及利用方法是什么?

（1）生物学特性。串叶松香草是多年生菊科牧草，播种第一年只长莲座叶，第二年才抽茎,茎方形,有四棱,株高 1.5 ～ 2 米。茎生叶无柄，对生，抱茎，基部相连，头状花序，顶生。耐寒耐热性强，北方根茎可过冬，其特点是蛋白质含量高，但其含有特殊松香气味，单一饲喂适口性较差，如与禾本科牧草搭配，则具有较高的饲用价值,亩产量2 000 ～6 000千克（图2–16）。

图 2–16 串叶松香草

（2）栽培措施。串叶松香草可 3 月上旬春播或 9 月上旬秋播，播种量每亩 0.3 千克。可条播或穴播，行株距春播 80 厘米 ×60 厘米，秋播 50 厘米 ×40 厘米，播深 2 ～ 3 厘米。串叶松香草喜肥沃、湿润的土壤，播前应施足基肥，一般亩施有机肥 2 000 ～ 3 000 千克。

（3）利用方法。一般在现蕾至开化初期开始刈割，割后薄施氮肥，以利芽基萌发，可利用 10 ～ 12 年。

81. 籽粒苋的营养价值及利用方法是什么?

（1）生物学特性。籽粒苋又称苋菜、千穗谷、天星苋，一年生草本植物。茎直立粗壮、光滑，有明显沟棱，高 2 ～ 3 米，分枝多，叶片长椭圆形、卵圆形或披针形，穗状圆锥花序，着生于主茎和侧枝的顶端，花单性、雌雄同株。喜高温，不耐霜冻，耐旱性强，喜水肥，在瘠薄土壤产量低。春播或夏播,播种量 0.5 ～ 1 千克 / 亩，年可刈割 2 ～ 5 次,鲜草产量 4 ～ 7 吨 / 亩。籽粒苋蛋白质含量高，产草量高，一般鲜草中粗蛋白质含量 2% ～ 4%（图 2–17）。

图 2–17 籽粒苋

（2）栽培措施。籽粒苋要求土质疏松、肥沃，播前应施足基肥，每亩施有机肥 1 500 ～ 2 000 千克。因种子细小，播种时要精细整地，一般北方地区 5 月上旬播种，南方 3 月底播种，用种量 0.15 ～ 0.2 千克 / 亩，可条播和育苗移栽，行距 40 ～ 60 厘米，苗期生长缓慢，要进行中耕除草，苗高至 20 ～ 30 厘米后，生长加快。从苗期到株高 80 厘米时可间苗收获,直至留单株。

（3）利用方法。籽粒苋 80 ～ 100 厘米可刈割，留茬 10 ～ 15 厘米，以利再生，割后施速效氮肥 1 次。籽粒苋可与禾本科牧草混合饲喂，粗蛋白质 23.85%，茎叶和籽实都富含蛋白质，是其他任何牧草都无法相比的高营养多用途牧草。可青饲、打浆、青贮或制成草粉和颗粒饲料，是牛不可多得的青饲料和蛋白质补充饲料。

82. 牛的饲养标准是什么？

根据大量饲养试验结果和养牛生产实践的经验总结，对牛（不同品种、性别、年龄、体重、生理状态、生产性能、不同环境条件等）所需要的各种营养物质的定额作出规定，这种系统的营养定额统称为饲养标准。一般以表格形式出现，以每日每头牛具体需要量或占日粮的百分含量表示，一个完整的饲养标准应包括两个主要部分，即牛的营养需要量表和常用饲料营养成分含量表。

饲养标准可分为两类：一类是国家规定和颁布的饲养标准，称为国家标准；另一类是大型育种公司根据自己培育出的优良品种或品系的特点，制定的符合该品种或品系营养需要的饲养标准，称为专用标准。

83. 牛日粮配合的原则是什么？

（1）满足营养需要。根据牛在不同生长、生产阶段的营养需要量，依据牛的饲养标准及营养成分含量表，进行日粮配制。在实际生产中，要结合实际情况和养牛经验做必要的调整。

（2）营养平衡。牛的日粮精料、粗饲料比例合适，体积适当，配合日粮时应尽量多用几种饲料原料进行配合，以充分发挥各种原料之间的营养互补作用，提高日粮的消化率和营养物质的利用率。

（3）充分利用本地饲料资源，力求保持饲料种类稳定。利用本地饲料资源，降低饲料的生产成本，并保持所用饲料种类相对稳定。

（4）注意饲料原料的品质和适口性。保证所选饲料原料的质量，注意原料的适口性，有不良特性和适口性差的原料要先进行加工处理，并限制其在饲料中的使用量。

84. 牛日粮配合的方法？

（1）确定饲喂对象相应标准所规定的营养需要量。

（2）先满足粗料的喂量。即先选用一种主要的粗饲料，如青干草或青贮料，一般粗饲料干物质占总干物质摄入量的30%～70%。

（3）确定精料补充饲料的种类和数量。一般是用混合精料来满足能量和蛋白质需要量的不足部分。

（4）用矿物质补充饲料来平衡日粮中的钙、磷等矿物质元素的需要量。一般首先选用含磷高的饲料调整磷的含量，再用碳酸钙（石粉、贝壳粉）调整钙的含量。

（5）补加微量元素和多种维生素添加剂。

85. 天然草场、人工草场利用的方法是什么？

人工草场播种后1～2年内多年生牧草生长缓慢，长势较弱，最好不放牧，可以进行刈割利用。从第三年起可放牧，这时牧草已形成紧密的草皮不怕牛践踏。多年生黑麦草和三叶草的混播草地可以适当提早放牧，通过放牧可以控制杂草。

（1）单播草场的利用。单播草场一般是用于刈割饲喂，刈割几茬后再进行放牧，但在放牧过程中应注意时间间隔，豆科牧草一般28～35天放牧一次，禾本科牧草一般18～25天放牧一次。

（2）混播草场的利用。混播草场是由多个牧草品种混合种植的草地，最适宜放牧。放牧时可采用以下方法：

①划区轮牧。是把一个季节放牧或全

年放牧地划分成若干轮牧小区，每一小区内放牧若干天，逐区采食，轮回利用。根据草场的面积及产草量，计算其载畜量，确定小区的数目及面积，然后按照制定的轮牧制度进行放牧。

②季节性放牧的调节。一年四季中，春秋季节在山坡上放牧，夏季在山顶放牧，冬季在山谷或山下放牧。把四季气候变化、牧草生长周期与牛群利用结合在一起，充分合理地利用草场。

③确定正确的放牧时期。开始放牧的适宜时期一般是以禾本科牧草为主的放牧地，应在禾本科牧草开始抽茎时，以豆科和杂类草为主的放牧地，应在腋芽（或侧枝）发生时，结束放牧时间一般是在牧草生长发育结束前 30 天停止放牧。

④放牧强度。放牧强度应根据放牧后留茬的高低来确定，放牧后保持 5 ～ 8 厘米的留茬高度较为适宜。

86. 如何备足牛越冬饲草?

我国北方进入冬季由于草场干枯，枯草期长达 4 ～ 6 个月，若是遇到积雪，放牧的牛不能出牧，就需要大量的牧草进行补饲或舍饲，所以备足越冬饲草是养牛的基础环节之一。

（1）在牧草生长旺季适时采取多种晒制青干草的方法收贮。

（2）利用农作物秸秆，采取氨化、碱化、微贮、青贮等措施加工制作贮备饲草。

（3）建立自己饲草基地，不论是人工种植牧草、天然牧草，还是农作物收获后的秸秆、糟渣等，都要做到适时收获、晾晒，减少日光暴晒和雨水淋洗，及时进行收贮，防止发霉变质，影响饲喂效果。

87. 牛场用草、料计划的内容是什么?

（1）确定养殖形式。是放牧、舍饲、还是放牧 + 舍饲，明确养殖规模，根据牛场养殖计划，计算出逐月所需饲草、饲料数量，做到心中有数。

（2）明确牛场草、料来源。是自己建设草、料基地，还是从场外采购。若自己建设草、料基地，就应确定种植品种、面积，成本核算等；若是从场外采购，就应确定收购品种、数量，收购地点，成本核算等。

三、牛的品种与选择

1. 为什么要饲养良种牛?

因为良种牛本身具有较高的生产性能，如我国引进的西门塔尔牛、利木赞牛、夏洛来牛等，其犊牛在断奶前的日增重通常达到500克以上，而我国多数地方牛品种犊牛在断奶前的日增重不到300克，需要用良种牛进行杂交改良，提高日增重。良种牛不仅可以改良提高同类型牛的产肉性能、提高饲料转化率和利用率，而且可以改进其产品的内在质量、提高市场竞争力，由此可见，饲养良种牛可获得较高的经济效益和社会效益。

2. 什么是肉用型良种牛?

肉用型良种牛简单地说就是指繁殖力高，出生重大，育肥速度快，适应能力、抗病力、耐粗饲性强，饲料转化率高，产肉率高，肉品质量好，背、腰及大腿等部位肌肉中夹有丰富的脂肪而形成大理石纹状。

3. 肉用型牛应该具备的外貌特征是什么?

优良肉用型牛的外貌特征应是体型呈长方形，在比例上，前、后躯较长，中躯较短，全身显得粗短、紧凑。皮肤细致、薄而松软，皮下脂肪较发达，被毛细密富有光泽。与产肉性能相关的还有鬐甲、背腰、前胸和尻、肋等部位。鬐甲部要宽厚多肉，与背腰在一条直线上。前胸饱满，突出于两前肢之间，垂肉细致而不甚发达。肋稍直立而弯曲度大，肋间距较窄。两肩与胸部结合良好，无凹陷痕迹，显得十分丰满多肉。背腰宽广、平直、多肉，腰短小，中躯呈粗短圆筒形，不可突出或下垂。尻部要求宽、长、平、直而富有肌肉，忌尖、斜尻。大腿宽而深厚，肌肉十分丰满而向后突出。腰角丰圆，坐骨端距离宽、厚实多肉，连接腰角、坐骨端与飞节三点，要构成丰满多肉的肌肉三角形。

4. 西门塔尔牛的品种特征主要有哪几个方面?

（1）产地与分布。西门塔尔牛原产于瑞士西部的阿尔卑斯山区，是世界著名的乳肉兼用品种。许多国家都引进西门塔尔牛在本国选育或培育，育成了自己的西门塔尔牛，并冠以本国国名。中国西门塔尔牛品种于2006年在内蒙古自治区和山东省同时育成，由于培育地点的生态环境不同，分为平原、草原和山区三个类群，在我国东北、华北、西北及南方一些省均有饲养。该品种由于常年在山地放牧饲养，因此具有体躯粗大结实、耐粗饲、适应性强等特点。

（2）外貌特征。该品种牛体格粗壮结实，头中等大小、头颈结合良好，颈垂发达，前躯发育较后躯好，胸深，体躯呈圆筒形，腰宽身躯大。尻部长宽平直，肌肉丰满，四肢粗壮结实，肌肉发达，蹄圆厚，乳白毛多在肩胛、腰部绕体躯呈带状分布，头部白色或带小块色斑，腹、腿部和尾帚均为白色，鼻镜、眼睑、皮肤为粉红色（图 3-1、图 3-2）。

图 3-1 西门塔尔牛（公）

图 3-2 西门塔尔牛（母）

（3）生产性能。耐粗饲，适应性、抗病性及繁殖力均强，肉质好，产奶量高，乳脂率高，是多种经济用途的优秀兼用品种。成年牛公、母体重分别为 1 000 ～ 1 200 千克、650 ～ 700 千克，犊牛公、母初生重分别为 45 千克、44 千克，周岁公、母牛体重 450 千克左右。经育肥屠宰率可达 55% ～ 65%，年平均产奶量 4 070 千克，乳脂率 3.9%。

西门塔尔牛是世界上分布最广、数量最多的品种之一，用西门塔尔牛改良我国黄牛效果显著，杂交后代体型增大，生长速度加快，产肉性能和产乳性能均有提高，且杂种犊牛放牧性能良好。

5. 利木赞牛的品种特征主要有哪几个方面？

（1）产地与分布。利木赞牛原产于法国中部利木赞高原，是专门肉用品种，为法国第二大品种，主要分布在法国中部和南部的广大地区，数量仅次于夏洛来牛，比较耐粗饲，生长发育快，饲料转化率高，胴体优质肉比例较高，在肉牛杂交体系中起良好的配套作用。目前，有五十多个国家引入利木赞牛，中国首次是从法国进口，因毛色接近中国黄牛，比较受养牛户欢迎，是中国用于改良本地牛的主要品种。

（2）外貌特征。利木赞牛体型小于夏洛来牛，骨骼较夏洛来牛细致，体躯冗长，肌肉充实，胸躯部肌肉特别发达，肋弓开张，背腰壮实，后躯肌肉明显，四肢强健细致，蹄为红色。公牛角向两侧伸展并略向外前方挑起；母牛角不很发达，向侧前方平出。毛色多以红黄为主，腹下、四肢内侧、眼睑、鼻孔周围、会阴等部位色变浅，呈肉色或灰白色（图 3-3）。

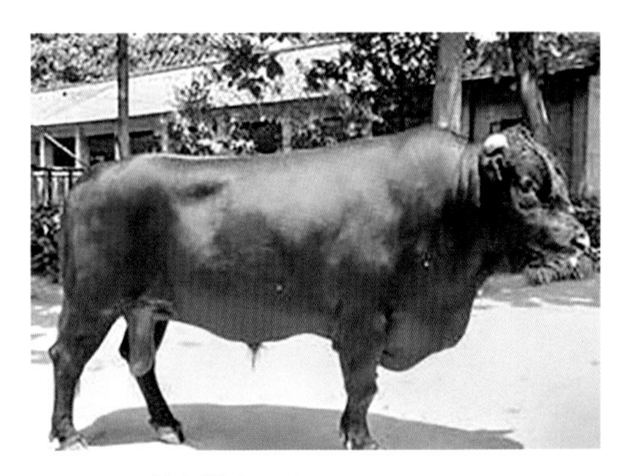

图 3-3 利木赞牛（公）

（3）生产性能。早熟是利木赞牛的优点之一，在良好的饲养条件下，公牛 10 月龄体重 400 千克左右，12 月龄体重达 480 千克左右。在原产地，成年公、母牛体重分别为 900 ～ 1 100 千克、600 ～ 800

千克，公、母牛体高分别为 140 厘米、130 厘米。难产率极低也是利木赞牛的优点，无论与任何肉牛品种杂交，其犊牛初生重都比较小，是最好的肉用品种之一。犊牛初生重量，公、母分别为 36 千克、35 千克，一般比其他品种犊牛要轻 5 ～ 7 千克，难产率只有 0.5%，这种出生体重小、成年体重大的相对性状，是现代肉牛业追求的优良性状。

1974 年引入我国，表现为犊牛出生体格小、难产率低、生长发育快。在河南、陕西、山东、宁夏、内蒙古等地改良当地黄牛，杂种优势明显，肉用特征突出，该品种适合作终端父本。

6. 夏洛来牛的品种特征主要有哪几个方面?

（1）产地与分布。夏洛来牛原产于法国中西部到东南部的夏洛来省和涅夫勒地区，是举世闻名的大型肉牛品种，自育成以来就以其生长快、肉量多、体型大、耐粗放等特性受到国际市场的广泛欢迎，早已输往世界许多国家。

（2）外貌特征。夏洛来牛体躯高大强壮，属大型肉牛品种。额宽脸短，角中等粗细，向两侧或前方伸展，胸深肋圆，背厚腰宽，臀部丰满，肌肉十分发达，身躯成圆筒形，后腿部肌肉尤其丰富，常形成“双肌”特征。角和蹄呈蜡黄色，鼻镜、眼睑等为肉色，毛色为乳白或浅乳黄色（图 3-4）。

（3）生产性能。夏洛来牛生长速度快，饲料报酬高，产肉性能好，适应性强，具有皮薄、肉嫩、胴体瘦肉多、肉佳味美的特点。成年公、母牛体重分别为 900 ～ 1 200 千克、600 ～ 900 千克。6 月龄公、母犊体重分别为 230 千克、210 千克。

图 3-4　夏洛来牛（公）

周岁公、母牛体重分别达 450 千克、360 千克。育肥期平均日增重 1.88 千克，屠宰率 65% ～ 70%。

1965 年引入我国，夏杂一代具有父系品种的明显特征，毛色多为乳白或草黄色，体格略大、四肢坚实、骨骼粗壮、胸宽尻平、肌肉丰满、性情温顺、耐粗饲、早熟、皮薄、出肉率高、瘦肉多、肉质良好，但难产率高。在东北、西北和南方与本地牛杂交，表现为夏杂后代体格明显加大，生长速度加快，杂种优势和杂交优势明显，适合作终端父本。

7. 海福特牛的品种特征主要有哪几个方面?

（1）产地与分布。海福特牛原产于英国的英格兰西部地区，是中小型早熟肉用品种，分布在世界许多国家，从 1964 年起我国陆续引入该品种，目前已分布在全国各地。

（2）外貌特征。体型中等，头短额宽，角呈蜡黄色或白色，向两侧伸展，微向下弯曲。颈短厚，颈垂发达，躯干肌肉丰满，呈圆筒形，肩峰宽大，胸宽而深，肋骨开张，背腰平直宽阔，臀部丰满。四肢短粗，蹄质结实，背毛为暗红色，但头、颈垂、腹下、鬐甲、四肢下部及尾帚为白色，人们习惯称“六白”，皮肤为橙黄色（图 3-5）。

图 3-5 海福牛（公）

图 3-6 安格斯牛（公）

（3）生产性能。该品种牛体质强壮，较耐粗饲，适于放牧，日增重、屠宰率和饲料转化效率较高，胴体品质良好、肉质柔嫩多汁、味美可口等。犊牛初生重公、母分别为 36 千克、33 千克，成年牛公、母体重分别为 900 ～ 1 100 千克、600 ～ 750 千克，屠宰率 60% ～ 65%。

我国于 1913 年、1965 年先后引进该品种，现已分布于东北、西北广大地区，各地用其与本地黄牛杂交，杂交后代一般表现体格加大，体型改善，犊牛生长快，抗病耐寒，适应性好，体躯被毛为红色，但头、腹下和四肢部位多有白毛。

8. 安格斯牛的品种特征主要有哪几个方面？

（1）产地与分布。安格斯牛原产于英国的阿伯丁、安格斯和金卡丁等郡，世界许多国家都引进该品种。

（2）外貌特征。安格斯牛无角，被毛分为红色和黑色两种，故有红安格斯牛和黑安格斯牛之分。安格斯牛体格低矮，体质紧凑、结实，属于古老的小型肉牛品种。头小而方正，额部宽而额顶突起，颈中等长，背线平直，腰荐丰满，体躯呈圆筒状，四肢短而端正。体躯平滑丰润，皮肤松软，富有弹性，被毛光亮滋润（图 3-6）。

（3）生产性能。安格斯牛肉用性能良好，胴体品质优良，出肉率高，肌肉大理石花纹突出，成年公、母牛体重分别为 550 千克、750 千克，屠宰率 60% ～ 65%；犊牛出生重 25 ～ 32 千克，公、母犊 6 月龄断奶体重分别为 190 千克、170 千克，日增重约 1 千克；育肥期（1.5 岁以内）平均日增重 0.7 ～ 0.9 千克。该牛适应性强，耐寒、耐粗饲，抗病力强，适宜放牧或舍饲，适合在大部分温、寒带地区作第一父本，也可以用作终端父本提高后代的胴体品质。

9. 丹麦红牛的品种特征主要有哪几个方面？

（1）产地与分布。丹麦红牛属乳肉兼用品种，原产于丹麦的默恩、西兰及洛兰等岛屿。1841—1863 年间用安格勒牛与当地的北斯勒准西牛杂交改良的基础上，经多年选育，于 1878 年育成。

（2）外貌特征。丹麦红牛体型大，体躯长而深，胸部向前突出，有明显的垂皮，背长稍凹，腹部容积大，乳房发达，发育匀称，乳头长 8 ～ 10 厘米，被毛为红色或深红色，部分牛腹部和乳房部有白斑，鼻镜为灰色，公牛一般毛色较深，成年公、母牛体重分别为 1 000 ～ 1 200 千克、650 ～ 700 千克，体高分别为 148 厘米、

132 厘米，犊牛初生重为 40 千克左右（图 3-7）。

（3）生产性能。据丹麦年鉴记载年平均产奶量达 6 712 千克，乳脂率 4.31%，乳蛋白率 3.49%。丹麦红牛肉用性能良好，在肥育期，12 ～ 16 月龄平均日增重达 1 010 克，屠宰率为 57%。

图 3-7 丹麦红牛（公）

图 3-8 秦川牛（公）

图 3-9 秦川牛（母）

10. 秦川牛的品种特征主要有哪几个方面？

（1）产地及分布。秦川牛原产于陕西省渭河流域的关中平原地区，是我国著名的大型役肉兼用牛品种。因“八百里秦川”得名，被誉为“国之瑰宝”。以咸阳、渭南和宝鸡等地的秦川牛最为著名。

（2）外貌特征。秦川牛体格高大，骨骼粗壮，肌肉丰满，前躯发育良好，肋长而开张，背腰平而宽广，角短多向外下方或后方稍弯，四肢粗壮结实，两前肢相距较宽，有外弧现象，蹄叉紧。公牛头较大，颈粗短，垂皮发达，鬐甲高而宽，雄性特征明显。母牛头清秀，颈厚薄适中，鬐甲较低而薄，角短而钝，多向外下方或向后稍微弯曲。毛色有紫红色、红色和黄色三种，以紫红色和红色居多，且深受养牛户喜爱（图 3-8、图 3-9）。

（3）生产性能。属国内大型役肉兼用型品种。产肉性能非常好，肉质细致，容易育肥，瘦肉率高，大理石花纹明显。成年公、母牛平均体重分别为 600 千克、450 千克，在中等饲养水平下，育肥至 18 月龄屠宰，平均屠宰率 58.3%，其产肉性能基本接近国外肉牛品种的一般水平。但存在尻部尖斜，大腿肌肉欠丰满等缺点。

秦川牛耐粗饲，适应性好，全国已有 21 个省（区）引入秦川牛，进行纯种繁育或改良当地黄牛，都取得了很好的效果。

11. 鲁西牛的品种特征主要有哪几个方面？

（1）产地与分布。鲁西牛主要产于山东省西南部，北至黄河，南至黄河故道，东至运河两岸的三角地带。

（2）外貌特征。鲁西牛体躯结构匀

称，细致紧凑，具有较好的役肉兼用体型，公牛多平角或龙门角，母牛角形多样，以龙门角较多。垂皮较发达，公牛肩峰高而宽厚，胸深而宽，腰躯发育较差，尻部肌肉不够丰满，体躯呈明显前高后低。被毛从浅黄到棕红色，以黄色最多，约占70%以上，一般牛前躯毛色较后躯深，公牛较母牛深，多数牛有完全或不完全的“三粉”（指眼圈、口轮、腹下与四肢内侧）特征，鼻镜与皮肤多为淡肉红色，部分牛鼻镜有黑点或黑斑（图3–10、图3–11）。

图3–10 鲁西牛（公）

图3–11 鲁西牛（母）

（3）生产性能。鲁西牛皮薄，肉色鲜嫩，色泽红润，是我国产肉性能较好的地方牛种。成年公、母牛体重分别为400～650千克、250～450千克，18月龄公、母牛平均日增重分别为0.65千克、0.43千克，平均屠宰率58.88%。产肉性能良好，肌纤维细，脂肪分布均匀，呈明显的大理石状花纹。但存在成熟较晚，日增重慢，后躯发育欠丰满等缺点。

12. 南阳牛的品种特征主要有哪几个方面?

（1）产地与分布。南阳牛主要分布于河南省南阳市白河流域的广大平原地区，以南阳市为主要产区。

（2）外貌特征。南阳牛属较大型役肉兼用品种。体型高大、肌肉较发达，结构紧凑，体质结实，皮薄毛细，鼻镜宽，口大方正。角型以萝卜角为主，公牛角基粗壮，母牛角细。鬐甲隆起，肩部宽厚，背腰平直，肋骨明显，荐尾略高，尾细长，四肢端正而较高，筋腱明显，蹄大坚实。公牛头部雄性特征明显，额微凹，脸细长，颈部皱褶多，前躯发达，母牛后躯发育良好。毛色有黄、红和灰白三种，面部、腹下和四肢下部毛色浅。鼻镜多为肉红色，部分有黑点，蹄壳以蜡黄色、琥珀色较多（图3–12、图3–13）。

（3）生产性能。南阳牛肉用性能较好，是我国著名的优良地方黄牛品种，成年公、母牛体重分别为400～550千克、300～400千克。去势牛经过强度育肥在

图3–12 南阳牛（公）

图 3-13　南阳牛（母）

体重达 510 千克时屠宰，屠宰率 64.5%，肉质细嫩，颜色鲜红，大理石花纹明显。

南阳牛具有耐粗饲、产肉性能、适应性良好等特点。多年来已向全国 23 个省（区）输入种牛改良当地黄牛，效果良好，但存在胸部宽深不够，体长不足，后躯发育较差等缺点。

13. 晋南牛的品种特征主要有哪几个方面?

（1）产地与分布。晋南牛分布于山西运城地区的万荣、河津、临猗、永济、运城、夏县、闻喜、芮城、新绛，以及临汾地区的侯马、曲沃、襄汾等县、市，其中河津、万荣为晋南牛种源保护区。

（2）外貌特征。晋南牛属大型役肉兼用品种，体躯高大结实，胸围较大，体较长，胸部及背腰宽阔，成年牛前躯较后躯发育好，具有役用牛体型外貌特征。公牛头中等长，额宽，顺风角，颈较粗而短，垂皮比较发达，前胸宽阔，肩峰不明显，臀端较窄，蹄大而圆且质地致密。母牛头部清秀，乳房发育较差，乳头较细小，毛色以枣红为主，鼻镜粉红色，蹄多呈粉红色（图 3-14、图 3-15）。

（3）生产性能。晋南牛在中、低营养水平下育肥，日增重 455 克。成年

图 3-14　晋南牛（公）

图 3-15　晋南牛（母）

公、母牛体重分别为 500 ～ 650 千克、300 ～ 400 千克，成年牛育肥后屠宰率平均 52.3%，但存在乳房发育较差，尖斜尻等缺点。

14. 延边牛的品种特征主要有哪几个方面?

（1）产地与分布。延边牛产于东北三省东部的狭长地区，分布于吉林省延边朝鲜族自治州延吉、和龙、汪清、珲春及毗邻各县；黑龙江省的宁安、海林、东宁、林口、汤元、桦川、依兰、勃利、五常、尚志、延寿、通河；辽宁省宽甸县及沿鸭绿江一带，是东北地区优良地方牛品种之一。

（2）外貌特征。延边牛属役肉兼用品种，胸部深宽，骨骼坚实，被毛长而密，

皮厚而有弹力。公牛额宽，头方正，角基粗大，多向后方伸展，成一字形或倒八字角，颈厚而隆起，肌肉发达。母牛头大小适中，角细而长，多为龙门角。毛色多呈黄色，鼻镜一般呈淡褐色，带有黑点（图3-16、图3-17）。

图3-16　延边牛（公）

图3-17　延边牛（母）

（3）生产性能。成年公、母牛体重分别为400～500千克、300～380千克。延边牛自18月龄育肥6个月，日增重813克，屠宰率57.7%，净肉率47.23%，肉质柔嫩多汁，鲜美适口，大理石纹明显。

15. 蒙古牛的品种特征主要有哪几个方面?

（1）产地与分布。蒙古牛原产于内蒙古高原地区，现在东北、华北至西北各省都有分布，是我国分布最广、数量较多的品种。在内蒙古主要分布在锡林郭勒、昭乌达、哲里木、兴安四个盟。在新疆主要分布在巴音郭楞蒙古自治州和阿克苏地区。在黑龙江主要分布在嫩江、绥化和松花江的部分地区。在甘肃、青海、宁夏等省、自治区也有分布。

（2）外貌特征。蒙古牛体质结实，皮肤较厚，皮下结缔组织发达，冬季多绒毛，毛色大多为黑色或黄（红）色，其次为狸色或烟熏色（晕色），也有花毛等各种毛色。蒙古牛头短宽而粗重，额顶低凹，角长、向前上方弯曲、呈蜡黄或青紫色，角间距短。垂皮不发达，鬐甲低平，胸扁而深，背腰平直，后躯短窄，肋开张良好。母牛角长20厘米，乳房基部宽大，结缔组织少，乳头小。四肢短，多刀状后肢势，蹄中等大小，蹄质结实（图3-18、图3-19）。

图3-18　蒙古牛（公）

图3-19　蒙古牛（母）

（3）生产性能。具有肉、乳、役多种用途，生产水平不是很高。在良好的放牧条件下，育肥性能尚好。秋季是蒙古牛膘肥体壮屠宰适期，成年公、母牛体重分别为 400 ～ 470 千克、300 ～ 370 千克，8 月份屠宰的上等膘情牛屠宰率 51.5%，而 4 月中旬屠宰，其屠宰率仅 40.2%。存在生长缓慢，后躯发育狭窄，尻尖斜，腿呈刀状，肌肉欠丰满等缺点。

16. 三河牛的品种特征主要有哪几个方面?

（1）产地与分布。三河牛主要分布在呼伦贝尔市，约占总头数的 90%，其次兴安盟、通辽市和锡林郭勒盟等地也有分布。

（2）外貌特征。三河牛体躯高大，结构匀称，骨骼粗壮，体质结实，肌肉发达，头清秀，眼大明亮，角粗细适中且稍向上向前弯曲，颈窄，胸深，背腰平直，腹围圆大，体躯较长，四肢坚实，姿势端正，毛色以红（黄）白花占绝大多数（图 3-20、图 3-21）。

图 3-20 三河牛（公）

（3）生产性能。产肉性能好，在放牧育肥条件下，阉牛屠宰率为 54.0%。在内蒙古该牛繁殖成活率为 60% 左右，饲养管理条件好时可达到 75%。母牛一般在 20 ～ 24 月龄初配，可繁殖 10 胎次以上。该品种牛耐粗饲，抗寒暑能力强。存在体型大小、毛色不一，后躯发育较差等缺点。

图 3-21 三河牛（母）

17. 牛体主要由哪几部分组成?

（1）头部。头部以头骨为基础，能表现出体型结构、品种特征、经济类型、性别和健康情况等。凡头长与体斜长之比小于 0.26 时为短头，大于 0.34 则为长头。头的宽窄用角间宽与头长之比表示，一般牛两角间的宽占头长的 29% ～ 34%，凡角间宽与头长之比小于 29%，即为狭头；超过 34%，即为宽头。头形的长短、宽窄决定头型的轻重。

（2）颈部。颈部以 7 个颈椎骨为基础，有长短、粗细之分，其平均长度应为体斜长的 27% ～ 30%，少于 27% 为短颈，超过 30% 为长颈。

（3）鬐甲。鬐甲以第二至第六脊椎棘突及肩胛软骨为基础，是颈、肩、前肢与躯干的连接点，有高低、长短、宽狭和尖鬐甲、双鬐甲之分。公牛鬐甲高而宽，肌肉附着充实而紧凑，母牛鬐甲平直而厚度适中，肉牛鬐甲宽厚而丰满，役用牛较狭而高，营养不良表现为尖鬐甲，脊椎棘突发育不良表现为双鬐甲。

（4）背部。背部以最后 7 个脊椎为基础而形成，牛的背应长、宽、平、直而强健，凹背和凸背都为严重缺陷。

（5）腰部。腰部的基础是 5 个腰椎，

其要求与背部相同，任何牛的背腰结合、腰尻结合都应良好，背线平直为其主要标志，凹腰和长狭腰都是体质弱的表现。

（6）胸部。胸部位于鬐甲下方和两前肢之间，以12块胸椎为基础，是牛体的重要部位，各种用途的牛都要求有深而宽的胸部，拱圆的胸廓。发育良好的母牛，胸深应达到体高的1/2为优，反之为浅胸，浅胸往往伴随着平肋与狭胸，不适合任何用途。

（7）腹部。腹部位于背腰的下方，与生产性能关系密切。公牛腹部要求大小适中，不下垂，呈圆筒形，腹肌发达，荐部充实。母牛腹部要求宽、深、大而圆，垂腹和卷腹都不适宜任何用途。

（8）尻部。尻部由骨盆、荐骨及第一尾椎骨连接而成，尻要求长、宽、平、方且肌肉充实，尻的长度要求达到体长1/3以上，否则便是短尻。尻宽主要指髋关节间距与坐骨结节间距的大小和体躯长度相对比例，尻平与否，以髋关节和坐骨结节的连线所形成的水平角大小来判定，尻方则坐骨结节间距很大，否则便成为尖尻。

（9）乳房。乳房是母牛泌乳的重要器官，产乳性能与乳房有直接关系。优秀的母牛乳房体积大，呈方圆形，形如浴盆，前伸后延良好，四乳区发育匀称，悬垂乳房、山羊乳房及两侧不对称乳房均不够理想。鉴定乳房时，乳静脉粗大、明显、弯曲而分枝多，是泌乳性能高的特征，乳井要求大而深。

（10）四肢。四肢是支持牛体重量和运动的器官，任何用途的牛都要求肢势正直，健壮结实。正确的肢势，从前面看，其前肢应遮住后肢，前、后蹄的连线应与体躯中轴线平行，两前肢的腕关节与两后肢的跗关节都不应靠近。结构优良的前肢应该是：前望由肩端中央引一垂线，平分前肢正面；侧望由肩胛骨上1/3处引一垂线，平分前肢侧面，垂直点落在蹄的后方。四肢健壮结实主要表现为关节明显，结构匀称，筋腱发育良好，系部壮，有弹性，蹄形正而质地坚实。

（11）皮肤和被毛。毛纤维的粗细与皮肤的厚薄相关，皮薄而毛细，皮厚而毛粗。被毛平整、有光泽、换毛均匀是牛健壮的表现，被毛粗糙、无光泽、换毛迟而不规整则是牛体弱的表现。

18. 肉牛的外形特征主要从哪几个方面观察？

（1）体躯结构。肉用牛的外形，侧望、俯望和后望的轮廓均接近于长方形，整个体躯短、宽而深。由于前、后躯的高度发达，中躯显得相对较短，以至前、中、后躯的长度趋于相等，加上四肢短，重心降低，位于中躯中部，看上去颇具“敦实”之感。被毛细短、柔软而有光泽，皮薄而松软且有弹性，肌肉高度丰满，结缔组织发达，蓄积大量脂肪，骨骼粗壮而结实。

（2）局部特征。

①头。头短宽，两眼间距大，眼大明亮，角细，耳轻，鼻孔宽，口角深，唇较薄，颜面多肉而清晰，下颚发达而不显笨拙。

②颈。颈短、粗而圆。

③鬐甲。鬐甲低、平而宽。

④肩。肩长、宽而倾斜。

⑤胸。胸宽、深，胸骨突出于两前肢前方，垂肉高度发育，肋长，向两侧扩张而弯曲大，肋骨的延伸趋于与地面垂直的方向，肋间肌肉充实。

⑥背腰。背腰宽、平、直，腰短而膁小。

⑦腹。腹部充实呈圆桶形，肋丰厚，与腹下线平行。

⑧尻。尻宽、平且长，腰角不显，肌肉丰满，后躯侧方由腰角经坐骨结节至胫骨上部形成大块肉三角。

⑨尾。尾细、帚毛长。

⑩四肢。四肢上部深厚、多肉，下部短而结实，肢间距离大，关节明显，肢势端正，蹄质良好。

广大养牛户在长期的实践中将肉牛的外貌特征概括为“五宽五厚”即“额宽，颊厚；颈宽、垂厚；胸宽，肩厚；背宽，肋厚；尻宽，臀厚”。

19. 牛个体外貌鉴定的主要方法有几种？

牛个体外貌鉴定的主要方法有三种，即肉眼鉴定、测量鉴定、评分鉴定。

20. 牛个体外貌肉眼鉴定的基本方法是什么？

用肉眼鉴定牛的外貌，简便易行，不需要任何工具，就可以了解整个牛体各部位的结构特征以及它们之间的协调性。但是采取这一方法的鉴别人员必须具有丰富的经验，才能得出较为正确的结果，熟练的鉴定员估测牛的产肉量误差不超过 2 ～ 4 千克，脂肪量误差仅为 1 千克左右，对于初次担任鉴定工作的人员，除了肉眼鉴定外，还应采取评分鉴别和测量鉴定的方法，弥补肉眼鉴定的不足和避免产生主观的看法。

进行肉眼鉴定时，应使鉴定的牛自然地站在宽广、平坦的场地上，鉴定者距牛 4 ～ 8 米。首先，进行一般观察，对整个牛体环视一周，以便有一轮廓的认识，掌握牛体各部位发育是否均匀；然后站在牛的前面、侧面和后面分别进行观察。从前面观察头部的形态、胸和背腰的宽度、肋骨扩张程度和前肢的姿态等；从侧面观察胸部的深度，整个体型，肩及尻的倾斜度，颈、背、腰、尻等部位的长度，乳房的发育程度以及各部位是否匀称；从后面观察体躯容积和尻部的发育情况等。

肉眼观察后，用手触摸了解其皮肤、皮下组织、肌肉、骨骼、毛、角和乳房等发育情况。让牛自由行走，观察四肢的动作、姿势和运步状态等，同时注意分析牛整体的平衡状态、体躯形状、各部位结合状况与发育程度以及各部位相互间比例大小。再借助手摸触牛的背腰部、肋部、股部、后肋部的皮肤厚度、皮下脂肪多少及肌肉弹性，以便确定其肥满程度。对于肉眼观察到的这些做到心中有数后，让饲养人员牵着牛再绕评鉴人员一圈，对牛只做出全面判断，评定其相应等级，估测肉脂骨各量的多少。

21. 牛个体外貌测量鉴定的基本方法是什么？

测量鉴定是牛个体外貌鉴定的重要方法之一，其目的是为了弥补肉眼鉴定的不足，且能使初学鉴定的人提高鉴定能力，对于一个牛群的品种或品系，欲求出其一个平均值、足以代表一般体型结构的体尺，必须运用体尺测量。测量后，应将其所得资料加以整理、分析，求其平均值与标准差等，然后用来代表这个牛群、品种或品系的平均体尺。当进行体尺测量时，应令被测牛端正地站在平坦的水泥地上，四肢站立的姿势应垂直、端正，在牛的前面看时，左右两侧的前后肢均须在同一直线上；在牛的侧面看时，其前后肢也必须成一直线，头应自然前伸，既不左右偏，也不高仰或下俯，后头骨与鬐甲近于水平，只有这样的姿势才能测出比较准确的体尺数值。

牛体尺测量部位的数目，依测量目的而定，可多可少。测定牛的活重时，只对体斜长和胸围进行测量即可。检查牛的生长发育情况，测量部位可为5个（体高、体斜长、胸围、管围、坐骨端宽）或8个（体高、尻高、体斜长、胸围、管圈、胸宽、胸深、腰角宽）。牛体尺的测量方法：

①体高。从鬐甲最高点到地面的垂直距离。

②体斜长。从肩端前缘到坐骨结节后缘之间的距离。

③体直长。从肩端前缘作一垂线，再于坐骨结节后缘作一垂线，测量两线之间的水平距离。

④胸围。肩胛骨后缘处的体躯垂直周径。

⑤腿围。后肢膝关节处的水平周径。

⑥管围。前肢掌骨上1/3处的周径。

22. 牛个体外貌评分鉴定的基本方法是什么?

评分鉴定是将牛体各部位依其重要程度分别给予一定的分数，总分设定为100分，鉴定人员根据外貌要求，分别评分，最后综合各部位评得的分数，即得出该牛的总分数，然后按外貌给分标准，确定外形等级。评定时，对牛只按各部位的实际情况，对照肉用牛和乳肉兼用牛的评分标准，给予适当打分，越不符合标准的部位分值越少。

评分鉴定时，鉴定人员必须熟悉所用的评分标准，然后对照标准对肉牛（或兼用牛）的整体结构及各部位进行客观打分，不应有主观偏见。为更加准确，也可以对照标准对牛的不足之处进行扣分，最后得出实际得分，然后将两次得分进行平均，求出平均分，再决定其等级。肉用牛及乳肉兼用牛外貌评分标准和外貌等级评定标准分别见表3-1、表3-2。

23. 肉牛膘情鉴定的方法是什么?

（1）目测法。目测时，主要观察牛体大小，体躯的宽狭与深浅，腹部的状态，肋骨的长度和走向，以及垂肉、肩、背、腰角、臀等部位的肥满程度。

（2）触摸法。触摸是以手探测颈、垂肉、下肋、肩、背、腰、肋、臀、耳根、尾根、阉牛的阴囊等部位肉层的厚薄，脂肪蓄积程度等。其操作方法及检查内容如下：

①检查下肋。以拇指插入最后一肋骨下缘内壁，其余四指并拢，抚于肋外壁，虎口紧贴最后一肋骨下缘，掐捏其厚度与弹性，以确定其肥育水平，特别是脂肪沉积水平。

②检查颈部。鉴定者站在牛颈左侧，左手拉缰绳令牛头向左转，随后右手抓起颈部肌肉。肥牛肉层充实、肥满；瘦牛颈部肌肉不发达，抓起有两层皮之感。

③用手掌检查垂肉、肩、背、臀部。应轻微移动手掌，且对该部进行按压，由轻到重，反复数次，以检查其肥育水平。

④检查耳根，尾根。牛只很肥时，手握耳根有充实之感，其尾根两侧的凹陷很小，甚至近平整，以手触摸尾骨结节，有丰满感。

表 3-1　肉牛及乳肉兼用牛、肉用改良牛外貌评分标准

部位	得满分的要求和条件	肉用牛标准分		兼用牛标准分	
		公	母	公	母
整体结构	品种特征明显，体尺达到要求，体躯各部位结合良好、自然，经济用体型特征突出，整体宽度良好，性别特征正常，全躯体肌肉匀称而发达，骨骼生长良好，神经反应灵活、性情温驯，运步自如	30	25	30	25
前躯	胸宽而深，前躯突出，颈胸结合良好，肌肉丰满	15	10	15	10
中躯	背腰宽平，肋骨开张，背线与腹线平直，呈圆筒形，腹大不下垂	10	15	10	15
后躯	尻部长、宽而平，大腿部肌肉充实而突出	25	20	25	20
乳房	容积较大，匀称，附着良好，乳头较粗大，着生匀称，乳静脉明显，多弯曲，乳房皮肤较薄，被毛较短	—	10	—	15
肢蹄	四肢端正结实，前后裆宽（肢间距大），蹄形正，蹄质坚实，蹄壳致密，系部直度适宜，强健有力	20	20	20	15
总分		100	100	100	100

表 3-2　肉牛外貌等级评定标准

单位：分

性别	特级	一等	二等	三等
公	85	80	75	70
母	80	75	70	65

⑤用拇指和食指掐捏腰椎横突，并以掌心触摸腰角，如肌肉丰满，检查时不易触感到骨骼，否则可以很明显地摸到皮下骨棱，腰角只在很肥时，才蓄积较多脂肪。

⑥用拇指和食指掐捏肋骨，检查肋间肌的发育程度，肥度良好的牛，不易掐住肋骨。

⑦高度肥育的阉牛，其阴囊以手捏摸，充实而有弹性，内部充满脂肪，从而说明不但肌间脂肪蓄积，而且腹腔内亦有大量脂肪，如阴囊松弛，则肥育还不理想。

（3）肥度鉴定。根据以上鉴定结果对牛进行综合评定其等级，估计其产肉量。牛肥度的鉴定标准分为上等、中上等、中等、中下等和下等五个级别，其标准如表 3-3。

24. 肉牛选择的主要经济性状是什么？

（1）繁殖力。包括公、母牛的配种怀犊能力，产犊率和犊牛断奶成活率。

（2）犊牛断奶重。该指标表示犊牛实行断奶时的平均活重，同时，也反映母牛的泌乳能力和母性。

（3）肥育期增重率。常用肥育期平均日增重表示，是重要的肉用性能指标。

（4）增重效率。表示牛在育肥期间每增重 1 千克活重所消耗的总营养量（千

表 3-3 肉牛膘情鉴定

等级	鉴定标准
上等	肋骨、脊骨和腰椎横突起都不明显，腰角与臀端呈圆形，全身肌肉发达，肋骨丰满，腿肉充实，并向外突出和向下伸延
中上等	肋骨、腰椎横突起不明显，腰角与臀端未圆，全身肌肉较发达，肋骨丰满，腿肉充实，不向外突出
中等	肋骨不甚明显，尻部肌肉较多，腰椎横突起不明显
中下等	肋骨、脊骨明显可见，尻部如屋脊状，但不塌陷
下等	各部关节完全暴露，尻部塌陷

克）或价值（元）。常用“料肉比”表示。

（5）周岁重。指犊牛生长到 365 天时的活重。

（6）外形评分。宰前肉牛外形评分的遗传力（h^2）约为 0.4，而且与产肉性能呈强的正相关。

（7）胴体质量。常用胴体等级、眼肌面积、嫩度、脂肪厚度等性状表示。这些性状多属高遗传力性状，直接选择效果明显。

25. 肉牛选择的主要途径是什么？

（1）表型选择。当小牛长到 1 岁以上，可以直接测量其某些经济性状，如 1 岁活重、肥育期增重效率等。而对于胴体性状，则只能借助如超声波测定仪等设备进行辅助测量，然后对不同个体做出比较，对遗传力高的性状适宜采取这种选择方法。

（2）系谱选择。通过审查系谱资料，可以选择牛的优劣。在肉牛生产中，对小牛的选择，考察其父母，祖父母及外祖父母的性能成绩，对提高选择的准确性是一个重要方面。考察时，特别要注意祖先的重要经济性状，同时不能忽略某些遗传缺陷。

（3）旁系选择。分析种公牛的同胞或半同胞资料，对种公牛做出评价也是选择种公牛的一个重要途径。肉用种公牛一般可参阅其同胞和半同胞产肉性能的成绩，以便为及早选择种公牛打好基础。

（4）后裔测定选择。这是各种选择中最为可靠的选择途径。其常用方法主要有：

①母女对比法。评定种公牛的性能，将其所生女儿的性能成绩与她们的母亲平均性能成绩加以比较的方法，叫母女对比法，若女儿成绩超过其母亲成绩时，则表示这头公牛性能好，反之则差。

②同期同龄比较法。根据被测定公牛的后代与对照组牛同期同龄后代初生重、断奶重和 18 月龄平均日增重来进行比较。

③总性能指数法。该法在我国几个黄牛品种选育中已得到应用。秦川牛选种中，应用总性能指数法对种公牛的后裔，按断奶时体重、体尺成绩作排序，以扩大利用优良种公牛，提高其选育效果。

26. 怎样从牙齿鉴别牛的年龄？

牛的牙齿共有 32 枚，无犬齿，其中门齿 8 枚，臼齿 24 枚。门齿是用来咬断饲草的，也称切齿，生于下颚前方，上颚前方没有门齿仅有角质层形成的齿垫，在下颚中央的一对门齿叫钳齿，在它外面的一对叫内中间齿，再外面的一对叫外中间齿，最外面的一对叫隅齿，臼齿在门齿两侧的后面，共24枚，每侧上、下颚各6枚，较门齿宽而长大。依据牛门齿的发生、脱落和磨损等规律性变化，就可以较准确地判断牛的年龄。

一般犊牛在出生时就有1对门齿，生后2～3周，最后一对门齿也已出生。

4～5月龄，乳门齿已全部长齐，钳齿和内中间乳齿稍为磨损。

6月龄，外中间乳齿磨损，有时乳隅齿边缘也磨损。

7～9月龄，乳门齿继续磨损，磨损面扩大。

10～12月龄，乳门齿冠整个舌面磨完。

14月龄，内中间乳齿冠磨平。

15～18月龄，乳门齿显著变短，乳钳齿开始动摇，外中间乳齿及乳隅齿舌面已磨平。

2～3岁，乳钳齿脱落换永久齿，俗称“对牙”。

3～5岁，外中间乳齿脱落，到3岁9个月开始换永久齿，门齿换齐俗称“六牙”即“齐口”。齐口之后牛的年龄大致等于永久门齿的对数加1。如牛齐口的年龄就等于4对永久门齿加1，即接近5岁。

6岁，隅齿磨损面扩大，钳齿和内中间齿磨损很深，舌面珐琅质磨出一半。

7岁，钳齿舌面的珐琅质几乎全部磨损。

8岁，钳齿的磨损面成近似四方形，有时出现齿星，隅齿磨损成长方形。

9岁，钳齿出现齿星，内、外中间齿的磨面都磨成近四方形。

10岁，内中间齿出现齿星，隅齿的珐琅质磨完。

11～12岁，钳齿和内、外中间齿磨成圆形或椭圆形，外中间齿和隅齿出现齿星，齿间空隙逐步增大。

13～15岁，全部门齿的珐琅质均已磨完，齿星变成长圆形。.

15～18岁，门齿磨至齿龈，门齿有活动和脱落现象。

由此可见，牛5岁以后的年龄主要根据永久门齿的齿面磨损程度来判断。齿面形状磨损的基本规律是：初为长方形或椭圆形，以后向三角形、四边形或不等边形和圆形过渡。

27. 测定活牛体重的方法主要有哪几种?

（1）实测法。使用平台式地磅，让牛站在上面，进行实测，此法最为准确。

（2）目测法。首先环视被测牛一周，对其膘情有一个大体判断，再用手触摸各个部位肌肉丰满程度，结合品种、年龄、性别、用途、体况、饲养管理水平（阶段育肥或直线育肥）、饲养管理形式（放牧或舍饲）等方面进行综合判定，目测法要求要有长期从事活牛体重目测工作经验，并与外貌鉴定相合，这样得出的结果准确性更高。

（3）估测公式计算法。在无大地磅的条件下，可采用此法进行估测。估测的方法很多，大都是根据活重与体积的关系计算出来，由于牛的用途和品种不同，其外形结构有差异，因此某一估重公式可能适合于甲品种，但不一定适用于乙品种，在实际工作中，无论采用哪个估重公式，都应事先进行校核，有时对公式中的常数（系数）也要做必要的修正，以求准确。

现将常用的牛估重公式简介如下：

①凯透罗氏（比利时）法。体重（千克）= 胸围（米）^{2}× 体直长（米）×87.5。

②约翰逊（美国）法。体重（千克）= 胸围（厘米）^{2}× 体斜长（厘米）/ 10 800。

③校正的约翰逊法。体重（千克）= 胸围（厘米）^{2}× 体斜长（厘米）/ 11 420。此法多用于地方黄牛体重的估测。

④特鲁哈诺夫斯基（苏联）法。体重（千克）=（体直长 × 胸围）× 系数 / 100。奶牛的系数为 2，肉牛的系数为 2.5，兼用牛为 2.25。

⑤犊牛断奶体重，统一按 180 天计算，不足或超过 180 天者，按下式校正。校正犊牛断奶体重（千克）=（断奶重 − 初生重）/ 实际哺乳日数 ×180+ 初生重。体直长的测量方法：用体尺测量由鬐甲底缘至尾根第一尾椎骨的直线长度。

估测系数 = 胸围（厘米）^{2}× 体斜长（厘米）/ 实际体重（千克）。各种年龄的牛均可按此公式求得其估测系数，可获得与实际体重误差极小的估测体重。

28. 选择犊牛的方法是什么？

犊牛是牛个体发育必须经过的阶段，从依靠母体到完全靠草料为食这两种截然不同的生存方式的过渡阶段，此时期既是生前发育的结果，又是日后生长发育的起点和基础。因此，对犊牛的选留就要估计到这两方面，在具体做法上，选择犊牛分如下步骤和方法：

一是了解犊牛系谱，尤其是其父、母亲的性能与表现情况。

二是观察犊牛本身的生长发育情况，犊牛的初生重是生前发育的重要指标，一般占成年母牛体重的 5% ～ 7%，初生重过小，说明生前发育不足，这对犊牛往往会造成难以弥补的损失。

三是观察和了解犊牛的健康状况，因为即便快速生长的犊牛，也可因为某种疫病而影响生长发育，表现不出生长速度快的特性，甚至也会造成体重下降，就是我们常说的“掉膘”。

29. 犊牛个体外貌应具备哪些特点？

犊牛个体外貌应具备本品种牛的特征要求：体形结构良好，精神包满，四肢较长，蹄形端正，行动灵活等。对于某些结构性或器质性缺陷尤应引起注意，如上下颚不齐、肢蹄不正、公犊的隐睾和母犊的阴门畸形等。

30. 怎样选留基础母牛？

对基础母牛的选择，除了进行系谱选择和以前生长发育情况的选择外，应着重从本身的繁殖性能、难产状况、育犊能力等方面考虑。

（1）繁殖性能。在正常情况下，每次怀犊的配种次数（越少越好），产犊间隔（两次连续产犊间的月数，也是越少越好），发情的规律性，产活犊数、流产情况等。

（2）难产状况。对母牛产犊时是否助产或完全不助产的评价。

（3）育犊能力。哺乳期其犊牛生长速度的快慢（日增重的大小），犊牛的初生重、断奶重大小及断奶活犊牛数等的比较。显然，对于那些难配、难怀、难产，以及犊牛生长发育不良的母牛，应加以淘汰，不作为基础母牛选留。

31. 基础母牛外貌要求是什么？

基础母牛外形要求具有该品种特有的

外貌特征：整体结构匀称结实，肢蹄端正坚实，后躯发育良好，后肢间距宽，整个躯体背、腰平直，肌肉丰满程度适中，乳房发育良好，这些对产犊及哺乳均有较大影响。

32. 怎样从外貌上选择种用公牛？

选择种公牛，一般先看外貌，再看系谱，而后着重看旁系和后裔的表现。种公牛的外貌，不表现产乳力，也难确切反映产肉力。鉴定时，主要看其体型结构是否匀称，外形及毛色是否符合品种要求，雄性征状是否突出，有没有明显的外貌缺陷，如四肢不够健壮结实、肢势不正、背线不平、颈浅薄、胸狭、腹垂、尖斜尻等；生殖器官要求发育良好，睾丸大小正常，有弹性，外貌等级不得低于一级。凡是体型结构、局部外貌有明显缺陷的，或者生殖器官畸形的（如单睾、隐睾）一律不得做种用。

33. 我国肉牛养殖面临的主要问题是什么？

（1）肉牛良种化率低。充分利用世界上最优秀的肉牛品种，改良我国现有的地方品种牛，提高其生产性能，优化牛群结构需要根据不同品种牛的繁育特性，合理确定具有不同优点和繁殖特性的基础母牛、后备母牛的比例，最终形成出栏率高、生产周期短、有持续发展能力的牛群结构。

（2）我国没有自己的肉牛专用品种。20世纪70年代以来，我国利用引进的国外肉牛品种来改良黄牛，以提高本地牛的生产性能，取得了较好的成效。但目前国内牛肉生产大部分都是国外肉牛品种的杂交改良后代经过短期的快速育肥之后进行屠宰。我们要以本地优良品种牛为基础，适当导入国外肉牛基因，来改造我国黄牛的缺点和不足，培育我国自己的肉牛专用品种。

（3）我国的肉牛业仍然是以农户小规模分散养殖为主。独立经营小规模、分散式的生产管理方式，很不适应新形势下的肉牛业发展要求。我们急需示范推广肉牛养殖技术，培育和建设一批有一定规模的家庭牧场，利用现有的肉牛品种资源优势，进行品种间杂交优势组合，来进行生产繁育，同时将现有的科研成果进行组装配套集成，对肉牛进行规范化育肥，提高肉牛的生产性能和产品质量。

（4）我国尚未建立完善的疫病控制和监测系统。加强疫病控制体系建设，紧紧围绕无规定动物疫病区建设，加强动物疫病监督和动物防疫屏障基础建设，形成功能齐全、手段齐全的监控系统，制定和完善生产、加工环节的技术规程，形成一套完整的质量标准体系。

四、牛的繁殖

1. 牛的繁殖方法主要有哪几种?

牛的繁殖方法主要有两种：一种是自然繁殖，另一种是人工辅助繁殖（主要指人工授精繁殖）。

2. 影响牛繁殖的主要因素是什么?

（1）品种。不同品种产犊率、繁殖率等性能差异很大，国内牛如秦川牛、南阳牛等繁殖最具优势，引进品种如西门塔尔牛、利木赞牛等繁殖优势突出，产肉性能好，是肉牛养殖的首选品种。

（2）营养。任何一种营养物质过多或不足都会影响牛的健康与繁殖性能，所以饲料的合理搭配非常重要。营养不全面、不平衡对公牛影响精子生成，致使精子活力不足，密度下降，睾丸萎缩，配种能力降低等；对母牛可引起卵巢和子宫幼稚，发情表现不明显，或发情抑制，影响胚胎发育，容易出现胎儿畸形、流产、弱犊、死犊、母牛缺乳等。

（3）体况。是指牛的膘情，不论公牛、母牛过肥或过瘦都会影响繁殖力。公牛过肥，自身过重，容易疲劳，性欲变差，易发生睾丸生殖细胞变性，精子畸形和死精子增多，性欲降低，精液少，品质差，活力低；母牛肥胖内分泌障碍，使卵巢产生过多的雌激素，抑制排卵，出现卵巢静止，长期不发情或发情异常，严重影响受胎率和繁殖率。

（4）年龄。母牛的年龄和胎次对繁殖力的影响很大。一般情况下，第一胎产犊率较低，随着胎次的增加，产犊率上升，第四胎以后趋于平稳，到5胎开始下降，随着母牛年龄的增加，体况开始下降，因此2～4岁是母牛的繁殖高峰期。

（5）精液污染。在输精时，有可能将环境性致病菌带进宫腔，其代谢产物刺激子宫黏膜分泌前列腺素 F_2，使黄体消退，微生物还可能直接引起精子、合子和胚胎死亡。

（6）不适时配种。不管是老化卵子与老化精子，新排卵子与老化精子的结合，都会出现胚胎早期退化现象。如推迟配种时间虽然可使接近受精末期的卵子受精，但由于卵子老化，大多数不能继续正常发育，胚胎被吸收或胎儿发育异常。

（7）遗传缺陷。在近亲繁殖情况下，可能形成纯合子畸形胚胎，因此近亲繁殖会增加胚胎死亡率，而杂交繁育可以有效减少胚胎损失。

（8）其他。如子宫疾病、内分泌紊乱、发热、应激、误用药物、接种疫苗、饲料中含有害物质引起中毒等，均影响母牛正常发情，使精子、卵子、受精、胎儿发育等受到抑制，同时犊牛的成活率也受到不同程度影响。

3. 血液更新及其作用是什么?

引进与所配母牛无血缘关系的同一品种公牛，用来改进和提高牛群生产性能及产品品质的方法称为血液更新，此方法要求所引进的公牛生产性能较高，若用于肉牛生产，改良后应该产肉性能更突出。血液更新的作用主要有以下几个方面。

（1）牛群比较小，长期采用封闭式繁殖，使牛群中的个体都和某一只公牛有亲缘关系，并且已经发现由于近亲繁殖而产生不良影响，需要进行血液更新。

（2）一个品种引入到一个新的自然环境，经过多年的杂交改良，其后代在生产性能上表现出停滞状态或出现下降现象，需要进行血液更新。

4. 什么叫终端父系品种？

终端父系品种是指在采用多品种杂交方法（多元杂交）生产杂种肉牛过程中，最后用来杂交的公牛品种。对杂交肉牛来说，终端父系的影响最大，其遗传贡献率可占到一半，使用理想的终端父系品种，后代可表现出很大的杂交优势，同时还显著提高了牛的生产性能。因此，牛终端父系品种的选择是非常重要的，也是肉牛生产的关键环节之一。

5. 什么是杂交？

利用纯种优良种公牛与本地母牛杂交，其后代具有繁殖率高、早熟、增重快、耐粗饲和适应性强等杂交优势。

杂交不仅能产生“杂种优势”，而且还能把两个亲本不同品种的优势特性结合起来，满足一定的生产需要。杂交还能增加遗传变异的幅度，有利于以后的选种过程，或者在杂交的基础上开展新品种的培育工作。我国的黄牛改良，根据不同地区的自然条件和饲养条件已分别向不同生产类型的方向发展。

6. 什么是牛的杂交效应？

采用杂交促使基因杂合，使原来不在一个种群当中的基因集中到一个群体中来，通过基因的重新组合及基因之间的相互作用，使某一个或几个性状表现得到一定的提高和改进，出现新的高产稳产个体类型。通过杂交产生杂种优势，使后代的各种性状表现趋于一致，群体均值得到一定的提高和改进，生产性能表现得更突出和优秀，使杂种后代的生活力更强，这些变化就是杂交效应。

7. 牛的杂交方法分为哪几类？

牛的杂交方法很多。按照人为控制与否分为自然杂交（自然状态下发生的杂交）和人工杂交（人工控制下有目的有计划地杂交）；按亲本间的亲缘程度分为品系间杂交、品种间杂交、种间杂交和属间杂交等；按杂交形式不同分为简单杂交、复杂杂交、轮回杂交、级进杂交、双杂交、顶交和底交等；按杂交目的不同分为经济杂交、改良杂交、引入杂交和育成杂交等。

8. 什么是经济杂交？

经济杂交一般是以生产性能较低的母牛与培育的优良品种公牛进行杂交，或者用两个生产性能比较高的品种来杂交，其目的是为了利用杂交一代的杂种优势，提高其经济利用的价值，产生更多的经济效益。这种方式已在肉牛生产中广泛采用。杂交一代公牛去势后肥育利用，母牛留作繁殖用。下一步可应用级进或轮回杂交来继续改良。

9. 什么是两个品种的杂交?

当一个品种的生产性能很低，需要从根本上进行改良时，可用另一优良品种公牛连续同被改造品种母牛及其各代杂交母牛交配，经过3～5代杂交，使其杂种后代达到或接近父本的品种特征和生产性能。

10. 什么是级进杂交?

牛级进杂交是指父本品种多为引进良种牛，基础母本为当地牛，连续进行回交数次以获得具有理想性状的后代。级进杂交的目的在于改良当地牛品种，希望其杂种后代一代更比一代好。但随着杂交代数的增加，虽然主要性状更趋于父本，但对饲养管理条件的要求会更高，也可能出现生活力和生产力下降的现象。

11. 什么是多元杂交?

多元杂交是指参加杂交的群体杂交次数在3次以上时，在父母代和最终产品中获得杂交优势。根据杂交的群体数目和配种方式可分为回交、三元杂交和四元杂交。

（1）回交。回交指使用两种品种杂交的杂种母牛与两亲本之一的公牛再杂交，这样在最终后代中只能获得1/2的直接杂种优势，但可利用到杂种母牛的母本杂种优势。

（2）三元杂交。三元杂交是指使用两品种杂交的第一代杂种母牛与第三个品种的公牛杂交，这样既可利用到全部的直接杂种优势，还可以利用母本杂种优势。

（3）双杂交。双杂交也叫四元杂交，是指使用分别来自两品种杂交的杂种公牛和杂种母牛再进行杂交，这样既可利用直接杂种优势，同时也利用了父本杂种优势和母本杂种优势。

12. 什么是轮回杂交?

轮回杂交又称连续性杂交，是由两个或两个以上品种公牛轮流参加杂交，杂种牛中除留一部分做下一级轮回杂交的母本外，其余杂种全部做商品育肥。这种杂交方法的优点是能利用杂种的母系杂种优势，减少纯种母牛、公牛的饲养数量，由于每次轮回杂交父母代牛之间都保持了较大的遗传差异，所以能获得较大的杂种优势。

13. 牛杂交的原则是什么?

（1）杂交父、母本的个体选择。公牛应当是经过系谱考察和后裔测定而被确认为高繁殖力的优秀个体，其体型结构理想，体质健壮，睾丸发育好，雄性特征明显，精液品质优良。母牛不断选择优秀个体，并注意母牛的泌乳、哺乳性能，也可根据家系选留母牛。

（2）采取正确的杂交方法。正确杂交对提高繁殖力来说也是非常重要的环节，实践中选用优良公牛配本地母牛可获得杂交优势明显的犊牛。

（3）考虑主要经济性状的遗传力。从遗传学的角度来说，遗传力低的性状容易获得杂种优势，如初生重、断奶重等性状遗传力低，近交时退化严重，杂交时优势明显，遗传力中等的性状，杂交时有中等的杂交优势，遗传力高的性状，不易获得杂种优势，杂交的影响很小。

（4）考虑父、母本的遗传差异。一般认为，亲本遗传基因型差异越大，杂种优势表现就越明显。如果两个亲本群体缺乏优良基因，或亲本群体纯度很差，或两亲本群体在主要经济性状上基因频率无多大差异，或缺乏充分发挥杂种优势的饲养管理条件，都不能表现理想的杂种优势。在生产实践中杂种优势的利用，应采取培育亲本种群、选择杂交组合、创造适宜的饲养管理条件等　整套措施。

（5）性状的配合力测定。配合力是指不同品种和品系间配合效果，一个品种（品系）在某一组合中表现不理想，而在另一组合中表现可能比较理想。因此，不是任意两种（或品系）的杂交都能获得较好的杂种优势，配合力表现程度受多方面因素影响，不同组合（品系）相互配合的效果不同，在相同环境里表现也不尽同，同一组合不同个体间配合的杂交效果不一样，在不同环境里表现也有所不同。

（6）提供优越的饲养管理条件。肉牛生产性能的表现是遗传基因与环境因素共同作用的结果，杂交组合模式的选择，不但要考虑后代的发育和生长速度，还要考虑当地的生态条件和可提供的最优越的饲养条件，选择既能明显提高生产性能，又能很好适应当地生活环境的杂交组合才能使杂交优势表现更明显。

14. 在肉牛养殖中如何利用杂交优势?

杂交优势指两个性状不同的亲本（品种或品系）间杂交所产生的杂种一代，在生长发育、生活力、繁殖力、适应性以及产品质量等方面超过其双亲。在肉牛生产中，杂交是获得最大产出率的手段之一，通过选择合适的杂交组合，不断提高产犊率、日增重、犊牛成活率、出肉率等，但是这并不意味着任何两个品种的杂交都能保证产生杂交优势。由于不同品种间的相互作用，既可以相互补充、相互促进，也可以相互抑制、相互抵消。参与杂交的品种在杂交中能否表现出杂交优势取决于他们基因群间的相互作用。在利用杂交优势时应选择双亲的亲缘关系、生态类型、地理距离和性状上差异大的个体，以获得明显的杂种优势。

15. 影响肉牛杂交优势的因素主要有哪几个方面?

影响肉牛杂交优势的因素主要是遗传基因与环境因素两个方面，它们共同作用影响着肉牛生产性能的发挥。环境因素中营养是最关键的因素之一，也就说营养对杂交优势（基因表达）有较大影响，这种影响可能是直接的，也可能是间接的。一种基因表达受多种营养素的调节；一种营养素可调节多种基因的表达，不仅可对其本身代谢途径所涉及的基因表达进行调节，还可影响其他营养素代谢途径所涉及的基因表达；营养不仅可影响细胞增殖、分化及机体生长发育相关基因的表达，而且还可对致病基因的表达产生重要的调节作用。另外，饲养方法和环境温度对杂交优势的表现也有一定影响，营养供给不均衡时，饲养方法不合理，基因表达的性状虽然可以提高和加快，但产出的产品受到影响。因此，如果希望通过杂交获得理想的育肥效果，就要在满足生长、生产所需要营养的同时，尽可能保证营养供给的连续性和稳定性，使牛在优越舒适的环境条件下生长。

16. 什么是牛的性成熟?

不论是公牛还是母牛，到一定年龄生殖器官发育基本完成，开始产生有生殖能力的性细胞精子或卵子，并分泌雄性激素或雌性激素，具备了繁殖后代的能力，这就是性成熟。一般公黄牛为6～8月龄，母黄牛 8 ～ 10 月龄；公水牛为 10 ～ 12 月龄，母水牛 12 ～ 18 月龄。性成熟个体之间差异较大，影响因素很多，不同的品种、营养、饲养管理和生活环境等因素，对牛的性成熟都有影响。一般来说，饲养管理和生活环境好的母牛，发育较快，性成熟年龄也较早，反之较迟。

17. 什么是母牛发情？

准确掌握母牛发情的客观规律，是进行配种、提高受胎率的关键。一般把外观上能看到的母牛外阴部变化、性兴奋、性欲这些现象称为发情，发情后常表现为精神兴奋，频繁游走移动，其距离是平时的 2 倍，同时食欲减退、外阴部潮红肿胀。在发情盛期母牛为了迎合公牛的交配，表现出“脊柱前弯”动作，具体表现为前后肢伸展、头与臀部上翘、背部下凹、短时间内呈不动状态。

18. 什么是母牛发情周期？

母牛达到性成熟而未怀孕，在正常情况下，每隔一定期间就会出现一次发情，直到衰老为止，这种有规律的周期称发情周期。为了便于计算，一般把这一个发情期开始到下一个发情期开始的这段时间称为一个发情周期，一般育成母牛发情周期平均为 21 天（18 ～ 25 天），经产母牛为 20 天（18 ～ 24 天）。发情周期的发生受神经和激素的支配，季节、草料、饲养管理和种公牛等也在不同程度影响发情周期。

母牛开始发情的时候，卵泡作为卵子的载体结构在卵巢上发育起来，这个卵泡受到脑垂体分泌的卵泡激素（FSH）的刺激（通过血流带到卵巢），一旦卵泡发育，母牛就会发情。然后通过血流影响脑垂体停止分泌卵泡激素，并刺激促黄体素（LH）分泌，使雌激素得到释放，当血流里有一定数量的促黄体素和卵泡激素时就会排卵，卵被释放到输卵管里，由于黄体激素的刺激，在卵巢上形成坑或凹陷，在那里着生有称之为黄体的组织，它产生一种称为黄体酮的激素，这种激素是维持妊娠所需要的，如未受孕，则黄体缩小，黄体酮量下降，而卵泡激素再接替它，产生另一次发情周期。

19. 母牛发情周期分哪几个阶段？

根据牛的精神状态、性行为表现、卵巢和阴门的变化及黏液分泌情况，可将发情周期分为发情前期、发情期、发情后期和休情期四个阶段。也可根据卵巢上黄体及卵泡的有无，将整个发情期分为黄体期和卵泡期。

20. 母牛发情有何规律及主要表现是什么？

母牛出现第一次发情后，其生殖器官及整个机体的生理状态发生一系列的周期性变化，这种变化周而复始（妊娠期除外），一直到停止繁殖年龄为止，在性周期循环中，表现出四个生理特点：外阴部变化、性兴奋、性欲、排卵。

（1）外阴部变化。在发情前期到发情期，阴门由微肿而逐渐肿大饱满，柔软而松弛，阴唇黏膜充血、潮红有光泽到排卵后，阴户肿胀消退，缩小而显出皱纹，阴唇黏膜充血、潮红现象消退。在出现性欲前两小时左右，阴户开始排出黏液，随后有大量黏液排出，最初排出的黏液比较清亮像鸡蛋清，可拉成细长丝。排卵前排出的黏液逐渐变白而浓厚。在排卵前后，常见少量带血的分泌物流出，这是由于发情时子宫壁增厚、充血，在发情期子宫发生收缩运动，子宫内子叶的边沿组织微血管破裂，发生血液外渗。

（2）性兴奋。性兴奋是母牛发情时引发全身精神状态的变化。在发情时，母牛比平时过敏，喜哞叫，不安静，尾巴常常摆动并高举，放牧时通常不吃草而乱走，喜欢接近比它高的的母牛。性兴奋强烈的母牛，食欲减少，产乳量也降低。性兴奋的强度青年牛比老年牛强烈，牛的个体不同发情表现也不同。

（3）性欲。在发情前期，母牛的性欲不明显，以后随着卵泡发育、雌激素数量增多而逐渐显著。在母牛群中，爬跨是母牛有性欲的一种表现，发情的母牛愿让别的牛爬跨而不逃走，不发情的母牛被爬跨时，绝大多数拱背逃走，发情母牛爬跨其他母牛时，常有滴尿，并发生低而短的呻吟，这在青年母牛中表现较显著。有些不发情的母牛喜欢嗅发情牛的阴户，但发情母牛从不去嗅其他母牛的阴户，在排卵前8～12小时，性欲逐渐减弱、消失。

（4）排卵。排卵是标志发情已结束，排卵是在性欲结束时到结束后18小时之间发生的，大多数是在性欲结束，母牛拒绝爬跨后8～12小时内。牛多数排卵时间是在深夜22点到次日早晨3点之间。

21. 母牛发情持续期有多长？

母牛发情开始到终止的时间称为发情持续期，平均为17小时，最短的只有6小时，最长的有36小时。这段时间的长短受气候、母牛的年龄、营养状况、品种及使役等因素影响。气温高的季节，母牛发情持续期要比其他季节短。育成母牛发情持续期要比老龄母牛长，饲料不足的放牧母牛要比饲养水平高的舍饲母牛短。

22. 母牛排卵时间有多长？

母牛排卵时间通常发生在发情结束后10～12小时内，母牛的排卵时间与其营养状况有很大关系，营养正常的母牛约75%集中在发情开始后21～35小时之间排卵，而营养水平低的母牛则只有68.%集中在21～35小时之间排卵。

23. 母牛产后多长时间发情？

一般母牛在产后40～104天发情，带犊哺乳、营养、季节等因素对母牛产后发情有不同程度的影响。母牛产后，其子宫需要有一段生理恢复的时间（子宫复原）。子宫要恢复到受孕前的大小和位置需12～56天。经产母牛和难产母牛或分娩时有毛病的牛，如胎衣不下，其子宫复原的时间要长。产后第一次发情的间隔时间黄牛为58～83天。母牛哺乳天数和次数越多，间隔越长；营养差，体质弱的母牛，间隔时间较长；夏季产犊的母牛比冬季产犊的发情快。另外，母牛年龄对产后发情间隔时间也有影响，1.5～2.5岁的青年母牛最长，2.5～7岁最短，7岁以上又延长。

24. 母牛异常发情主要有哪几种？

（1）隐性发情。又叫暗发情，这种发情外部征状不明显，难以看出，但卵巢上的卵泡正常发育成熟而排卵。母牛产后第一次发情、母牛年老体弱或营养状况差时易发生隐性发情。在生产实践中，当发现母牛连续两次发情之间的间隔相当于正常发情间隔的2～3倍，即可怀疑中间有隐性发情。

（2）短促发情。母牛的发情持续期非常短，如不注意，容易漏情，此种现象与炎热的气候有关，多发生在夏季；也与卵泡发育停止或发育受阻有关，年老体弱母牛或初次发情的青年牛易发生。

（3）假发情。母牛只有外部发情的明显征兆，但卵巢上无卵泡发育和不排卵。分两种情况：一种是母牛怀孕后又出现爬跨其他牛的现象，而阴道检查发现子宫颈口不开张，无松弛和充血现象，无发情分泌物，直肠检查能摸到子宫增大和胎儿等特征；另一种是患有卵巢机能失调或有子宫内膜炎的母牛，也常出现假发情。

（4）持续发情。是发情频繁且没有规律性，发情时间超过正常发情周期或明显短于正常发情周期。主要是卵泡发育不规律，生殖激素分泌紊乱所致。又分两种情况：一种是由卵巢囊肿而引起，这种母牛有明显发情征兆，卵巢上有卵泡发育，但迟迟不成熟，不能排卵，而且继续增大、肿胀，甚至造成整个卵巢囊肿，充满卵泡液，并由于卵泡过量分泌雌激素而使母牛持续发情；另一种情况是卵泡交替发育，左右两个卵巢交替出现卵泡发育，交替产生大量雌激素而使母牛持续发情。持续发情时发情持续期延长，有的母牛可以长达3天以上。

（5）不发情。母牛不发情原因很多，有些是营养不良或气候因素，有些是母牛生殖器官先天性缺陷，有些是母牛卵巢、子宫疾病或其他疾病。此外产后哺乳期母牛一般发情较迟，对不发情母牛应仔细检查，从加强饲养管理和治疗疾病两方面采取措施。

25. 影响母牛发情的因素是什么？

（1）品种。不同种的牛或相同品种不同的牛，初情期的早晚及发情的表现均不同。一般情况下，大型品种牛初情期及发情的表现晚于小型品种的牛，地方品种的牛初情期及发情的表现晚于外来品种的牛。

（2）自然因素。由于自然地理环境因素的不同，不同的牛种或相同品种的牛经过长期的自然和人工选择，形成了各自的发情特征，虽然这种特征随着饲养方式的改变已经发生了很大的变化，但自然环境因素的影响还能表现出来。母牛发情持续时间长短亦受气候因素的影响，高温季节，母牛发情持续期要比其他季节短，因为在炎热的夏季，母牛除卵巢黄体正常分泌黄体酮外，肾上腺皮质也分泌黄体酮，导致发情持续期缩短。放牧饲养的母牛，当饲料不足时，发情持续期也比农区饲养的母牛短。

（3）营养水平。营养水平是影响牛初情期和发情表现的重要因素，自然环境对母牛发情的影响，在一定程度上亦是因营养水平的变化所致。一般情况下，良好的饲养水平可以增加牛的生长速度，提早牛的性成熟，也可以加强牛的发情表现。在良好的饲养管理条件下，牛的健康生长，有利于牛的性成熟，高营养水平的牛与低营养水平的牛比较，前者可以使牛的初情期提早6～9个月。秦川母牛在较好的饲养条件下，平均在9月龄（270天）即进入性成熟期，而在饲养水平较低的情况下，初情期可能要晚3～6个月。牛自然采食的饲料中，可能含有一些物质，影响牛的初情期和经产牛的再发情。如存在于豆科牧草（如三叶草）中的植物雌激素，就可能影响牛的发情特征。我国传统在早春季节利用某些植物给动物催情，即是利用植物雌激素的例证。

（4）生产水平和管理方式。过度肥胖的牛，发情特征往往不明显，可能与激素分泌有关，因此，在生产上应避免母牛产后恢复发情的时间间隔与牛饲养管理措施有关。营养差、体质弱的母牛，其间隔时间也较长；肉牛产前、产后分别饲喂低、高能量饲料可以缩短第一次发情间隔，如产前喂以足够能量而产后喂以低能量，则第一次发情间隔延长；有一部分牛在配种季节不发情，这部分牛倘要提前配种，必须尽可能采取措施（提早断奶等）让牛提前发情。

26. 母牛发情鉴定的方法是什么?

发情鉴定的目的是把发情的母牛找出来，不失掉配种时机；确定最适宜的配种时间，以求减少配种次数，提高受胎率。常用以下几种鉴定方法。

（1）外部观察法。主要根据母牛的外部表现和精神状态来判断发情的状况。母牛站在运动场上，主要看爬跨的情况，在发情前期，母牛表现不安，盯住其他母牛进行爬跨，从阴道中流出透明的黏液，但不让其他母牛爬跨。到发情中期，性欲旺盛，被爬而不动，阴道流出的黏液半透明，而且量多。到发情后期接近排卵时，母牛又表现逃避爬跨，却还要去爬跨其他母牛，阴道流出的黏液，黏性和透明度都比中期稍差。不发情母牛也会爬跨，要加以区别。例如，怀孕初期或怀孕中期的牛，也有少数被爬而不动的，但这种牛外阴户收缩，有皱纹，无水肿，无牵丝状黏液，有时虽有少量黏液流出，厚而不透明；阴雨天长期关在舍内，天晴后初次放出，出圈因兴奋而相互爬的，但约过1小时，不发情母牛就安静躺卧休息。若在舍外没及时发现被爬母牛，还可根据后躯有无被爬过的泥迹，牛的阴户肿胀、充血等现象来识别。雨天在舍内,可根据母牛的表情、食欲、产乳情况和阴户的变化来鉴定。

（2）试情法。利用公牛试情，根据母牛的性欲表现来判断发情的状况，通常将输精管结扎的公牛置于母牛群中，用它来挑选发情母牛，准确率比较高。

（3）阴道检查法。用开膣器打开阴道，检查阴道及子宫颈，根据黏膜的充血肿胀程度、黏液的数量、颜色、黏性及子宫口开张度来判断母牛发情的阶段。

（4）直肠检查法。把手伸到母牛直肠内，隔着直肠壁触摸卵巢和卵泡发育程度，判断母牛发情的阶段，可以鉴定母牛是真发情还是假发情，还可以诊断母牛子宫是健康还是疾病状态。进入发情期的母牛，有不少母牛卵巢上虽然有成熟卵泡，也能正常排卵、妊娠，但其外部发情表现却很微弱，甚至无发情表现，易造成漏配。

以上四种方法中，以直肠检查法为最可靠，是确定适时配种的最好依据。但母牛的发情持续期较短，卵泡较小，直检时要沉着仔细，多加实践，结合综合观察，以免判断错误。

27. 公母牛的初配年龄是多大?

正确掌握幼牛初次配种年龄，不仅可以充分发挥个体的生产性能和提高繁殖能力，而且对改进牛群质量有着重要的意义。幼牛的初配年龄，应从个体生长发育的情况、不同用途、不同品种、不同年龄和不同体重等方面综合确定，一般公母黄年为2～2.5岁，公母水牛2.5～3岁。生长发育特别好的母牛，体重达成年母年70%～80%，可适当提前配种。

28. 公母牛配种过早的主要危害是什么?

母牛配种过早，不仅影响本身生长发育，而且所生犊牛初生重小，体质弱，不易饲养，容易发生难产，产后泌乳和役力都受影响；配种过迟，不但对繁殖不利，而且易使母牛过肥而不易受胎。种公牛配种过早，不仅影响本身健康和发育，其后代生产性能下降，睾丸早期的强烈活动，会引起性机能早衰，缩短种公牛的利用年限；配种过迟，饲养成本高，并易引起自淫、阳痿等病症而影响配种效果。

29. 母牛的配种方法有哪几种?

母牛配种方法有自然交配和人工辅助交配两种。

30. 什么叫自然交配?

自然交配是在群牧中让公牛和母牛自行直接交配，是原始的交配方法，容易野交乱配，这种配种方式又称自由交配或群体本交。是按一定公、母牛比例，同群放牧饲养，一般公、母牛比例为1 ∶ 20，最多1 ∶ 30，母牛发情时便与同群的公牛自由进行交配。采用自然交配的公牛要经过选择，不适于种用的公牛应去势。公、母牛要分群放牧，防止早配，公牛和与配种母牛注意血缘关系，防止近交衰退现象，在实际当中已很少采用。

31. 自由交配的优点和缺点是什么?

优点是可以节省人力物力，也可以有效减少发情母牛的失配率，适合小型牛场。

缺点是公、母牛混群放牧饲养，配种发情季节，性欲旺盛的公牛经常追逐母牛，影响采食和上膘，公牛需求量相对较大，1头公牛负担15～30头母牛，不能充分发挥优秀种公牛的作用，特别是在母牛发情集中季节，无法控制交配次数，公牛体力消耗很大，将降低配种质量，也会缩短公牛的利用年限。由于公母混杂，无法进行有计划的选种选配，后代血缘关系不清，并易造成近亲交配和早配，从而影响牛群质量，甚至退化。不能记录确切的配种日期，也无法推算分娩时间，给产犊管理带来不便，易造成意外伤害和怀孕母牛流产，由生殖器官交配接触的传染病不易预防控制。

32. 什么叫人工辅助交配?

人工辅助交配是平时将公母牛分开饲养，经发情鉴定把发情母牛从牛群中选出来和选定的公牛交配。这种方法克服了自由交配的缺点，有利于选配工作的进行，防止近亲交配和早配，减少了公牛的体力消耗，有利于母牛群采食抓膘，能准确记录配种时间，做到有计划地安排分娩、接产和产犊管理等。人工辅助交配的缺点，要对母牛进行发情鉴定、试情和牵引公牛等，花费的人力、物力较多，在牛群数量不大时采用。

33. 什么叫人工授精?

人工授精是使用器械采集公牛的精液，再用器械把经过检查和处理后的精液输入到母牛子宫内，以代替公、母牛自然交配繁殖后代的一种繁殖技术。输精是人工授精技术的最后一个环节，适时地把一定数量的优质精液准确地输入到发情母牛的生殖道相应部位，并在操作过程中防止污染，是保证人工授精具有较高受胎率的重要环节，目前已广泛应用在肉牛生产中。

34. 人工授精的优点是什么?

（1）提高优良种公牛的种用价值。人工授精加快了优良性状的传递，扩大了传递范围，这对加速牛种改良、迅速提高养牛业生产水平起了很大作用。从优良种公牛采出的精液，若只利用新鲜精液，浪费很大。将采集的精液按照人工授精技术规范做好相关处理，进行冷冻保存，可以大大增加精液的利用率，更重要的是为加速黄牛改良提供了一条多快好省的技术措施。

（2）人工授精可以大大减少种公牛饲养头数，节约饲料和管理费用。

（3）人工授精不受时间、地域及公牛生命的限制。冷冻精液由于保存时间很长，可以远距离运输，公牛死后仍贮存有其冷冻精液，可供繁殖后代。

（4）人工受精避免了因自然交配公母牛互相接触传染疾病。

（5）人工受精克服了因自然交配公母牛体格相差太大不易交配或生殖道异常不易受胎的难题。

35. 牛冷冻精液制作与保存方法是什么?

（1）采精。要选最优秀的种公牛，采用假阴道法在宽敞明亮的室内进行采精。

（2）稀释。将经过检查合格的精液（活力0.6以上、精子密度中等）按1∶5～1∶2进行稀释，其稀释原则应保证每个颗粒精液中所含精子数不少于3 000万～4 000万个，解冻后呈直线前进运行的精子不少于1 500万个。

（3）制粒。在装有液氮的容器上置一铜纱网，距液氮面2厘米左右，使温度维持在：-80～-100℃。将稀释后的精液用滴管按一定量（0.1毫升）滴于铜纱网、滴完最后一滴停3～5分钟后，当精液颗粒颜色变白时，立即浸入液氮，并将全部颗粒取下，收集于贮精瓶或纱网布袋内。

（4）贮存。将制好的颗粒收集于贮精瓶或纱网布袋内，并做好标记，然后立即移入液氮罐中贮存，根据液氮罐的性能要求，定期添加液氮，罐内盛装冻精的提筒不能露在液氮面之外。

36. 牛冷冻精液稀释方法是什么?

（1）稀释液的配制。12%的蔗糖液75毫升、甘油5毫升、卵黄液20毫升。

（2）取精。尽可能用长镊子，切勿将提筒或纱网布袋提到临界线以上（罐顶10厘米左右）。从液氮中取出细管冻精时，要轻轻甩1～2下。

（3）解冻。将预先配制好的1毫升稀释液，放入干净的小试管中，再置于40℃左右的温水杯中，迅速取1粒冻精颗粒放入试管，轻轻摇动至化冻时，从水杯中取出试管，接着检查精液活力。若为塑料细管，将棉塞端放入35～40℃的温水中，把封口端1～1.3厘米留在水外，待管内精液融化一半时，立即取出备用。解冻后的精液镜检时，精子的活力不低于0.3，解冻后的精液应立即输配，不宜停放时间过长，应做到现解冻、现输精。

37. 牛人工授精前应做哪些准备?

（1）输精器械的准备。目前牛的冷冻精液人工授精普遍采用细管精液（0.25毫升或 0.5 毫升），所用的器械（输精抢）的主件部分由金属制成，0.25 毫升和 0.5 毫升的细管可以通用，其结构比较简单，由钢筒和钢挺两部分组成，其工作原理和注射器相似，主件部分不和精液直接接触，一般不需作严格的消毒处理，只是在每次用后用酒精棉球拭即可。

（2）场地及母牛的准备。在牛场都设有配种室，有供保定母牛用的配种架，为保证配种工作的顺利进行，最好是将与配母牛牵入配种架内进行，并对与配母牛进行外阴部的清洗消毒。对散养母牛也可在牛栏进行，但必须注意对与配牛的保定，特别要注意外阴部的清洗消毒工作，不能因条件简陋而省略。

（3）精液的准备。目前牛的人工授精多采用冷冻精液，精液解冻后活力应高于 0.3，方可输精。细管精液的解冻后棉塞端向内装入输精抢钢筒部分，然后用细管剪剪去封口端，注意剪得不能过短，应高出钢筒口部，接着将软外套的出精口紧密结合，将其锁紧，否则会在推出精液时导致精液倒流，最后装上钢挺，不要使钢挺插入过深，应留有一个细管的长度。注意在安装硬外套时不要将其脱出软外套，以防止硬外套受到外界污染。

（4）输精人员的准备。输精人员要穿工作服，手指甲要剪短磨光，佩戴长臂手套。

38. 人工授精前后应注意哪些问题?

（1）做好发情鉴定，做到适时输精和防止误配、漏配。

（2）保定后将发情母牛外阴部用温水或生理盐水洗净擦干。

（3）输精用具在使用前必须彻底洗涤，严格消毒，最后用稀释液冲洗。玻璃或金属输精器可用蒸汽、75% 酒精或放在高温干燥箱内消毒。

（4）输精员的指甲需剪短、磨光、洗涤、消毒，并涂以稀释液或生理盐水作润滑剂。

（5）常温或低温保存的精液，需升温到 35℃左右方可输精。

（6）输精前对所用精液均应检查活力。

（7）输精后在母牛背腰上捏一把，并立即驱赶运动，防止精液倒流。

（8）输精后应做好记录，以便按期进行妊娠检查和合理的饲养管理。

39. 给牛输精的时机和方法是什么?

（1）输精时机。发情母牛的适宜输精时机要采取综合判定，既要考虑发情的时间，又要观察母牛的性欲变化、外阴部及黏液状态，还要检查卵泡的发育状况。一般母牛在接受爬跨后 8 ～ 12 小时，进行第一次输精，这时母牛性欲稍退，开始拒绝接受公牛或其他母牛的爬跨，阴道流出的黏液量减少，透明稍掺杂一些白色丝状物，黏性增强，牵之成丝，外阴部充血肿胀稍退，下部出现皱纹。直肠触摸卵泡直径 1.0 ～ 1.5 厘米，呈小球状波动明显，弹性较强，有一触即破之感，间隔 8 ～ 12 小时进行第二次输精，最好检查卵泡是否排卵，若排卵了就不必进行第二次输精。

（2）输精方法。牛的输精目前普遍采用直肠把握法，输精员戴长臂手套伸入直肠内，排出宿粪后，先摸找并稳住子宫颈外端，由助手将阴门向后提，阴道形成一个空腔或用肘压开阴裂，另一只手将戴有软外套的输精器插入阴道，先向上倾斜避开尿道外口，再转平直向子宫颈口，当枪头顶到子宫颈外口时撕破软外套，使枪头从软外套的前端顶出。然后，两只手协同操作，将输精器轻稳缓慢地通过子宫颈螺旋皱褶，当输精器通过子宫颈后，徐徐地把精液输入子宫颈内，最后把输精器拔出。整个输精过程要做到适深、慢插、轻注、缓出、防止精液逆流。此法的优点是用具简单，操作安全，不易感染，是目前牛冷冻精液输精唯一可靠的方法。

（3）输精部位。是在子宫颈内口1厘米处即子宫体基部，过浅易导致精液外流，过深易损伤子宫内黏膜。

（4）输精次数。以1～2次为宜。可在发情母牛发情高潮后，黄牛在发情高潮后6～12小时，水牛在发情高潮后18～20小时进行第一次输精，间隔8～12小时再进行第二次输精。

40. 细管冻精与颗粒冻精相比各有什么优缺点？

细管冻精的优点是不易污染，便于标记，适于机械化生产，输精时解冻方便等。缺点是成本较高，需专用设备制作，输精时要用特制的金属输精器等。颗粒冻精的优点是制作设备简单，操作方便，便于贮存，输精时可用普通输精器，但存在制作和保存过程中容易被污染，标记困难，解冻时需要解冻液等缺点。

41. 人工授精提高母牛受胎率的关键环节是什么？

（1）冷冻精液颗粒源头质量有保障。冻精颗粒要符合质量标准，确保精子活力，剂量为每粒0.1±0.01毫升，解冻后精子活力不低于0.3，每颗粒含直线前进运动精子数不低于1 500万个。冻精颗粒每个包装50～100粒为宜，应加注公牛品种、名号、冻结日期等标记。

（2）冷冻精液颗粒保存有保障。人工授精配种员必须掌握冷冻精液的运输、保存、提取、解冻、镜检等一系列处理技术操作要领，应熟悉每 容器冻精颗粒贮存器的空重，装满液氮时的重量，定时称重，容器内液氮不足原容量1/3时即应补充，冻精颗粒最好处于浸泡状态。贮存过程中，如发现液氮消耗显著增加，或容器外壳挂霜，即应将冻精颗粒的提筒或冻精包移到另外的容器内，尽量减少开盖的时间，防止异物进入容器内和增加液氮的消耗。

（3）冷冻精液颗粒取用方法正确。冷冻精液颗粒取用不可将提筒或冻精包提出容器外，只能提到容器颈部。如经15秒钟，尚未取放完毕时，应将提筒放回，经液氮浸泡一下再继续提取。贮存的冻精需向另一容器转移时，在容器外部停留的时间不得超过5秒钟，如需时间较长，应在广口液氮容器中浸泡状态下进行处理。

（4）冷冻精液颗粒贮存器质量可靠。冻精颗粒贮存的成败与受胎率有直接关系，贮存器每年至少应彻底清理一次，清理时将全部液氮倒空，经两天，容器内温度上升至0℃以上时，以40～50℃温水洗刷干净，倒置（或轻擦拭），用40～50℃热空气吹干后，再注入液氮使用。不再继续使用的贮存器，应将液氮倒出，恢复至室温后立即清洗。

（5）母牛发情鉴定准确。饲养员应及时发现发情母牛，进行发情鉴定要准确无误，人工授精配种员应准确掌握输精时机，并按技术规范严格操作确保受胎，同时搞好母牛妊娠鉴定，防止空怀失配。

42. 母牛妊娠后的主要表现是什么？

胎儿在母体子宫内“着床”后，靠母体血液的营养生活，母体逐渐发生变化，来适应这种情况。通常看到母牛配种后，不再发情，性情温驯，食欲增强，膘肥丰亮等妊娠征状，了解这些变化，不但可以鉴定母牛是否妊娠，也有利于做好保胎。

母牛妊娠后，首先是卵巢内形成妊娠黄体，它能分泌一种保胎的物质——孕激素（黄体酮），使子宫松软，分泌子宫乳，抑制子宫收缩，使子宫更有利于受精卵着床和胎儿安全生长发育，并且可以抑制新的卵泡成熟，使母牛不再发情。但母牛有未怀孕黄体不消失而不再发情的“假妊娠”现象，在妊娠检查时，应特别注意。孕激素还能刺激乳房腺泡生长，使乳腺发育，准备分娩后泌乳。初产的母牛在妊娠三四个月后，可看到乳房及乳头逐渐增大，七八个月以后膨大得极为明显，分泌初乳。由于胎儿发育长大，子宫体积逐渐增加，并把内脏挤向右腹侧，引起消化、循环、呼吸及排泄等生理机能发生变化，使牛体外部表现呼吸变为浅快，排粪排尿次数增多，分娩前母牛的尾根两侧下陷，外阴部肿胀、潮红等，有的母牛下肢及腹下侧有浮肿现象。妊娠中期乳静脉变粗、后期阴户肿胀松软，右腹围增大下坠，乳房胀大，乳头发硬，临产一月荐椎位置下移，尾根两侧明显凹陷。

妊娠牛代谢机能增强，对饲料利用能力提高。在妊娠前期母牛体内营养物质积累较多，故显得肥胖，被毛光亮；到妊娠后期，由于胎儿发育较快，需要的养分和氧气量大需要营养较多，如果母牛营养不足就会再现消瘦现象，如果饲喂不当也容易造成流产。

43. 牛的妊娠期是多长？ 影响妊娠期长短的主要因素有哪些？

母牛妊娠期是指以最后一次配种到胎儿出生时为止的天数。一般为270～285天，平均280天。妊娠期的长短，依品种、个体、年龄、季节以及饲养管理条件的不同而异。一般早熟品种比晚熟品种短，乳用牛比肉用牛短，黄牛比水牛短，冬春分娩的牛比夏秋分娩的妊娠期长，平均差异3天左右，饲养管理条件较差的牛妊娠期较长。

44. 怎样计算母牛的预产期？

准确推算母牛的产犊日期，对于及早做好产前准备工作非常重要。其推算方法是：最后一次配种的日期，加上平均怀胎天数，为了推算简便，一般采用“月减3日加6”的推算公式，即配种的月份减去3，日期加上6，便为预产期。例如一头母牛最后一次配种时间为2016年8月15日，其预产期为2017年5月21日。另一头母牛最后一次配种时间为2016年1月29日，其预产期为2016年11月4日（月份1+12−3=10月，日期29+6=35，10月为31天，就是11月4日）。

45. 怎样做好母牛的保胎工作？

（1）科学饲养。母牛妊娠后，营养需要量增加，如果母牛瘦弱，草料营养不足，尤其是饲料品质低劣时，就会影响胎儿发育，造成胎儿死亡、流产，因此应保证妊娠的营养需要，要饲喂含蛋白质、维生素、矿物质丰富的饲料。放牧饲养时，将妊娠后期的母牛同其他牛群分别组群，单独放牧在附近的草场，为防止母牛之间互相挤撞，放牧时不要鞭打驱赶以防惊群，雨天不要放牧和进行驱赶运动，防止滑倒，不要在有露水的草场上放牧，也不要让牛采食大量易产气的幼嫩豆科牧草，不采食霉变饲料等。

（2）精心管理。母牛在妊娠期，特别是后期，体重、腹围迅速增大，行动迟缓，如管理不当，易引起流产、早产。舍饲妊娠母牛配种受胎后，应专槽饲养，以免与其他牛抢槽，做好防寒保暖，严防惊吓、滑跌、挤撞、顶架等。圈舍应清洁干燥，牛体应经常刷拭，保持卫生，并要适当进行运动，以免过肥或运动不足。要注意对临产母牛的观察，及时做好分娩助产的准备工作。若母牛怀孕前期阴道流出黏液，不断回头看腹部，起卧不安，后期乳腺肿大，拱腰尿频，腹痛明显，胎动停止，则是流产预兆，要及时处治。

46. 母牛分娩前有什么表现?

（1）精神表现不安。食欲减少或废止，时卧时起，频频排尿，有时举尾，腹痛而回头顾腹。临近分娩的母牛尤其是初产牛会有不安表现，起卧频繁、不断徘徊运动、尾根翘起、不时弓背做排尿姿势，不时舔舐自己腹侧或摇动尾巴。在放牧条件下接近分娩时母牛会从牛群中离开，为避免与其他牛发生冲突，通常会寻找一处安静、不受打扰的地方。

（2）尾根处凹陷。怀孕母牛在产前1～2周就开始出现尾根两侧凹陷，产前1～2天，凹陷程度更明显。

（3）阴门肿胀。产前约一周母牛阴唇逐渐松弛，肿胀增大，阴道黏膜潮红，分娩前1～2天从阴道流出透明索状的黏液。

（4）乳房变化。在母牛怀孕后期（5～7个月）乳房逐渐胀满，临产前可挤出乳汁，有的乳汁随牛的卧地会自动流出。

47. 母牛分娩前应做哪些准备工作?

母牛出现分娩征兆后，要及时做好接产准备工作，备好碘酒、酒精棉球、高锰酸钾、干毛巾、剪刀、结扎脐带用的缝线等接产用具及消毒用品。牛舍地面铺上清洁、干燥的垫草，保持舍内安静，取掉母牛的缰绳，让牛自由活动。临产前用0.1%的高锰酸钾溶液清洗外阴周围体表、乳房和尾根部等。当胎膜小泡露出后约10～20分钟，母牛多卧下，应让其向左侧卧，以免胎儿受瘤胃压迫难以产出。

48. 牛分娩过程分哪几个阶段?

母牛在分娩时有站立和卧位两种姿势，分娩过程通常可以划分为三个阶段。

第一阶段为开口期。从阵痛开始到子宫颈口开张和阴道界限消失为止，需要2～6小时。阵痛开始时母牛会发出痛苦的声音，随着阵痛、子宫收缩的频度和强度的增加，尾巴会逐渐上举，包裹胎水和胎儿的胎膜向子宫颈口扩展前行，形成胎胞，胎胞逐渐扩大将子宫颈口全部打开和阴道一起形成产道。

第二阶段为胎儿产出期。从子宫颈口完全开张到胎儿排出为止需要0.5小时，随着阵痛的加剧胎胞逐渐增大，涌入产道及阴门外，导致尿膜破裂尿水流出（第一次破水），尾巴进一步高举，然后随着胎儿的进一步排出，胎膜破裂胎水流出（第二次破水），胎水的排出润滑了产道，有助于胎儿的排出。此阶段牛烦躁不安、呼吸和脉搏加快，脉搏达到80～130次/分钟，最后侧卧，四肢伸直，强烈努责。当胎膜囊随着胎儿进入骨盆内口，便引起膈肌和腹肌反射性和随意性收缩，在胎儿排出的过程中，在产道扩张的刺激下导致脑垂体神经叶分泌大量的催产素，使子宫收缩增强，结果使胎儿和一部分胎膜娩出，胎儿娩出后母牛开始舔舐犊牛，舔舐可促使胎衣排出及促进母牛泌乳，也可迅速建立母子感情。有个别牛不舔舐犊牛，这时应人工辅助将犊牛体表的黏液涂抹于母牛的鼻嘴周围，这样很快能奏效。

第三阶段为产后期。自胎儿排出后到胎衣完全排出为止，需要 6 ～ 12 小时，胎儿娩出后脐带断裂，胎盘的血行停止，绒毛萎缩，母、子胎盘分离，胎儿胎盘和胎膜两者合称胎衣，随着子宫的急速收缩和产后阵痛而排出，由于牛的子宫阜肌纤维欠缺，收缩无力，胎衣的排出需要时间，产后经 12 小时胎衣仍没排出属胎衣不下或称胎盘停滞，需药物治疗或手术剥离，否则会导致子宫内膜炎，严重时可引发败血症致死。

49. 如何正确给母牛接产？

胎儿头、鼻露出后（正产），如羊膜未破，可以用手扯破，并及时用毛巾擦洗其黏膜，防止进入胎儿鼻腔，如果发生难产，应先将胎儿顺势推回子宫，矫正胎位，不可硬拉。倒生时，当两腿产出后，应及早拉出胎儿，防止胎儿腹部进入产道后，脐带可能被压在骨盆底下，造成胎儿窒息死亡。在拉出胎儿头时，要有一人用手保护阴唇及会阴部，以免发生子宫内翻或脱出。胎儿正常产出，一般需 0.5 ～ 4 小时，初产牛的胎儿产出过程较长，更应仔细看管。

50. 造成母牛生理性流产的主要因素是什么？

（1）胎儿畸形。因胎儿畸形无法正常发育下去，中途死亡，导致妊娠中途流产。

（2）牛体内生殖激素代谢发生紊乱，子宫发生异常收缩，失去保胎能力。

51. 造成母牛外源性流产的主要因素是什么？

（1）应激反应。如突然惊吓，喂冰冻饲料、霜草，饮冰水，气候骤变寒冷，突遭雨淋等刺激。

（2）疾病因素。如母牛患布氏杆菌病、胎儿弧菌病、毛滴虫病及钩端螺旋体、子宫内膜炎、子宫松弛、卵巢功能不全等疾病。

（3）营养不良。如草料品质不佳、母体瘦弱，碳水化合物、蛋白质、脂肪、维生素和矿物质等缺乏。

（4）管理不当。如牛舍拥挤、互相角头、粗鲁的直肠检查、误配、碰伤、滑倒、跳跃等。

（5）饲料中毒。如饲喂发霉腐败的饲料引起的中毒等。

（6）药物使用不当。大剂量服用泻剂、利尿剂，驱虫药、子宫收缩药、催情药使用不合理等。

52. 母牛产后为什么要喂给温热麸皮盐水？

喂给温热麸皮盐水汤，可以补充母牛分娩时体内水分的损耗，帮助维持体内酸碱平衡，增加腹压和帮助牛恢复体力，冬天还起暖腹、充饥作用。母牛产犊后，应及时喂给温热麸皮盐水汤，即麸皮 1.5 ～ 2 千克，盐 100 ～ 150 克，溶于用温水中，麸皮撒在水面上。

53. 母牛产后多少天开始发情？

母牛经过妊娠、分娩，生殖器官发生了迅速而剧烈的变化，在产后重新发情，生殖器官要有一个复原的过程。子宫复原大约 9 ～ 12 天，期间有大量分泌物排出，最初为红褐色，以后变为黄褐色，最后变为无色透明，这种分泌物叫恶露，恶露排尽的时间为 10 ～ 12 天，此时子宫已复原，但子宫内膜的完全恢复则需 40 天左右，母牛卵巢上的黄体在产后逐渐萎缩、吸收，新的卵泡开始发育而出现发情。因此，产后第一次出现发情时间较晚，一般在产后 40 ～ 45 天发情，有的母牛在产后 25 ～ 30 天开始发情，但发情表现不明显，呈安静发情。

54. 母牛产后多少天可以配种?

母牛产后适宜配种时间的确定，既要有利于提高牛的受胎率，又不影响母牛的健康，并能使母牛持久而正常的生产，一般在产后 45 ～ 50 天发情时配种为宜，如产后 50 ～ 60 天母牛还没有发情，应请配种技术人员从母牛的健康、营养状况、卵巢和子宫等方面进行检查和诊治，预防不孕。

55. 牛繁殖方面常说的“三率”分别是什么?

（1）受配率。表示一年内牛群参加配种的母牛数占该群所有适繁母牛数的百分率，反应牛群内繁殖母牛的发情、配种及管理状况。用公式表示为：受配率 =（年内与配母牛数 / 年内存栏适繁母牛数）×100%

（2）受胎率。包括总受胎率、情期受胎率，反映配种效果和配种水平。用公式表示为：受胎率 =（年内受胎母牛数 / 年内与配牛的数）×100%

（3）犊牛成活率。本年度内断奶时成活的犊牛数占该年内产犊总数的百分比，反映犊牛培育的成绩。用公式表示为：犊牛成活率 =（年内成活的断奶犊牛数 / 年内产犊总数）×100%

56. 怎样提高牛繁殖的“三率”?

（1）加强营养。营养不良是影响母牛繁殖三率的重要因素之一，因此，要尽量满足牛对各种营养物质的需要，特别是越冬季节，要补充豆浆、玉米等精料，不致因营养水平太低而严重消瘦，造成不发情或其他疾病。但也要避免营养水平过高，养得过肥，母牛过肥会导致卵巢脂肪过多，影响卵泡成熟和排卵，公牛过肥则睾丸的机能退化，还影响成熟的精子，同样造成不育。

（2）精心管理。排除漏配、误配是提高繁殖三率的关键，在管理上对每头母牛要仔细观察发情表现，并做必要的记录，特别是对产后母牛，要在产犊 40 天左右注意观察发情表现，避免漏配。同时要加强对妊娠母牛和小犊牛的管理，减少流产、死胎和犊牛死亡。

（3）提高配种技术。配种技术人员要多参加新技术培训，提高业务水平。在输精过程中，要严格遵守技术操作规程，消毒要严格，输精部位要准确无误。

（4）及时防治生殖器官疾病及传染病。注意预防严重影响繁殖的传染病，如子宫内膜炎、阴道炎、卵巢疾病，布氏杆菌、结核病等，严格执行防疫、检疫和各项卫生措施，对患有生殖器官疾病及传染病的牛需要及时诊治或淘汰。

57. 造成牛群繁殖率不高的主要因素有哪几个方面?

（1）营养不良。营养不足会造成牛生长发育缓慢，生殖器官发育受阻，性成熟延迟，性周期不规律，从而导致繁殖力低下，对于妊娠牛，营养不良还会造成流产和死胎增加。对成年牛，会引起发情不正常，发情症状不明显，发情期紊乱，排卵不正常而难配难怀。

（2）配种技术不熟练。如人工授精的操作不科学、不卫生，配种时机把握不准，直肠检查技术不熟练，冷冻精液制作的质量不高等都会影响繁殖力。

（3）生殖道及器官的疾病。如子宫炎、卵巢疾患、阴道炎、布氏杆菌、结核病等。

（4）管理不合理。如对发情母牛发现不及时，对妊娠牛、小犊牛饲养管理条件差等，都可能影响繁殖力。

58. 母牛难产的主要因素是什么？

母牛产前不能站立、产力不足、胎儿过大、产道异常及胎位不正常，多见于初产牛，老弱牛，营养不良、缺乏运动的牛，均可导致难产。

59. 母牛难产救助的方法是什么？

难产时为保证母牛和胎儿的平安，必须进行人工助产。临产前用0.1%的高锰酸钾或新洁尔灭溶液洗净、消毒外阴部及后躯，临产时要注意观察，特别对初产牛和老龄牛，子宫收缩开始第一次破水后2小时仍不见胎囊，或第二次破水后不见前肢者为难产。遇上胎儿头、鼻露出后羊膜未破，可以用手扯破。阵缩无力胎儿不易产出，要抓住两前肢，并将手伸入阴道，大拇指插入胎儿口角，捏住下颚，配合母牛努责用力拉出胎儿，或用产科绳拴住胎儿的两个前肢，随着母牛的努责拉出，这时助产者手伸入产道把头诱导出产道。倒生时更应及早拉出胎儿，在拉出胎儿头时，要有一人用手捂住阴唇及会阴部，避免阴门撕裂。

如果胎位不正发生难产、应先将胎儿在母牛努责间歇期用手顺势推回子宫，然后矫正胎位使其产出，不可硬拉。在胎儿前半身出来，后半身未出来时，可把胎儿转90° 拉出。如果胎儿被产道卡住，关节曲折不能产出时，要及时请兽医处理，为保证母牛今后的繁殖力，在助产特别是使用器械时，要避免产道感染和损伤。难产时若很长时间不能产出，产道会变得干涩，若强制拉出会损伤产道，引起母牛子宫破裂或子宫脱落等，若此时助产，应向产道内灌注大量润滑剂，如肥皂水或油剂等。若产程超过8小时，胎头大于骨盆直径，或产道狭窄等情况助产就没必要，应尽快剖宫产（见“七、牛疾病防治”）。

60. 产后母牛如何进行护理？

（1）围产前期。此阶段是以母牛保健为中心，逐渐由粗饲料为主的饲喂模式向精饲料模式过渡，激发免疫系统，减少疾病与产后代谢病的发生，减少产后因日粮结构改变对母牛产生的应激，调整日粮结构平稳过渡，在日粮中要有足够的维生素和微量元素，提高初生犊牛的健康水平、成活率，降低乳腺炎、胎衣不下和产后瘫痪的发生，提高母牛的繁殖率。分娩前2周可逐渐增加精饲料，但最大喂量不得超过体重的1%，禁止喂甜菜渣，适量减少其他糟渣类饲料，临产期母牛应给予营养丰富、品质优良、易于消化的饲料，产前半个月，将母牛移入产房。

（2）围产后期。即泌乳初期，这个时期母牛刚分娩，体质比较虚弱，对疫病抵抗力降低，产前过于肥胖的母牛消化机能减退，产道尚未复原，乳房水肿尚未完全消退，容易引起体内营养供应不足。这一时期主要目标是尽量克服干物质采食量降低和能量负平衡的程度，及时调控并观察，尽可能缩短泌乳前期能量负平衡时间和失重期，尽快恢复体质，减少代谢病的发生，提高牛日粮营养水平，适应低采食量情况下的实际需要，减少体况损失。

61. 牛繁殖新技术主要有哪几个方面？

（1）同期发情。牛同期发情是利用激素制剂，人为地控制并调整一群母牛发情周期的过程，使之在预定的时间内集中发情，以便有计划地合理组织配种。实现母牛发情周期化的途径是注射外源性激素，溶解黄体，中断黄体期，促使一群母牛卵泡同时开始发育而发情、排卵和配种。

（2）诱导发情。为了使母牛的泌乳乏情期缩短、病理性乏情母牛正常发情排卵或青年母牛提前达到性成熟，利用外源性促性腺激素，诱导母牛正常发情、排卵和配种。

（3）胚胎移植。是同期发情技术的延续和发展，指将一头良种母牛配种后的早期胚胎取出，移植到另一头生理状态相同的母牛体内，使之继续发育成为新个体，俗称“借腹怀胎”。胚胎移植是充分发挥优良母牛的繁殖力的有效方法，为了克服牛的胚胎在低温或常温条件下仅能存活几个小时的缺陷，将胚胎制成冷冻胚胎，长期保存和运输。

62. 母牛到繁殖年龄不发情怎么办？

性成熟的早晚除了与品种、性别等遗传方面有关外，气候、营养状况、管理水平也与之有很大关系。幼牛在生长期若营养不良，则性成熟就比营养状况良好的母牛要晚发情几个月，因而在发情年龄不表现发情，或由于先天疾病的原因也可能性成熟推迟。加强幼牛的饲养管理，提高饲料营养水平，多补饲一些富含维生素 A、E 的青绿饲草，要保证日粮的蛋白和能量水平，培育体质健壮的后备母牛，使其进入正常繁殖。

63. 母牛产后胎衣不下如何处治？

母牛在正常产出胎儿后 12 小时仍未排出胎衣者叫胎衣不下，这时应采取以下处治措施。

（1）西药治疗。可一次静脉注射 10% 氯化钠 250 ～ 300 毫升，25% 安钠枷 10 ～ 12 毫升，每日 1 次。在产后 24 小时内 1 次注射垂体后叶素 100 单位或麦角新碱 15 ～ 20 毫升，促使子宫收缩，排出胎衣。也可向子宫内一次注入 10% 氯化钠 1 500 ～ 2 000 毫升，促使胎衣胎盘脱水收缩，脱离母体胎盘。为防止胎盘腐败，可用土霉素或四环素 2 克、金霉素 1 克溶于 250 毫克蒸馏水中，向子宫内一次灌注，隔日一次。

（2）手术剥离。采取以上措施仍不能排出胎衣时，则需手术剥离，术者剪好指甲，磨光，手臂洗净消毒，涂上润滑剂，沿胎膜与阴道壁之间伸入子宫内剥离，术后一般不应冲洗子宫，应向子宫内投入抗菌药物，若胎衣在子宫内腐败引起全身症状时，应对症处理，进行全身抗菌消炎治疗。

（3）中药治疗。当归 35 克、白术 30 克、川芎 30 克、陈皮 30 克、益母草 100 克、炒桃仁 50 克，共为末，开水冲服。每日一剂，连服 3 日，也可随症加减。

64. 如何预防母牛产后胎衣不下?

预防母牛产后胎衣不下的措施主要是：保证妊娠后期母牛适量运动，饲料中要保证足够钙盐及其他矿物质和维生素，保持中等体况，产前一周要减少精料喂量等。

65. 如何合理利用种公牛?

（1）加强种公牛饲养管理。从配种准备期开始，在配种季节更要提高饲料中蛋白质的水平，增加青绿多汁饲料的喂量，确保维生素和矿物质的全面供给，加强运动和刷拭。

（2）严格控制种公牛交配次数。一天只宜配一次，连续配 4 ～ 5 天宜休息一天，青壮年牛虽偶尔一天可配两次，但也不能无限制地滥用，连用两天就应休息一天。

（3）种公牛不能与患生殖道疾病的母牛配种，避免扩大传染。

（4）做好配种记录。

66. 提高牛群整体繁殖力的主要措施有哪几个方面?

（1）培养健康牛群。疾病是造成牛群繁殖力不高的重要原因之一，在生产中必须从改善饲养管理着手，预防各种疾病特别是牛生殖器官疾病的发生，同时严密控制结核、布氏杆菌及其他传染病的发生与蔓延，使牛群在健康的条件下正常进行繁殖。

（2）合理进行饲养管理。要保证牛群有一个较高的繁殖力，除满足其一定数量营养均衡的饲料外，特别应注意供应具有完全价值的蛋白质，充足的维生素以及钙、磷等矿物质饲料，要求做到饲料种类多样化配合，青绿多汁饲料和优质干草必须满足供应。在日常饲养管理中，喂给过多的精料（如碳水化合物饲料）而运动不足时，易使牛过肥，往往造成公牛性欲下降，母牛发情异常，妨碍繁殖。母年产后恶露未净之前，不可过多喂给精料，以免影响生殖器官复原和产后发情。犊牛时期由于营养不良以致生长发育受阻，影响生殖器官正常发育，育成母牛长期营养不足，往往致使初情期的推迟，影响以后的生殖力与生产性能。因此牛舍内通风排水良好，光照充足，创建优良舒适、干净、卫生的饲养管理环境，正确安排生产，是保证母牛群保持高繁殖力的主要环节。

（3）掌握发情规律，适时配种。母牛产犊 3 周后，要经常注意发情情况，对发情不正常或不发情的个体要及时采取措施，一般母牛产后 2 ～ 3 个情期，发情排卵规律比较正常，随着时间的推移，排卵的时机往往变化多端，因而产后如果多次错过情期，则情期受胎率将越来越低，如发生这类情况，应按时进行直肠检查，掌握发情后排卵的具体时间，以便适时输精。

（4）提高公牛精液品质。优质精液对于母牛正常繁殖起着保证作用，在应用冷冻精液配种时，公牛精液品质尤为重要，精子活力低、畸形率高、死精等异常时不可输精，必须寻找原因尽快解决，否则会直接影响繁殖力。若因饲料营养问题，就应喂给高蛋白（牛乳、鸡蛋），增加骨粉的喂量，维生素饲料（胡萝卜等）应保证供应。干草质量的优劣，对精液品质也有影响，在调整日粮时，要相应地调整其运动量与运动时间，加强睾丸按摩，牛体刷拭等，均可收到良好的效果。

67. 犊牛应该怎样进行饲养?

犊牛生后生理上发生很大变化，逐渐适应子宫外的生活条件，形成条件反射，并利用条件反射使之与外界环境得到统一。由于犊牛在生后最初几天其组织器官尚未充分发育，对外界不良环境的抵抗力较低，适应能力较弱，消化道黏膜容易被细菌穿过，皮肤的保护机能很差，神经系统的反应性也还不足。因此，初生犊牛容易受各种病菌的侵袭引起疾病，以致死亡。所以这一时期的饲养管理是关系其能否存活和很好生长发育的关键阶段。

（1）哺喂初乳。母牛分娩7天以内所产的乳称初乳，初乳具有特殊的生物特性，是新生犊牛不可缺少的食品，犊牛出生后要尽快吃到初乳，且越早越好。人工哺乳的犊牛一般第一次哺喂1.5千克，可按初生重计算初乳的哺喂量，平均每10千克体重每天可喂初乳1千克，全天饲喂次数不得少于5次，为防止喂量过多引起的消化不良，应采用“多次少量”的饲喂方法。乳温不得低于36℃，应挤后即喂。若初乳温度已下降，可放在热水锅内隔水加温到36～38℃再喂，加热温度切勿过高，否则初乳会出现凝固，温度过低不可喂，以防引起腹泻，初乳期一般为7～8天。

犊牛第一次哺乳，往往是吃吃停停，甚至还有吐奶现象，要耐心细致地让其吃饱。为防止下痢，第一天的初乳可适当加些温开水稀释，没有初乳的犊牛，可配制人工初乳代替，配方是：鲜常乳10千克，鱼肝油30千克,食盐20克,鸡蛋2～3枚，充分搅拌，使其均匀，加温到38℃饲喂。

（2）适时喂常乳。初乳期结束后即可转喂混合奶，亦称常乳。如果母牛产后生病或死亡，可喂给同期分娩的其他健康母牛的初乳，如无此种母牛，则哺喂牛群中的常乳，但每天须补饲20毫升鱼肝油或含有维生素A的其他食物，以补充胡萝卜素的不足。

68. 犊牛卫生管理的主要内容是什么?

（1）哺喂卫生。犊牛出生后2～3周，最好是用带有橡皮乳嘴的哺乳器喂奶，4周龄后可改用奶桶哺喂，饲槽用后也要刷洗干净，定期消毒。每次喂奶完毕，要用干净毛巾将犊牛口鼻周围残留的乳汁擦干，然后用颈架夹住，与其他犊牛隔离十几分钟，防止互相乱舔，养成舔癖。

（2）栏圈卫生。犊牛栏内要经常保持清洁干燥，铺上足够的垫草，做到勤打扫、勤更换垫草，牛栏地面、木栏、墙壁等都应保持清洁，定期消毒，舍内要有适当的通风装置，保持舍内阳光充足，通风良好，空气新鲜，冬暖夏凉，克服阴、冷、湿的不良现象。

（3）运动。运动能锻炼犊牛体质，增进健康，冬季除大风大雪或气候严寒外，在生后10天就可赶到运动场，每天进行0.5～1小时的驱赶运动，1月龄后运动时间可增至2～3小时，上午、下午各一次。在暖季，犊牛在生后3～5天就可赶到运动场，任其自由运动，对年龄较大的犊牛则可在草场放牧，但在酷热天气，午间应避免日光直接暴晒，以防中暑。

（4）皮肤卫生。每天至少要刷拭牛体1～2次，保持牛体清洁，但要用手推顶额部，以防养成顶撞恶习。

69. 小白牛肉生产技术要点是什么?

小白牛肉生产是犊牛肉生产技术之一，用于生产小白牛肉的犊牛，从初生到百天里，完全靠牛乳来供应营养，不饲喂其他任何饲料，所以产出的牛肉质地细嫩，味道鲜美，近似鸡肉，带有乳香气味，适于各种烹调方法，因其颜色为白色，故名为小白牛肉。

（1）用于小白牛肉生产牛的选择。

①品种。同生产犊牛肉相同，选择黑白花乳公犊及淘汰母犊。

②年龄。1 ～ 3 月龄犊牛。

③性别。乳用公犊和淘汰母犊均可。

④体重。初生重于大于 33 千克。

⑤健康状况。健康无病，被毛有光泽、无缺损缺陷。

⑥体型外貌。选择头方大，前管围粗壮，蹄大的犊牛。

（2）饲养管理技术。

①饲料。在 1 ～ 3 月龄用全乳、脱脂乳或代用乳喂养，由于用乳喂养，每增重 1 千克牛肉约消耗 10 千克全乳，很不经济，因此近年来有用代乳料完全取代全乳饲喂的趋势。

②饲喂。全乳或代用乳饲喂量，可在不使犊牛发生疾病的前提下，按日龄的增长适当增加，每日分 2 ～ 3 次给予，每次间隔时间基本相同。

③管理。犊牛舍环境要保持安静，舍温要求在 18 ～ 20℃，避免 5℃以上的急剧温度变化。谨防高温对犊牛的危害，牛舍相对湿度控制在 80% 以上，换气量每 10 头犊牛要求 1 小时为 51.0 米^3。乳温要求在 40 ～ 41℃，为了防止下痢，可在牛乳中加入抗生素。

（3）育肥指标。

①育肥结束体重。胴体重 50 ～ 60 千克，屠宰前活重 100 千克左右。

②育肥结束年龄。90 ～ 100 日龄。

③屠宰率指标。56% ～ 61%。

④牛肉品质。全白色或稍带粉红色，多汁，有鸡肉香味。

⑤胴体品质。肉质细嫩，富含水分，表面薄覆一层白色脂肪，品质极佳。

（4）注意的问题。

小白牛肉实质是人为控制犊牛的饮食而形成的一种贫血状态的牛肉，这种牛肉要根据消费人群的需要来组织生产。欲使屠宰时犊牛肉色发红，应在饲喂期间，给全乳或代用乳中补加铁和铜，这样还可提高肉质和减少疾病发生，如再加些鱼粉或豆饼，可使肉色更红。但是，如果为了达到名副其实的小白牛肉，则不需要多加铁和铜或其他物质，以使其肉质保持贫血状态。

五、牛的饲养与管理

1. 牛的生活习性主要有哪几个方面？

（1）牛的采食。牛没有上颚门齿且齿垫不发达，放牧采食时用舌将草卷入口腔，上颚齿垫协助下颚门齿把草夹住，然后把头向前推撅，利用下门齿把牧草切断。牛全靠舌和唇及下颚门齿的互相配合来采食牧草，受下颚构造所限，不能像其他动物那样采食很低牧草。所以牛不能采食5厘米以下的牧草，而对于非常高的牧草也难摄取，草高在15～25厘米时最适宜牛采食。

（2）牛的饮水。牛喜欢在午前、下午和傍晚时分饮水，而在晚上和黎明时很少饮水。游动放牧的牛，当远离水源时，牛会2～3天往返饮水1次，并在水源地逗留数小时，期间饮水3～4次。

（3）牛的休息。牛的休息行为包括站立休息和躺卧休息。牛的四肢蜷曲，胸、腹部与地面相接触的趴卧状态为俯卧，是主要的休息姿势，这种姿势抬起头便于瘤胃的嗳气排出。四肢完全外展的平躺姿势，只有瘤胃未发育的犊牛或过度育肥的肉牛或病牛才表现。牛通常是左或右一侧大腿的侧面与地面接触或某一单侧完全与地面接触的侧卧姿势，趴卧一般介于俯卧和侧卧两者之间，后肢弯曲与地面接触的姿势称为“犬坐”，牛犬坐姿势多见后肢障碍或平衡失调不能站立或牛床建造不合理，有时种公牛也能偶尔表现犬坐（图5-1）。

图5-1　牛的躺卧休息行为

（4）牛的游戏行为。牛经常表现对周围的各种物体如树木、杂草、牛舍门、栏杆等用鼻、头、角及颈触动把玩，犊牛优为明显，犊牛经常绕着母牛蹦来蹦去，互相擦蹭、打斗等（图5-2、图5-3）。

图5-2　牛的擦蹭行为

图5-3　牛的打头行为

（5）牛的排泄。成年牛每头每天排粪10～18次，排粪量40～60千克，排尿5～13次，排尿量为10～15升。排粪次数和排粪量与品种、饮水、草料的性质和数量、环境温度以及生理阶段等因素有关，吃青草的牛比吃干料的牛排粪次数多，炎热时排泄次数则减少。牛俯卧时很少排粪，也几乎不排尿，多在由俯卧姿势到站立开始移动时或者从站立姿势到行走、移动后开始排粪，牛一般不选择排粪地点，在放牧情况下粪便随处可见。在舍饲情况下，多在饲槽前和草架前等长时间滞留的场所排粪，成年牛对粪毫不在意，有时会行走或趴卧在粪上，在夜间或坏天气里，牛倾向于聚集在一起趴卧，在放牧地或棚舍附近会形成较为集中的粪区。放牧牛比舍饲牛所排粪便含水率低，因而成型，而舍饲牛往往排粪较稀。犊牛排泄时比较小心，尽量使粪尿远离身体，健康犊牛总能保持身体清洁，不染粪便，如果尾根或肛门处沾有粪便，多是下痢或其他疾病的征象。

2. 犊牛胃的特点是什么？

初生犊牛因吃奶不吃草料，各个胃的大小与成年牛不同。皱胃特别发达，相当于瘤胃和网胃容积总和的2倍，10～12周龄后，瘤胃逐渐发育增大，相当于皱胃容积的2倍，但此时瓣胃仍较小。4个月后，随着消化植物饲料的能力逐渐增强，瘤胃迅速增大，瘤胃和网胃的总容积约达皱胃的四倍，到1.5岁，瓣胃与皱胃的容积几乎相等，四个胃室的容积比例与成年牛接近。

3. 牛消化道构造的特点是什么？

牛消化道由胃和肠构成，胃分为四室，前三室（瘤胃、网胃、瓣胃）胃壁没有消化腺，第四室（皱胃）是能分泌胃液的真胃。特别是瘤胃构造特殊，容积非常大，其采食的特性是进食草料速度快而咀嚼不细，每顿进食量大，饱食后反刍时间长，且有卧地倒嚼的习惯。牛胃的总容量因年龄、品种不同而有差异，一般成年牛胃的总容量为100～250升。牛各胃室容量的大小见表5-1。

（1）瘤胃。由上表可以看出，瘤胃最大，占整个胃总容量的70%～85%，瘤胃虽然不能分泌消化液，但胃壁强大纵形肌肉环能够强有力的收缩与松弛，进行节律性的蠕动，以搅拌食物。牛瘤胃胃黏膜上有许多乳头状突起，尤其是背囊部“黏膜乳头”特别发达，有助于食物的揉磨运化，而瘤胃内大量存在的多种微生物，其生命代谢活动对食物的分解与营养物质的合成起着极其重要的作用，从而使瘤胃成为一个庞大的、高度自动化的“饲料发酵罐”。瘤胃具有贮存、加工和发酵草料的功能，这就是牛消化的主要特点之一。

（2）网胃（蜂巢胃）。与瘤胃紧密相连，是异物（如铁丝、铁钉等）容易滞留的地方，这些异物，如果不是很锐利的话，在网胃中可以长期存在而无损于健康。网

表5-1 不同品种类型牛胃的容量比较表

单位：千克、升

类型	体重（千克）	总容量（升）	瘤胃（升）	网胃（升）	瓣胃（升）	皱胃（升）
引进牛	400～600	160～240	125～187	7.2～11.0	12.8～19.0	15.0～23.0
地方牛	350～400	70～100	54～78	3.5～4.5	5.5～8.0	7.0～9.5

胃的主要功能之一是贮存会引起其他组织严重损害的异物，但如果异物很锐利，就会造成致命的伤害。

（3）瓣胃。是牛胃的第三组成部分，它由很强的肌肉壁组成，能滤去饲料中的水分，将黏稠部分推入皱胃。

（4）皱胃（真胃）。是胃的第四组成部分，它的功能与猪等单胃动物的胃相似，可分泌消化蛋白质所必需的胃液，食物离开皱胃后就进入小肠，其后的消化过程与单胃动物相仿。

4. 牛采食的特点主要有哪几个方面?

放牧时牛对牧草具有一定的选择性，在采食高峰到来之前，往往对牧草的选择性低，而在采食高峰期间，对牧草的选择性明显增强。牛吃叶优先于吃茎，吃鲜的牧草优先于吃枯死的牧草。牛通常不采食被排泄物污染过的、茸毛多的或外表粗糙的植物。牛喜爱带有碱性的牧草和饮水，而不喜欢酸性的牧草和饮水。

舍饲时牛保持像放牧采食时撕草和摆头动作，会导致干草被拽出饲槽或草架而浪费。舍饲时牛靠舌头卷拢饲槽中的粉状饲料入口，不需要咀嚼，若饲料粉碎得过细，拌得过湿或粘成团块，则舔食困难。因此，调制牛饲料宜适度加水，保持松散，以利于牛舔食。当采食块状豆饼、颗粒饲料、青贮和切短的饲草时，借助舌和唇的运动，将饲草、饲料摄入口中，并进行充分的咀嚼。

牛是复胃草食家畜，采食速度快，常不经仔细咀嚼即行吞下，待卧地休息时再进行反刍，所以饲喂草料应注意清除铁丝、铁丁等金属异物，以免吞食后造成瘤胃、网胃创伤甚至造成创伤性心包炎。给成年牛喂食整粒谷物时，大部分未经嚼碎而被咽下沉入胃底，未能进行反刍便进入瓣胃和真胃，造成过食，即整粒的饲料未被消化随粪便排出。未经切碎或搅碎的块根、块茎类饲料喂牛，易造成根茎饲料卡在食道部，引起食道梗阻危及生命。因此，喂牛的饲料应适当加工，如粗料切短，精料破碎，块根、块茎类切碎，并要注意清除饲料中的异物。

5. 牛瘤胃消化的特点是什么?

牛瘤胃的消化特点是反刍，反刍是草食家畜将食入的食物再逆出、咀嚼，然后再进行吞咽的连续动作。牛采食草料后，经初步咀嚼，混以大量碱性唾液（pH 8.1左右），形成食团，吞咽入瘤胃内经过浸泡、软化和发酵，一般在喂饲后 30 ～ 60 分钟开始反刍，反刍包括逆呕、再咀嚼、再混唾液和再吞咽四个过程。牛每次反刍持续时间 40 ～ 50 分钟，反刍上来的草团在口腔一般咀嚼 40 ～ 80 次，再咽下，然后间歇一段时间再进行下一次反刍、咀嚼、咽下，如此反复，一头牛每昼夜消磨在反刍的时间可达 6 ～ 8 小时之多，而每昼夜分泌的唾液量约为 100 ～ 200 升，消化功能好的牛甚至超过 250 升。牛反刍时的体位有站立姿势和躺卧姿势两种形式，但 60% 以上是以躺卧姿势进行的，典型的躺卧姿势是前肢屈曲于胸前，后肢前伸，体躯一部分躺卧下来。牛的反刍行为是在饲料摄取后，经短时间的休息后开始的，牛一天反刍时间变动较大，除个体之间的差异外，饲料成分对其影响很大，一般随着粗纤维含量的增多，反刍时间也会延长，牛对长干草的反刍、再咀嚼、再咽下比对干草粉或精料要快。

根据以上特点，在实际饲养中，首先应满足其大量采食的需要，给以饱食的饲料量。饲料的组成应以粗料为基础，适当搭配精料，做到适口性强、多样化和相对稳定，使瘤胃内的菌群发育平衡、能量转换处于高效率水平。在生产安排上，还应给予充分的休息时间和安适的饲养环境，以保证其正常反刍，否则会扰乱消化机能，对牛体健康和生产带来不良后果。

6. 牛瘤胃生态环境的特点是什么?

牛瘤胃是具有厌氧性微生物繁殖的连续接种和对粗纤维发酵降解的活体发酵罐。其生态环境特点是：

（1）水和营养物质。瘤胃内容物含干物质 10% ～ 15%，而含水 85% ～ 90%，牛采食时摄入的精料较重，大部分沉到瘤胃底部，饲草较轻，主要集于瘤胃背囊，瘤胃水分除饲料和饮水供给外，还有唾液。

（2）渗透压。牛瘤胃内渗透压比较稳定，接近血浆水平，饲喂后 0.5 ～ 2 小时，瘤胃渗透压可以达到 350 ～ 400 克分子 / 千克，于是液体从血液中转入瘤胃内，饮水可使渗透压下降，食入的钠和瘤胃中挥发性脂肪酸可调节瘤胃渗透压。

（3）一定的 pH。牛瘤胃内 pH 变化范围为 5.5 ～ 7.5，具有较强的缓冲能力，pH 的变化取决于日粮性质、采食时间、方式和次数等，喂粗料多时 pH 偏高，喂精料多时则 pH 偏低。

（4）瘤胃温度。瘤胃内的温度一般为 38.5 ～ 40℃，腹囊比背囊稍高些，饲料发酵和血液的流动可使瘤胃温度升高，采食冰冷的草料及冰冷饮水时瘤胃温度下降，但很快可恢复到原先水平。

（5）氧化还原电位。瘤胃内氧化还原电位一般保持在 30 ～ 40 伏，这样的环境有利于瘤胃内偏厌气性菌群的栖息。

（6）表面张力。瘤胃液的表面张力为 50 ～ 60 达因 / 厘米 ^{2}，饮水和表面活性剂（如洗涤剂、脂肪）会降低瘤胃液的表面张力。

总之，瘤胃内生态环境的相对稳定，为微生物的活动、营养物质代谢和能量转换提供了相对稳定的条件，瘤胃食物通过微生物发酵、唾液和瘤胃壁的渗入吸收以及食糜的排空等，使瘤胃内环境达到动态平衡，这种动态平衡的维持是通过神经和体液调节来实现的。

7. 牛瘤胃微生物的作用主要有哪几个方面?

牛瘤胃内存在着极其复杂的微生物区系，主要有原生虫（又称纤毛虫）和细菌两大类。牛瘤胃细菌种类繁多，根据废物利用和发酵终产物可将细菌分为纤维消化菌、淀粉分解菌、糖类分解菌、乳酸菌、蛋白分解菌、产氨菌、产甲烷菌、脂肪分解菌和维生素合成菌等。牛瘤胃微生物中的纤毛虫和细菌主要有以下生理生化作用。

（1）纤维素的分解。饲料中的纤维素主要靠瘤胃纤维素分解菌和部分纤毛虫，在其他微生物协同下分解，终产物挥发性脂肪酸被牛体吸收利用。

（2）糖的分解与合成。瘤胃微生物分解糖类，产生挥发性脂肪酸、二氧化碳和甲烷的同时，利用饲料产生单、双糖合成糖原，贮存于微生物体内，微生物和食糜进入小肠被消化后，又变成牛的葡萄糖来源之一。

（3）蛋白质的合成与分解。瘤胃微生物利用简单的氨化物合成微生物蛋白质，一昼夜可合成 300 ～ 700 克，约占瘤胃蛋白质的 20% ～ 30%。

（4）合成维生素 B 族和维生素 K 等。

8. 唾液在牛消化过程中有何作用?

唾液是消化液的一种，由唾液腺分泌，一般具有润湿饲料、溶解食物和杀菌保护口腔的作用。牛的唾液腺主要由腮腺、下颌腺和舌下腺组成，前者为浆液型，后两者属混合型。牛的唾液不含淀粉酶，但含有大量的碳酸氢盐和磷酸盐，腮腺一天可分泌含 0.7% 碳酸氢钠的唾液约 50 升，其主要作用是中和瘤胃内微生物发酵产生的有机酸，以维持瘤胃内一定的酸碱度。牛唾液分泌受饲料的影响，喂干草使腮腺分泌量增大，饮水能大幅度降低唾液分泌。喂高纤维粗饲料时，牛反刍时间长，唾液分泌多，瘤胃内 pH 高，属乙酸发酵；喂高精料反刍时间短，唾液分泌少，瘤胃内 pH 低，属丙酸型或乳酸型发酵。因此牛的唾液在瘤胃消化代谢中具有重要的作用。

图 5-4 地方品种杂交牛

图 5-5 外来品种杂交牛

9. 肉牛育肥的一般原则是什么?

（1）选择最优的品种。实践证明，优良品种如夏洛来牛、西门塔尔牛、利木赞牛与当地牛杂交所产一代牛体型大，初生重大，增重快，瘦肉多，脂肪少，优质肉块比例高，饲料报酬高，育肥效果好（图 5-4、图 5-5）。

（2）选择最佳的育肥季节。一年四季均可进行肉牛育肥，因为牛繁殖没有明显的季节性，要根据牧草生长季节性规律，抓冬春秋季，秋季最好，夏季炎热，不利于肉牛育肥。

（3）确定最佳的饲料组成。根据当地饲草、饲料资源，制定饲料配方，可选用酒糟 80%，优质干草 20%，另加玉米 1.5 千克，每间隔 6 天饲喂食盐 1 次，日增重可达 1 千克。

（4）科学的饲养管理。选择发育正常，中等膘情、健康无病的个体进行育肥。育肥前用阿维菌素驱虫一次，肌肉注射或口服给药均可，育肥时一天喂 4 次，先喂料后饮水，一牛一槽，一牛一桩，白天栓桩晒太阳，限制运动，减少热量消耗。

（5）适时出栏。1.5 ～ 2 岁牛育肥 90 ～ 100 天出栏好，3 ～ 4 岁牛育肥 80 天出栏最佳（图 5-6）。

（6）最严格的防疫灭病制度。每天打扫牛舍一次、刷拭牛一次，夏季消毒灭蝇，让牛休息好，冬季牛舍做好防寒保暖工作。每年适时进行防疫及驱虫，圈舍内外定期消毒等。

图 5-6　待出栏肉牛

10. 什么叫架子牛？什么叫架子牛强度育肥？

在肉牛生产中架子牛通常是指未经育肥或不够屠宰体况的牛，这些牛常需从农场或农户选购至育肥场进行育肥或实行自繁自养进行育肥。

架子牛的强度育肥是指犊牛断奶后，在较粗放的饲养条件下饲养到一定年龄阶段，或从农场或养殖户选购的架子牛，到育肥场后采用强度育肥方式，集中育肥3～6个月，充分利用牛的补偿生长能力，达到理想体重和膘情时屠宰。这种育肥方式也称为异地育肥，育肥成本低，精料用量少，经济效益较高，在黄牛育肥上广泛应用。

11. 架子牛选择的要点是什么？

（1）品种、年龄。在我国目前最好选择夏洛来牛、利木赞牛、西门塔尔牛等产肉性能显著的公牛与本地母牛杂交的后代，也可利用我国地方黄牛良种，如晋南黄牛、秦川牛、南阳黄牛和鲁西黄牛等。年龄对育肥牛增重影响很大，最好选择1～2岁或15～21月龄的牛进行育肥，选择架子牛时应把年龄的选择与饲养计划、生产目的等因素结合起来综合考虑。如计划饲养3～5个月出售，应选购1～2岁的架子牛。秋天购买架子牛，第二年出栏，应选购1岁左右的牛，而不宜购大牛。利用大量粗饲料育肥，选择2岁牛较为合适。

（2）性别。如果选择已去势的架子牛，则早去势为好，3～6月龄去势可以减少应激，加速头、颈及四肢骨骼生长，提高出肉率和肉的品质，公牛的生长速度和饲料转化率优于母牛，且胴体瘦肉多，脂肪少。母牛的增重速度比公牛慢10%，但母牛育肥其大理石花纹比较好，肉的等级高，公犊牛断奶前5月龄左右去势生产优质高等级切块（如雪花牛肉）。

（3）体质外貌。在选择架子牛时，首先应看体重，一般情况下1.5～2岁或15～21月龄的牛，体重应在300千克以上，体高和胸围最好大于其所处月龄发育的平均值，另有一些性状不能用尺度衡量也很重要，如毛色、角的状态、蹄、背和腰的强弱、肋骨开张程度、肩胛等。四肢与躯体较长的架子牛有生长发育潜力，十字部略高于体高，后肢飞节高发育能力强，皮肤松弛柔软、被毛柔软密致的牛肉质良好。发育虽好，但性情暴躁，神经质的牛不能认为是健康牛，这样的牛难于管理。

（4）体重。选购具有适宜体重的牛，在同一年龄阶段，体重越大、体况越好，育肥时间就越短，育肥效果也好。一般杂交牛在一定的年龄阶段其体重范围大致为：6月龄体重120～200千克，12月龄体重180～250千克，18月龄体重220～310千克，24月龄体重280～380千克。

12. 架子牛的常规分类方法是什么？

架子牛按常规一般分为3类10个等

级，即大架子1级、大架子2级、大架子3级；中架子1级、中架子2级、中架子3级；小架于1级、小架子2级、小架子3级和等外。具体要求如下：

大架子：要求有稍大的架子，体高且长，健壮。

中架子：要求有稍大的架子，体较高且稍长，健壮。

小架子：骨架较小，健壮。

1级：要求全身的肉厚，脊、背、腰、大腿和前腿厚且丰满，四肢位置端正，蹄方正，腿间宽，优质肉部位的比例高。

2级：整个身体较窄，胸、背、脊、腰、前后腿较窄，四肢靠近。

3级：全身及各部位厚度均比2级要差。

等外：因饲养管理较差或发生疾病造成不健壮牛属此类。

13. 架子牛的饲喂原则是什么？

（1）育肥初期，日粮中的粗饲料比例不能低于50%，多采食粗饲料，可以锻炼胃肠功能，增大胃容量，饲料组成要多样化。

（2）应先喂粗饲料，后喂精料，少喂勤添，最后喂水。

（3）如果饲喂过程中，牛出现厌食，可加喂质优、适口性好的青饲料，恢复和增强胃肠功能，也可改变饲料形态，如采用蒸煮、压片等方法加工饲料，提高适口性。

（4）保证新鲜充足饮水，做到昼夜供应。

（5）日粮中增加有助于消化的药物，使用添加剂。

（6）饲料供应量应逐渐增加，不宜太猛、太急，否则容易造成剩料浪费或引起消化不良，改变饲料应有一个过程，不要一次性改变，一般要有1周左右时间来过渡。

14. 新购架子牛饲养管理措施有哪几个方面？

（1）隔离。新购进的牛首先要隔离饲养10～15天，让牛熟悉环境，适应草料。注意观察牛的精神状态、采食、饮水、排粪、排尿等情况。

（2）饮水。新购牛到场后应休息半小时后再饮水，根据体重大小每头饮水不超过10千克，一切正常后可采取自由饮水方式，于水中最好再掺些麸皮。

（3）饲喂。饮水后饲喂青干草，根据体重大小每头2～5千克，逐渐增加，5天后自由采食，精饲料一般2～4天开始饲喂，由少到多，逐渐添加，一般到15天时每100千克体重喂量不超过1～1.5千克。

（4）分群。按年龄、品种、体重分群，每头牛占围栏面积4～5米。

（5）驱虫、健胃、防疫。一周后进行驱虫，一般可选用阿维菌素，驱虫后每头牛口服健胃散350～400克，驱虫可每隔2～3个月进行一次，根据当地疫病流行情况，进行疫苗接种。

（6）所有的牛都需打耳标、编号、标记身份。

15. 肉牛育肥怎样饲喂尿素？

尿素是一种非蛋白质的简单含氮化合物，给牛饲喂尿素是解决蛋白质饲料不足的重要途径。在给牛饲喂尿素时，要供给玉米、大麦等富含淀粉的谷物饲料，同时日粮中必须含有一定量的可溶性蛋白质、维生素、脂肪、矿物质等，以维持微生物群落的生命力。

用尿素饲喂牛，要根据饲料蛋白质水平来确定，如饲料蛋白质达到13%以上时，就不需要添加，低于13%时，可以适当添加，一般用量占混合料的1.5%～2%，每头牛每日最大喂量不能超过250克，氮与硫的比例应在15：1～8：1，镁、锰、钙能刺激尿酶的活性，碳酸钾和钴也要适当添加。尿素在日粮中必须混合均匀，至少要有2～4周调整适应期，少喂多餐，这种饲喂方法，比集中饲喂的效果好。

16. 肉牛的育肥方式有哪几种?

牛的育肥方式按育肥期长短分为持续育肥和后期集中育肥两种，按育肥地域不同分为易地育肥和原饲养地围栏育肥两种。

（1）持续育肥。是犊牛断奶后就地转入育肥阶段进行育肥，一直到出栏体重，或断奶后由专门化的育肥场进行集中育肥。持续育肥一般都是犊牛在断奶后采用放牧加补饲的育肥方式，这样，消耗精料较少，且草场载畜量较高，可获得较高的增重。在专业化育肥场持续集中育肥，多采用青贮料、粗饲料颗粒，甜菜渣或酿酒副产品加工成混合精料，日增重在0.8千克以上。农副产品是育肥肉牛的重要饲料，能降低饲养成本，同时若能适当补充尿素或蛋白质、矿物质饲料就能获得较好的效果。持续育肥法由于在饲料利用效率高的生长阶段保持较高的增重，加上饲养周期较短，故经济效益高。

（2）后期集中育肥。后期集中育肥也称作后期强度育肥或后期快速育肥法，犊牛断奶后到架子牛阶段采用一般营养水平，增重速度较慢，延长了饲养期，因此在屠宰前集中一段时间采用高营养水平，进行强度育肥，除增加体重外，还能进一步增加体脂肪沉积，以改善肉质。目前中小牛场都主要依靠放牧或大量饲喂青干草和其他粗饲料，并补充少量精饲料和矿物质饲料，到育肥后期，即宰前3个月左右，再加料催肥。这种饲养方式消耗精料不多，成本较低，比较经济。

（3）易地育肥。是一种高度专业化的肉牛育肥方式，是指在自然和经济条件不同的地区分别进行犊牛的生产、培育和架子牛的专业化育肥。在牧区或产犊区充分利用当地草场条件，利用放牧方式饲养母牛，繁殖犊牛，犊牛断奶后，立即或者饲养到一岁后转移到精饲料条件较好的农区进行短期强度育肥，然后出售或屠宰。

（4）原饲养地围栏育肥。犊牛从出生到出栏一直在原出生地饲养和管理，这种育肥方式简便易行，牛舍比较简单，或无牛舍，可采用此技术。仅用围栏和遮雨棚即可，围栏内设有食槽、水槽。育肥牛在围栏内不拴系，散放饲养，自由采食、饮水，密度较高，每头牛占地面积4～8米^2，投喂全价混合日粮，食槽内昼夜常有草料，水槽内常供清洁水。此种育肥方法，操作简便，提高了管理定额。目前国内拴系育肥，一人管理30～50头，围栏育肥一人可以管理200～300头，不仅适宜机械作业和规模经营，而且适合牛的习性，减少应激，从而提高采食量、饮水量，提高日增重和胴体品质，该法不足之处是育肥期长，个体发育不整齐。

17. 肉牛易地育肥的主要优势是什么?

采用易地育肥使不同地区的优势得到充分发挥，各地资源、劳动力得到合理利用，便于实施全进全出。采用易地育肥的主要原因是草原牧区和山区，农户饲养牛头数较多，群体较大，因草场过牧严重，这些地区养牛经常是冬瘦春乏，一头牛养

3～5年才能出栏，经济效益低。采用易地育肥，在枯草季节将牛转移至农区，采用秸秆和精料进行强度催肥，然后屠宰出售，这种技术从地理位置环境变化上大大降低了牛的能量消耗，缓解了草原牧区、半牧区牛多、圈舍小、草场过牧的矛盾，从而走出秋肥冬瘦春乏的恶性循环，加快了牛群周转，提高了经济效益。易地育肥技术的推广，对搞活牧区和农区、山区和平原的养牛业以及发展脱贫致富新产业有着重要意义。

18. 肉牛易地育肥的主要技术措施是什么？

肉牛易地育肥是放牧育肥和短期快速育肥或其他育肥技术的组合，其核心是两种地区、多种技术的集合，即架子牛的选购、运输及运回牛的管理。

（1）选牛。肉牛易地育肥牛的选购要坚持就近原则，尽一切努力使所引进的牛能尽快适应新环境。选择好的牛应在春季或秋季运输，避免冬季枯草期和炎热的夏季运输。

（2）运输。可采用赶运、汽车运输和火车运输三种不同形式。

①赶运。适宜短距离运输，或汽车到不了的山区，赶运日行程一般25～30千米，每天行走时间为8～9小时，中途应有1～2小时的休息，饮水补草，防止急赶快赶，严禁以粗暴动作对待牛群，防止致伤致残。

②火车运输。适宜远距离运输，运费便宜，但由于中途编组、换机车等，需要时间长，体重损失大，应激反应强烈。火车运输要注意装卸过程不得粗暴，防止致伤，按路程远近，有计划携带饲草、水桶，途中要注意补养、饮水。火车到站停车要抓紧时间上水，这是关键一环。

③汽车运输。适宜中、短距离运输，速度快、时间短，体重损失较小，应激反应不甚剧烈，但运费较高，运输过程中也要注意装卸动作不得粗暴，行车速度不得过快，防止急刹车猛拐，防止致伤致残。如果生产规模较大，要订做或装专用的肉牛运输车，便于装卸，加大容量，可以降低运输费用，减轻牛的应激反应（图5-7）。

图5-7 汽车运输

（3）牛运回后的管理。牛到达育肥地之后要提供干净舒适的环境，加强饮水，投以优质粗料，加强观察，细心管理，让牛只尽快消除长途运输造成的应激影响，恢复体重，适应新的环境和饲养管理条件，进入育肥阶段。

（4）肉牛易地育肥也存在不足之处，由于牛的易地流动会引发疫病流行，所以在引进牛时应了解两地疫病流行情况。

19. 肉牛饲养管理应坚持的原则是什么？

（1）合理分群。断奶犊牛或新到架子牛应根据体重、年龄、性别进行合理分群，便于饲养管理，同群牛体重差异不应超过30千克。牛群大小以20～30头为宜，分群一般在临近夜晚时进行较容易成功，分群当晚应有管理人员不时地到牛舍查看，如有格斗现象，应及时处置。牛圈舍要干燥卫生，每头牛面积 4 ～ 5 米 ^{2}（图 5-8）。

图 5-8　分群

（2）驱虫和健胃。体内外寄生虫可使牛采食量减少，同时吸收肠道食糜中的营养物质，影响牛的生长和育肥效果，抑制增重，使育肥期延长。新到架子牛完全适应新的环境后，应立即驱虫。驱虫药最好选择效果好、广谱、无毒、无公害、无残留的药物。一般选用阿维菌素，可同时驱杀体内外多种寄生虫。驱虫后应隔离饲养 2 周，其粪便消毒后，进行无害化处理。为增加肉牛食欲，改善消化机能，应进行一次健胃，常用于健胃的药物有人工盐、健胃散、酵母片等。

（3）免疫和隔离。对新购进架子牛应隔离 15 ～ 30 天，观察其是否有疾病，无病方可混入健康牛群同群饲养。在隔离观察期间，对布氏杆菌病、结核病进行疫病监测，并对口蹄疫进行免疫抗体监测，如发现有布氏杆菌病、结核病，要依据有关规定进行处理，如口蹄疫免疫抗体未达到要求标准，应进行加强免疫或补免。新购进的架子牛在保持牛舍温度恒定的情况下，进行牛体消毒，以消灭牛体表有害细菌、病毒、病原微生物以及寄生虫等，牛体消毒选用广谱无毒（或低毒）无公害的消毒剂。

（4）逐步换料。对于放牧或饲喂以粗饲料为基础日粮的架子牛，育肥前必须逐步换料，目标是实现日粮由粗饲料型平缓过渡到高精料型，以避免过量采食导致酸中毒和采食量下降。换料时通常先饲喂 10% ～ 20% 精饲料，经过 20 ～ 30 天逐步增加到最终的高精饲料（90%以上）日粮，牛对每一次日粮精饲料水平的增加都应有 3 ～ 7 天的适应期，对于直线育肥或日粮水平已经为 85% ～ 90% 精饲料的牛，日粮的精饲料水平只需略微增加或无须增加，直至达到牛的最大随意采食量。

（5）饲槽管理。饲槽管理是育肥中最重要的工作之一，在过渡到更高精饲料水平日粮的过程中，应对牛进行一定程度的限饲，以防止其过度采食。监测牛的采食量以确保其消耗量达到预期目标，一旦牛开始采食最终的高精饲料日粮，饲槽管理的目标就是保证牛的采食量相对恒定，应尽量保证饲槽在 24 小时内基本无剩料，确保既不缺乏饲料，也不会造成剩余料过多。

20. 肉牛放牧技术要点是什么?

有荒山草地的牛场，在牧草丰盛的季节应放牧饲养，在其他季节，以放牧结合补饲方式育肥效果较好。一般质量较好的草场，可进行分区轮牧或条牧，先将草场依牛群大小划分若干个区域，用刺篱、铁丝等隔开，清除有毒植物，然后将牛群赶入，每个区域连续放牧 7 ～ 15 天，再按顺序到其他区域放牧。

牧草中钾含量高而钠含量低，须补充食盐，可在水源附近设置矿物质舔食槽，根据本地区所缺乏的矿物质及缺乏程度，按比例将食盐、骨粉、石粉等混合均匀放入舔食槽，任牛自由舔食，也可在牧地放置矿物质舔砖来补充盐分的不足。矿物质饲料中一般应含有钙、磷、钠、氯、铜、锌、硒、锰等，单靠放牧而无法达到计划的日增重指标时，必须回圈补充精料。

21. 什么叫肉牛舍饲强度育肥?

肉牛舍饲强度育肥指在育肥的全过程中采用舍饲，不进行放牧，保持始终一致的较高营养水平，一直到肉牛出栏。采用该种方法优点，肉牛生长速度快，饲养期短，饲料利用率高，育肥效果好。舍饲强度育肥分适应期、催肥期和稳膘期3个时期。

22. 肉牛舍饲强度育肥分哪几个阶段?

（1）适应期。一般为10～15天，干草应由多到少，让牛逐渐吃配合饲料，并习惯舍饲。开始喂饲酒糟时，牛并不怎么爱吃，一般在适应期内可逐渐习惯。此期的日粮配方是：酒糟5～15千克、玉米粗粉1～2千克、切短的干草类15～25千克、食盐40～50克。如发现牛消化不良，可喂给干酵母，每头每天30～50片，如粪便干燥，可喂给多种维生素，每头每天20～30克，也可喂服少量植物油进行缓泻。

（2）催肥期。一般为40～50天，可大致平分成前后两期分别饲喂。前期日粮配方为：酒糟15～20千克、玉米粗粉2～3千克、棉饼粉0.75～1千克、切短的干草类5～10千克、尿素90～100克、食盐40～50克。喂尿素要干拌料，拌匀，防止因拌不匀而引起中毒，此期可用少量食盐，使牛多饮水，食欲旺盛，快速增肥。后期日粮配方为：酒糟20～25千克、玉米粗粉3～4千克、棉饼粉0.75～1千克、切短的干草类15～30千克、尿素100～150克、食盐40～50克。

（3）稳膘期。一般为10～20天，此期主要是促进牛体膘肉丰满，沉积脂肪，日粮配方为：酒糟28～30千克、玉米粗粉4～4.5千克、棉饼粉1～1.5千克、切短的干草类1.5～2千克、尿素150～170克、食盐50～60克。如牛减食或停食，可每头每天喂给干酵母40～60片或健胃散300克，并让牛轻微的运动，这样能很快恢复正常。

23. 肉牛舍饲强度育肥的饲喂方法主要有哪几种?

（1）氨化玉米秸秆育肥法。氨化玉米秸秆营养价值高，育肥效果显著，育肥150千克的架子牛至出栏，日粮组成为：氨化玉米秸秆14千克、配合精饲料2千克、添加剂33克、食盐33克，可获得500克以上的日增重，体重450千克出栏需要500天以上，这是一种低精料、高粗料长周期的肉牛育肥方式，适宜小型牧场和农户采用。但如果选择体重较大的架子牛，日粮中适当加大精料比例，并喂给青绿饲料或优质干草，开始时少给勤添，逐渐提高饲喂量，进入正式育肥阶段，应注意补充矿物质和维生素，矿物质以钙、磷为主，另外可补饲一定量的微量元素和维生素预混料，精料配合比例是玉米65%、油饼类10%～12%、麸皮类18%～20%、矿物质类5%，包括磷酸氢钙、贝壳粉、微量元素和维生素预混料、食盐、小苏打等。饲喂方法：将体重200千克左右的牛用短绳拴系在简易牛棚内，以限制其过量运动，单槽定时饲喂，日喂2次，饲料适量拌水，日饮水一次，育肥60天左右，日增重平均达1千克以上。

（2）高能日粮强度育肥法。是一种精料用量大而粗料比例较少的育肥方法。架子牛购进后，第一个月为过渡期，主要是饲料的适应过程，逐渐加大精料比例。第二个月开始，即按规定配方强化饲养，其配方的比例为玉米65%、麸皮10%、油饼类20%、矿物质类5%。日喂量可按每100千克体重喂给1千克混合精料，饲草以青贮玉米秸秆或氨化麦秸秆为主，任其自由采食，日喂2～3次，食后饮水，尽量限制运动，注意牛舍和牛体卫生，环境要安静。

（3）酒糟加尿素育肥法。酒糟营养丰富，是以富含糖类的小麦、玉米、高粱等为原料的酿酒的副产品，酿酒过程中只有2/3淀粉转变为酒精。酒糟含有酵母、纤维素、半纤维素、脂肪和B族维生素等，是肉牛育肥的好饲料，用酒糟为主要饲料育肥架子牛，是育肥肉牛的一种传统方法。育肥时要根据牛的性别、年龄、体重等进行分群，驱除体内、外寄生虫。育肥期一般为3～4个月，开始阶段，大量喂给干草和粗饲料，只给少量酒糟，以训练其采食能力，经过15～20天，逐渐增加酒糟，减少干草喂量，到育肥中期，酒糟量可以大幅度增加。日粮组成上搭配少量精料和适口性强的其他饲料，特别注意添加维生素制剂和微量元素，以保证其旺盛的食欲。一般选择2～4岁杂交牛，体重150～200千克，日增重平均1.2千克，体重350～400千克出栏，育肥分三个阶段。

①育肥第一月。每天喂酒糟15千克、干草2.5千克、玉米1千克、尿素50克，每3天喂1次盐，每次50克，生长素适量。

②育肥第二月。每天饲喂酒糟20千克、干草15千克、玉米1千克、尿素60克，每2天喂1次盐，每次50克，生长素适量。

③育肥第三月。育肥期45天，每天饲喂酒糟25千克、玉米1千克、尿素80克、食盐50克、生长素适量。

此外，每天要饮水2～3次，每天晒太阳2次，每次2小时，每天坚持刷拭1～2次，搞好防病、防寒、防暑、防潮、驱虫、健胃、卫生等工作。

（4）青贮料育肥法。青贮玉米秸秆是育肥架子牛的好饲料，再补喂一些混合精料，能达到较高的日增重。选择300千克以上的架子牛，预饲期10天。拴系舍饲，日喂3次，日给精料5千克，精料的配合比例为玉米65%、麸皮12%～15%、饼粕类15%～20%、矿物质类4%。利用青贮玉米秸秆育肥牛时，随着精料喂量的逐渐增加，青贮玉米秸秆的采食量逐渐下降，增重提高，但成本增加。

（5）豆腐渣育肥法。每头牛每天饲喂玉米0.5千克、豆腐渣20千克、干草5千克、食盐30克，日增重平均达1千克。

24. 肉牛舍饲强度育肥应注意哪几方面的技术问题？

（1）饮水。从市场购回断奶犊牛，或经过长距离、长时间运输，进入育肥场后要经受饲料种类和数量的变化，尤其是易地牛，胃肠食物少，体内严重缺水，应激反应大。因此，第一次饮水量应限制在10～20千克，切忌暴饮，每头牛同时供给人工盐100克，第二次给水时间应在第一次饮水后3～4小时，此时可自由饮水，水中如能掺些麸皮则更好。

（2）给食。牛饮水充足后，便可饲喂优质干草，第1天应限量饲喂，按每头牛4～5千克供给，第2天逐渐增加喂量，5～6天后才能让其自由采食。青贮料从第2～3天起喂给，精料第4～5天开始供给，应逐渐增加，不要一开始就大量饲喂，开始时按牛体重的0.5%供给精料，5天后按1%～1.2%供给，10天后按1.6%供给，过渡到每日将育肥喂量全部添加。经过15～20天适应期后，让牛自由采食，这样每头牛不仅可以根据自身的营养需求采食到足够的饲料，且节约劳力，由于牛不同时采食，可减少食槽。

（3）隔离观察。从市场新购回的断奶犊牛，应进行隔离观察饲养，发现异常，及时诊治，经10～20天观察无异常可合群育肥。

（4）分群。隔离观察结束，按牛的年龄、品种、体重分群，以利育肥，一般20～30头牛分为一栏。

（5）驱虫。为了保证育肥效果，对购进的子牛应驱除体内寄生虫，驱虫可从牛入场第5～6天进行，驱虫3天后，每头牛口服健胃散，驱虫可每隔2～3个月进行一次。

（6）合理去势。舍饲强度育肥时计划2岁以前出栏可不对公牛去势，若前期放牧，后期放牧+补饲计划2岁以后出栏以去势后育肥较好，否则不但不便于管理，且肉脂会有膻味，影响胴体品质。

（7）拴系饲养。定量喂给精料，粗料不限量，自由饮水，冬天水温不低于20℃，尽量限制其活动，保持环境安静。

（8）适时出栏。采用全舍饲强度育肥，日增重保持在1.2千克以上，周岁时结束育肥，体重达400千克以上出栏。

25. 肉牛放牧＋补饲强度育肥技术的关键环节是什么？

在有放牧条件的地区，犊牛断奶后，以放牧为主，根据草场情况，适当补充精料或干草的强度育肥方式。要实现在18月龄体重达到400千克这一目标，要求犊牛哺乳阶段，平均日增重达到0.91千克，冬季日增重保持0.4～0.6千克，在枯草季节每天每头喂精料1～2千克。该方法的优点是精料用量少，饲养成本低，缺点是日增重较低，在草地较丰富的地方，是肉牛育肥的重要方式。放牧＋补饲强度育肥技术的关键环节如下。

（1）以草定畜。实行轮牧，防止过牧，牛群可根据草地大小而定，一般30头左右一群为好。120～150千克活重的牛，每头牛应占有15～30亩草场。300～400千克活重的牛，每头牛应占有30～60亩的草场。

（2）合理放牧。北方牧场每年的5～10月、南方草地每年的4～11月为放牧育肥期，牧草结实期是放牧育肥的最好季节，每天的放牧时间不能少于12小时，最好设有饮水设备，并备有食盐砖块，任其舔食。当天气炎热时，应早出晚归，中午多休息。

（3）合理补饲。不宜在放牧前或收牧后立即补料，应在回舍后过几小时补饲，每天每头补喂精料1～2千克，否则会减少放牧时牛的采食量。

26. 怎样做好妊娠母牛的饲喂？

母牛在妊娠初期，胎儿生长发育较慢，营养需要并无明显增加，对怀孕青年母牛在妊娠前半期的饲养应与育成母牛基本相同，以青粗饲料为主，视情况补充一定数量的精料。母牛妊娠到了中后期应加强营养，尤其是妊娠最后的2～3个月，这期间母牛营养直接影响着胎儿生长和本身营养蓄积。如果此期营养缺乏，容易造成犊牛初生重小，母牛体弱和奶量不足，严重缺乏营养，会造成母牛流产。

在整个妊娠期，必须喂给母牛平衡的日粮，舍饲妊娠母牛，要依妊娠月份的增加调整日粮配方，增加营养物质的量，以青粗饲料为主，适当搭配精饲料，参照饲养标准配合日粮。粗料以麦秸为主时，必须搭配豆科牧草，母牛妊娠的最后3个月，根据膘情补加混合精料1～2千克，精料配方：玉米52%、饼类20%、麸皮25%、石粉1%、食盐1%、微量元素和维生素1%。粗料以玉米秸秆为主时，由于蛋白质含量低，应补饲饼粕类，也可以用尿素代替部分饲料蛋白。

放牧饲养妊娠母牛，选择优质草场，延长放牧时间，牧后补饲等方法加强母牛营养，妊娠后期每天补喂1～2千克精饲料。精料配方：玉米50%、豆饼30%、麦麸10%、高粱7%、石粉2%、食盐1%、另外添加微量元素、维生素预混料。在怀孕的前期和中期，饲喂次数为每昼夜3次，后期可增加到4次，每次喂量不可过多，以免压迫胸腔和腹腔。

27. 怎样做好妊娠母牛的管理?

（1）妊娠母牛的日粮必须由品质良好的饲料组成。变质、腐败、冰冻的饲料不能饲喂，以防引起流产。应保证妊娠的营养需要，要喂给含蛋白质、维生素、矿物质丰富的饲料。妊娠后期禁止喂棉籽饼、菜籽饼、酒糟等饲料。

（2）每日饮水3～4次，水温不低于8℃，严禁饮过冷的水。怀孕牛有五不饮：清晨不饮、空腹不饮、出汗后不急饮、带冰水不饮、脏水不饮。从分娩前10天开始停喂青贮料，日粮应由品质优良的干草和少量的精料组成。

（3）妊娠5～6个月后，进行乳房按摩（但严禁试挤），1次/天，产前1～2个月停止。妊娠后期的母牛同其他牛群分别组群，单独放牧在附近的草场，为防止母牛之间互相挤撞，圈舍应清洁干燥。

（4）每天刷拭牛体1～2次，保持一定的运动量，同时防止机械性流产或早产，产前两周转入产房。

（5）在保胎方面要做到科学饲喂，在管理方面精心细致，要随时对临产母牛进行观察，及时做好分娩助产的准备工作。

28. 初生犊牛如何进行护理?

（1）清除黏液。如母牛正常产犊，母牛会立即舔食犊牛躯体上的黏液，无须人工擦拭，有助于犊牛呼吸，促进血液循环，由于母牛唾液中酶的作用，容易将黏液清除干净。犊牛出生后，用温水洗净鼻端黏液，然后用拇指和食指插入犊牛口内，掏出血块及其他异物，使其呼吸顺畅，并去除脚上的角质块。犊牛吸入黏液而造成呼吸困难时，可拍打犊牛胸部，或握住犊牛的两后肢将其倒提，头部向下，拍打其胸部，使之排出黏液。犊牛身上的黏液中有催产素，母牛舔食可以促其子宫收缩，排出胎衣，加强乳腺分泌活动，提高母性能力。让母牛舔干或擦干犊牛身上的羊水（在冬季更重要），称重后放入经过消毒并铺有干净垫草的犊牛栏中。对初产、不知道舔食犊牛身上黏液的母牛，可在犊牛身上撒些麸皮，或给母牛鼻、嘴周围涂抹犊牛身上的黏液诱使其舔食犊牛身上的羊水及黏液。

（2）断脐带。通常情况下，犊牛出生时往往可自然扯断脐带。未扯断时，需在距离犊牛脐部10厘米处用缝合线结扎后剪断，在断脐处涂以5%碘酊或0.1%高锰酸钾溶液充分消毒，避免将药液灌入脐带，以免因脐孔周围组织肿胀、充血而继发炎症。脐带在犊牛出生一周左右干燥脱落，当长时间不干并有炎症时，即可断定为脐炎，应予以治疗，脐带不干的原因除感染因素外，有时脐部漏出尿液，也可使脐部经常湿润不干，这是由于胎儿时期的尿管细，在脐带断裂时，没有与脐动脉一起退缩到腹腔内而附着在脐部，因而经常有尿液漏出。一般情况下，几周后可自愈，个别情况需进行外科处理。

（3）预防疾病。在管理上应勤打扫、勤换垫草和勤观察，保持牛舍干燥卫生，阳光充足，随时观察犊牛的精神状态、粪便状态以及脐带变化，发现异常及时治疗。防止舔癖发生，吮吸嘴巴容易传染疾病，吮吸耳朵在寒冷的情况下容易造成冻疮。犊牛进行人工喂养时要注意哺乳用具的卫生，每次使用后及时清洗干净。

29. 为什么要让犊牛尽早吃到初乳？

初乳是母牛产犊后5～7天内所分泌的乳汁，初乳营养丰富，尤其是蛋白质、矿物质和维生素A的含量比常乳高。在蛋白质中含有大量的免疫球蛋白，对增强犊牛的抗病力具有重要作用。初乳中镁盐较多，有助于犊牛排出胎粪。犊牛要及时哺喂初乳，以增强抵抗力，出生后半小时到1小时应吃到初乳，体弱的犊牛可推迟至2小时。

初乳的哺喂量和哺喂方法。犊牛一般随母哺乳，如果母子分开饲养，应保证每天哺乳犊牛3～4次，采用人工哺乳，使用哺乳壶或哺乳桶哺乳，哺喂初乳最好用经过严格消毒的带橡胶奶嘴的奶壶哺喂，挤出的初乳应立即哺喂，如温度降低，应水浴加热至35～38℃，喂初乳6～7天后转入犊牛群，用常乳哺喂。

30. 犊牛吃奶多少天最理想？

犊牛一般吃奶5～6月龄后断奶最理想，早期补饲的犊牛可提前到3～4月龄断奶，随母牛哺乳的犊牛断奶，在断奶前15天左右开始，逐渐减少哺乳次数，最后母子隔离饲养，实现断奶。犊牛断奶可由任意哺乳改为每天4～5次定时哺乳,5～6天后改为每天2～3次，6～7天后改为每天1～2次，最后几天改为每天1次。犊牛断奶期间，供给犊牛充足的饮水，舍内设饮水槽，人工哺乳的犊牛，随着固体饲料采食量的增加，逐渐减少哺乳量，当混合精料采食量达到1千克时可以断奶。

31. 怎样做好哺乳犊牛的饲养管理？

（1）常乳饲喂。犊牛在初乳期过后，开始哺喂常乳，一般采用随母哺乳，人工哺乳每天的哺乳量可按犊牛体重的1/10喂给，日喂2次。随着固体饲料采食量的增加，逐渐减少哺乳量。规模牛场可采用保姆牛哺育法，一般采用地产奶牛做保姆牛，根据哺乳量带2～4头犊牛，便于管理，节省劳力，也利于繁殖母牛产后及早发情配种。

（2）早期饲喂植物性饲料。为满足犊牛的营养需要，促进瘤胃功能的完善和消化腺的发育，需要早期训练犊牛采食各种植物饲料，以加强犊牛消化器官的功能锻炼。

①饲喂精料。在犊牛生后10～15天，开始诱食、调教，初期在犊牛喂完奶后用少量精料涂抹在其鼻镜和嘴唇上，或撒少许于奶桶上任其舔食，使犊牛形成采食精料的习惯。最初每天每头喂干粉料10～20克，逐渐增加，数日后可增至80～100克。待适应一段时间后，便可训练犊牛采食干湿料，即将干粉料用温水拌湿，经糖化后饲喂，这样可提高适口性，增加采食量。干湿料的喂量随日龄而增加，到1月龄时日采食犊牛料250～300克，2月龄时500～600克。犊牛精料的配方见表5-2。

②饲喂干草。从1周龄开始，在牛栏的草架内添入优质干草（如豆科青干草等），训练犊牛自由采食，以促进瘤胃发育，并防止舔食异物。

③饲喂青绿多汁饲料。青绿多汁饲料如胡萝卜、甜菜等，犊牛在20天时开始补喂，以促进消化器官的发育。开始每头每天喂20克，到2月龄时可增加到1～1.5千克，3月龄为2～3千克。

④饲喂青贮饲料。从犊牛2月龄时开始喂给青贮饲料，最初每天每头100～150克，3月龄时可喂到1.5～2.0千克，4～6月龄时增至4～5千克。

32. 怎样保证母牛哺乳期有充足的奶水？

母牛哺乳期一般分为哺乳前期（分娩至产后3个月）和哺乳后期（产后第四个月至犊牛断奶），饲养管理当中应区别对待。

（1）哺乳母牛的饲喂。

①哺乳前期母牛要提高日粮的营养浓度，选择优质粗饲料，保证矿物质的供应。可采用引导饲养法，即母牛产犊后，每天增加0.45千克精料补充料，直到泌乳高峰过后；放牧饲养时，早春产犊母牛处于放牧地青草供应不足的时期，要特别注意哺乳母牛前期的补饲，除补饲秸秆、青干草、青贮料等外，每天补饲精料补充料2千克左右，同时注意补充矿物质、维生素，促进产后母牛的发情与配种。

②哺乳后期母牛应根据体况和粗饲料供应情况确定精饲料喂量，混合精料每头每天补充1～2千克，并补充矿物质、维

表5-2 犊牛混合精料配方

饲料种类	配方1	配方2
玉米/%	37.0	41.0
高粱/%	10.0	10.0
大麦/%	10.0	
糠麸类/%	15.0	20.0
饼粕类/%	24.0	25.0
骨粉或磷酸氢钙/%	2.0	2.0
食盐/%	1.0	1.0
维生素A/（国际单位/千克）	3 800	3 800
维生素D/（国际单位/千克）	600	600
微量元素添加剂/%	1.0	1.0

生素添加剂，多供给青绿多汁饲料，日粮以青粗饲料为主；放牧母牛主要补充食盐、钙、磷及微量元素等。

（2）哺乳母牛的管理。舍饲母牛应20米²/头的运动场，每天运动3～4小时，保证充足清洁的饮水，放牧地设饮水点，舍饲时最好自由饮水，做好乳房护理，每天用热毛巾热敷、按摩乳房2次，每次5～10分钟，防止乳房炎。产后49天左右开始观察母牛产后发情情况做好发情记录并及时配种等。

33. 种公牛饲养管理的重要性是什么？

对于种公牛饲养管理的基本要求，应该是在保证公牛体格健壮的基础上，努力提高其精液品质，延长使用年限。

（1）增进体质健康。这是提高种公牛的种用效能最根本的一条，关键在于饲养管理是否合乎科学要求。种公牛的体质健康程度，具体反映在精力是否充沛，雄性威势是否凛然，膘度是否适于种用的水平。所谓种用膘度，应是中上等膘，其腰角明显而不突，肋条微露而不显，垂肉显露而不丰，过肥、过瘦的个体都不理想。

（2）提高精液品质。要求种公牛的精液品质良好，在射精量、活力、密度及生存指数等项指标上，都能经常保持高标准，且适于制作冷冻精液。

（3）延长使用年限。这对加速改良牛群、充分发挥优秀种公牛的作用有着十分重要的意义，实践中应从加强饲养管理、合理利用等方面，确保每一头种公牛达到长寿，终生正常生产，克服由于健康恶化（感染疫病或蹄病等）而丧失种用能力，或者未老先衰提前淘汰的现象。

34. 种公牛的生理特性主要有哪几个方面？

（1）记忆力强。种公牛对它周围的事物和人，只要过去曾经接触过，便能记得住，印象深刻者，多年也不会忘记。例如，过去给它进行过医疗的兽医人员或者曾严厉鞭打过它的人，接近时即有反感的表现。因此，必须指定专人负责饲养管理，不要随便更换。饲养员通过喂料、饮水等活动，可以摸透每一头种公牛的习性，建立情感，使它驯服。在给种公牛进行治疗时，饲养员应尽量避开，以免给以后的饲养管理工作带来麻烦。

（2）防御反射强。种公牛具有较强的自卫性，当陌生人接近时，立即表现出要对来者进行攻击，因此，不了解公牛特性的外来人，切勿轻易接近。

（3）性反射强。公牛在采精时，勃起反射、爬跨反射与射精反射都很快，射精时的冲力很猛，如果长时期不采精，或采精技术不良，公牛的性格往往变坏，容易出现顶人的恶癖，或者形成自淫的坏习惯。

35. 种公牛饲养管理过程中应做好哪些安全防范工作？

公牛个体之间，在性格上各有不同，有的脾气暴躁，有的性格温驯，但记忆力强、防御反射强和性反射强三个特性都共同存在。饲养人员在管理种公牛时，要处处留心，特别注意安全。即使对种公牛很熟悉，它的平时表现也很温驯，一旦由于某种原因使之神经兴奋（如遇见母牛，有求偶欲，或头部瘙痒等），就会一反常态，出现瞪眼、低头、喘粗气、前蹄刨地等动作，这就表明已发脾气、要顶人的表现。在种公牛饲养管理过程中要专人负责，严禁陌生人接近，饲养员要做到恩威并施，掌握厉声呵斥即令驯服的技能，平时不得随意鞭打或虐待种公牛。

36. 种公牛的饲喂当中应采取哪几个方面的技术措施?

根据种公牛营养需要的特点，在饲料的安排上，应该是全价营养，多样配合，适口性强，容易消化，精、粗、青饲料要搭配得当，精料应以营养价值高的蛋白质为重点，精料的比例以占总营养价值的40%左右为宜。各类饲料的具体搭配上，应注意掌握多汁饲料和粗饲料不可过量，长期喂量过多，会造成腹围太大，影响种用效能，碳水化合物量高的饲料（如玉米等）宜少喂，否则易造成种公牛过肥以致降低配种能力，豆饼等富含蛋白的精料是喂种公牛的良好饲料，但它属于酸性饲料，喂多了在体内产生大量的有机酸，对精子的形成不利，青贮饲料属于碱性饲料，但青贮本身就含有多量的有机酸，喂量过多，同样有害，骨粉、食盐等矿物质饲料对种公牛的健康和精液品质有直接关系，尤其是骨粉（或其他含钙、磷多的饲料）必须保证。食盐对刺激消化机能、增进食欲和正常代谢也很重要，但喂量不宜过多，否则对种公牛的性机能有不同程度的抑制作用。

当精料或多汁饲料给予过量，以致精液品质下降时，应在减少精料或多汁饲料喂量的基础上，增喂适量的优质干草，经调整后，精液品质可得到明显的改善。当精料太单纯，影响到精液质量时，则须增添种类，最好的动物性蛋白补充饲料就是鸡蛋和牛乳，这类动物性饲料，在采精频繁时是不可缺少的。种公牛长期喂给大量的干草和其他粗饲料，致使造成“草腹”，腹大而下垂者，靠调整饲料很难矫正，但早期发现喂量不当，还有调整和矫正的可能，这方面的问题,常发生在小公牛的培育阶段。

饲养种公牛各类饲料日给予量的大致限额为：精饲料按体重每100千克给予0.4～0.6千克。一头种公牛精料日给量最好不要超过8千克，一般在5～6千克为宜，且品质优良。青粗饲料的喂量，按体重每100千克喂给干草1～1.5千克，青贮0.6～0.8千克，胡萝卜0.8～1.0千克。青粗饲料的日给量总共在10～12千克。夏季喂饲青割牧草（中等品质以禾本科牧草为主），每100千克体重可喂给2～3千克。此外，每头种公牛每天可补喂鸡蛋0.2～0.5千克或牛乳1～3千克、骨粉每天给予100～150克、食盐70～80克。应保证充足的饮水，配种或采精前后、运动前后半小时内都不要饮水，以免影响公牛的健康，更不能饮脏污水、冰碴水等。

37. 种公牛管理当中应采取哪几个方面的技术措施?

（1）拴系。种公牛的拴系应按规定严格执行，鼻环须用皮带将其吊起，系在缠角带上，缠角带最好用滚缰皮缠牢，缠角带上拴有两条系绳（系链），通过鼻环，左右分开，拴系在两侧的立柱上，种公牛的拴系一定要牢固，以防万一脱缰，而肇致人身事故，或发生公牛斗殴。

（2）牵引。种公牛的牵引，应坚持双绳牵引，由两人将它牵走，一人在牛的左侧，另一人在牛的右侧，人和牛应保持一定的距离。对性情不温顺的公牛，须用钩棒进行牵引，由一人在牵住缰绳的同时，另一人两手握住钩棒，钩棒搭在鼻环上面后行动。

（3）运动。种公牛必须坚持运动，要求上、下午各进行一次，每次1.5～2小时，走行距离为4千米左右，运动的方式有旋转架运动、钢丝绳运动、套爬犁或拉车运动等。实践表明，运动不足或长期拴系，会使公牛的性情变坏、精液品质下降、患肢蹄病和消化系统疾病等，运动过度或使役过劳，对公牛健康和精液品质同样有不良的影响。

（4）刷拭。刷拭是管理种公牛的重要工作内容，要坚持每天定时进行刷拭，平时则应经常清除牛体的污物，使之保持清洁，刷拭的重点是角间（枕骨脊处）、额部、颈部等处，要小心细致地进行，因为这些部位容易藏污纳垢，而致发生奇痒，如不及时拭刷，往往使它烦躁不安，甚至养成顶撞的恶习。

（5）按摩睾丸。按摩公牛睾丸是一项特殊的操作，每天坚持进行一次，与刷拭结合进行，每次5～10分钟，为了改善精液品质，可增加一次，按摩的时间适当延长。

（6）护蹄。护蹄应作为经常的工作来做，饲养人员要随时检查蹄肢有无异常，要求保持蹄壁和蹄叉洁净，将附着的污物清除掉，不要让种公牛站立在污泥或脏水坑中，为了防止蹄壁破裂，可涂抹凡士林或无刺激性的油脂，发现蹄病，应及早治疗，做到每年春、秋两季各削蹄一次，蹄形不正则须矫正，种公牛由于蹄病治疗不及时影响采精，严重者继发四肢疾病，甚至失去配种能力，必须引起高度的重视。

38. 淘汰牛育肥饲养管理措施有哪几个方面？

淘汰牛主要是指役用牛、乳牛、繁殖性能低的母牛、失去种用价值的公牛。这类牛一般年龄较大，产肉率低，肉质差，经过短期催肥，可提高屠宰率、净肉率，改善肉的品质，提高经济价值。淘汰的公牛在育肥前10天去势。淘汰牛育肥期以90～120天为宜，有草坡可先行放牧育肥1～2个月，再舍饲育肥1个月。育肥期内，应及时调整日粮，根据淘汰牛的不同情况灵活掌握育肥期，一般日粮精料配方为玉米72%、油饼类15%、糠麸8%、矿物质5%。混合精料的日喂量以体重的1%为宜，粗饲料以青贮玉米或氨化秸秆为主，任其自由采食，不限量。

淘汰牛育肥常采用拴系饲养，定量喂给精料，粗料不限量，自由饮水，冬天饮不低于20℃的温水，尽量限制其活动，保持环境安静。采用全舍饲高营养饲料育肥，日增重保持在1.3千克以上，体重达400千克以上。这种方法生产的牛肉仅次于犊牛肉，而成本较犊牛育肥法低，但该法精料消耗较大，多适用于饲草饲料资源丰富的地方。淘汰牛育肥应掌握先喂干草，再喂配合饲料，最后饮水，定时定量，一般每天饲喂2～3次，每次喂配料时先取干酒糟用水拌湿，或干湿酒糟各半混匀，然后再撒入少许玉米粗粉、尿素、棉饼粉和食盐拌匀。待牛吃到最后再撒入少许玉米粉，使牛把料槽内的草料吃净，圈舍及饮水要清洁、干净、卫生。

39. 淘汰牛育肥前应做好哪几方面的工作？

（1）选择牛只。在被淘汰牛中，应选择健康无病、四肢粗壮、头额方大、背直肋宽、骨架大的进行快速育肥，若为去势公牛更好。患病老弱残牛不宜选取。

（2）开胃健脾。在育肥之前，首先要

喂服丙硫苯咪唑以驱除体内寄生虫，剂量每千克体重155毫克，然后，每头用茶叶100克、山楂100克、神曲100克、麦芽100克、金银花200克，煎汁灌服，或共为细末一次内服，达到开胃健脾。

（3）分群饲养。按淘汰牛的来源、品种、性别、年龄、强弱等分群饲养，不同阶段的牛分阶段饲养。

40. 影响肉牛育肥效果的主要因素是什么？

（1）品种。品种对育肥效果有着重要的影响，不同品种的牛，在育肥期对营养物质的需要量是有差别的。对于同样的日增重，所需要的营养物质的量非肉用品种牛要多于肉用品种牛。以去势幼牛为例，乳用品种牛需要营养物质数量较肉用品种牛高10%～20%。肉用牛又分为大型晚熟品种、中型品种以及早熟小型品种。肉用牛的特点是能利用各种饲料，并且饲料的转化率高，能够提前结束生长期，较早的进入肥育期。在优良的饲养条件下可以获得较高的屠宰率和产肉率，和乳用型品种的牛相比，增重的速度快，肉质也相对较好。另外，不同品种肉牛的产肉率不同，在相同的饲养管理条件下，达到相同体重的时间大型品种较短，而小型品种所需的时间较长，因为大型品种单位时间内的增重速度快；达到同样胴体产肉率的时间小型早熟品种较其他品种要短，大型晚熟品种所需的时间较长，因为小型早熟品种的脂肪沉积早，出栏率也早。肉牛饲养场要根据自身的养殖条件以及生产目的来选择合适的品种进行肥育。

（2）年龄。不同生长发育阶段的牛，在育肥期内对营养物质数量和比例的要求不同。幼龄牛正处于生长发育阶段，增重的主要部分是肌肉、内脏和骨骼，饲料中蛋白质的含量应高一些；2岁以上的成年牛，在育肥期增重主要是脂肪，饲料中蛋白质含量应稍低一些，能量水平应高一些。幼年牛与成年牛所增重的成分不同，每单位增重所需要营养物质的量以幼龄牛最小，老龄牛最多。幼龄牛的消化机能不如老龄牛完善，对饲料品质要求比成年牛高一些。通常任何年龄的牛，当脂肪沉积到一定程度后，其生活力降低，食欲减退，饲料转化效率降低，日增重也减小，如再继续饲喂就不合算。因此，肉牛年龄越小，理想的育肥期越长，年龄越大，则育肥期越短。

（3）环境温度。环境温度对育肥牛的营养需要和增重影响很大。平均温度低于7℃时，牛体的产热量增加，牛的采食量也增加。低温增加了热能的散失量，饲料的转化效率也随之降低，对处于低温环境的牛要相应增加营养或提高室温才能维持较高的日增重。低温大风天气更会加剧对牛的不良影响。平均气温高于27℃，牛的呼吸和体温随之增加，采食量减少，牛的食欲下降，甚至停食、流涎，严重的会中暑死亡。高温会加剧对牛的危害尤其在育肥后期，牛体较肥时，高温的危害更为严重。肉牛最适宜的环境温度为18～25℃。

（4）饲料的营养水平。饲料的营养水平对肉牛的育肥起着关键的作用，肉牛的产量与饲料的营养水平有着直接的关系。给肉牛提供优质、营养全面、适口性好的饲料，可提高肉牛对饲料的利用率，进而使肉牛的增重加速，肉质会更好。当饲料的营养水平低时，肉牛的日增重下降，脂肪、肌肉和骨骼的生长发育也会受到影响，因此在肉牛进入育肥期时要改善饲料的营养水平，以达到理想的育肥效果，特别是在育肥后期，要增加营养的强度，这样有助于脂肪的沉积，使牛的体重增加。肉牛养殖要科学合理地调整饲料的营养水平，根据肉牛不同的生长阶段对营养的不同需求来调整饲料的营养。肉牛在犊牛期主要以肌肉生长为主，需要提供较多的蛋白饲料；成年牛和育肥后期以增重为主，则需要较高的能量水平。

（5）饲养环境。肉牛的生活环境对其生长发育有着非常大的影响，环境的清洁、干燥、温度和湿度适宜、光照合理对肉牛的生长发育及育肥有利，而不良的饲养环境会影响肉牛的增重，推迟出栏时间，影响肉牛养殖的经济效益。一般肉牛育肥的最佳环境温度为 10 ～ 21℃，当温度低于 7℃时，牛体为了维持体温，产热增加，需要消耗较多的饲料；当环境温度高于 27℃时，会使肉牛的采食量下降，增重缓慢。所以肉牛养殖冬季要防寒保温、夏季要防暑降温。

（6）饲养方式。良好的饲养管理是提高育肥效果、增加产肉量、改善牛肉品质所必需的。目前肉牛的饲养主要有放牧、舍饲和放牧 + 舍饲三种方式。放牧相对来说更为经济，成本相对较低，但受自然环境条件的束缚；舍饲是目前肉牛育肥的主要方式，适于不同品种、年龄以及性别的肉牛，对饲养管理的水平要求较高，育肥效果也更好；放牧 + 舍饲是白天放牧晚上补饲。为了追求更好的生产效益，养殖场应该结合自身的养殖条件选择合适的饲养方式，以达到使肉牛日增重快、出栏早、肉质好的目的。

41. 给牛驱虫的重要性及方法是什么?

一般对各阶段的牛每年都应定期驱除体内、外寄生虫，对新购进的育肥架子牛从入场第 3 ～ 5 天就可进行驱虫，以提高饲料利用率、保持较高的日增重，达到预期的育肥效果。驱虫方法可采用肌肉注射、口服或局部涂抹等，驱虫后给牛口服适量帮助消化的健胃剂。驱虫可每隔 2 ～ 3 个月进行一次，可选择高效无残留的广谱药物。

42. 公牛去势的时间及作用是什么?

一般认为公牛去势的时间 3 ～ 6 月龄较为理想，这时去势可以减少应激，加速头、颈及四肢骨骼的钙化，提高生长速度、饲料转化率、出肉率和改善肉的品质，且胴体瘦肉多、脂肪少、大理石花纹明显，肉的等级高，可生产优质高等级切块（如雪花牛肉）。但在实际中去势的时间可依据市场需求及消费习俗灵活掌握。另外采用舍饲短期强度育肥或生产犊牛肉的公牛可以不去势。

43. 给牛刷拭的方法是什么?

给牛刷拭身体可清除体表粘上的树叶、粪便、尘土、皮屑等污物，加快牛皮肤血液循环，改善消化功能，促进新陈代谢，促进生长，减少体表寄生虫的发生，刷拭对种公牛尤为重要。刷拭方法是由前至后，由上到下，刷拭时间一般在采食后进行，此时牛不愿活动，容易刷拭，经过一段时间牛会形成条件反射。刷拭一般应坚持每天 1 ～ 2 次，保持体毛光顺，皮清毛亮，刷试工具有木制、铁制等。

44. 给牛编号的方法主要有哪几种?

为了便于生产和管理牛群，合理地选种、选配，需对牛进行编号。编号方法有耳标法、剪耳法、墨刺法、烙角法等，目前最常用的方法是耳标法，其他方法很少应用。耳标用铝片或塑料制成，目前由政府供应专用塑料耳标，上面的号码共15位数字，一个耳标一个号，上面包含省、市、县、场、具体牛等各种信息，一个耳标对所佩戴牛是唯一的，佩戴时牛耳内外用2%～5%碘酒消毒，用耳号钳直接固定在牛耳上。在给牛佩戴耳标时为区分性别，公牛在左，母牛在右，或公牛选择单号，母牛选择双号（图5-9）。

图5-9　编号

45. 家庭牧场式养牛的优点是什么?

（1）符合国家政策。中共中央连续多年在1号文件提出发展家庭牧场（农场），充分说明家庭牧场式养牛是形势发展的需要，是广大农民群众的期盼，非常符合农村当前实际。

（2）投资相对较少。在农村一般家庭通过政府相关政策扶持、国家信贷部门资金支持，每个环节的投资费用基本上都可得到解决，加之家庭牧场是自己的，投资费用相对较少。

（3）劳动效率高。家庭成员都是心向一处想，劲向一处使，遇到问题相互协作、相互配合，人尽其用、物进其用。一般不需雇用劳动力，就可完成日常饲养管理工作。

（4）种养业结合。养牛所产生的粪便为种植提供有机肥，提高土壤有机质，节约种植业支出，种植业又为养牛提供一部分饲草、饲料，降低养牛成本，种养有机结合，节约粮食，循环利用，一举多得。

（5）促进就业。随着农村土地制度改革不断深入，土地经营模式不断完善，土地逐步向种植大户集中，大批农民从土地中解放出来，他们参与养牛是重新就业的选择途径之一。

46. 确定牛场规模大小的基本原则是什么?

（1）因地制宜的原则。规模养殖是发展肉牛产业的必然趋势，但一定要从实际出发，按照当地的自然条件、牛环境条件、经济条件、技术条件制定发展计划、确定养殖规模。

（2）有利于提高效益的原则。从根本上讲，规模养殖就是为了获取更大的经济效益。在条件具备的情况下进行规模化养牛，使养殖场地、劳动力、资金、饲草、饲料得到合理利用，提高劳动生产率、商品生产率和经营者的收入。如果条件不具备仓促上马搞规模养殖，不但不能形成资源的合理配置，相反会打破原有较为合理的资源配置，使生产水平下降。

（3）市场畅销原则。牛场规模大小与市场需求相一致，既要注重提高规模，又要注重调整饲养品种降低成本；既要考虑资源的最大化利用，又要考虑市场的需求变化；既要了解短期市场，又要全面研究长期市场。

（4）无污染原则。牛场的布局应从动物卫生及环境保护的要求出发，最大限度地减少粪污及废弃物对周围生态环境的威胁。场址不应靠近城镇、居民生活区、水源地和交通主干线，并与饲草、饲料基地达到较好的结合。

47. 规模化养牛最理想的牛群结构应该是什么？

在实践中为了便于管理，习惯把牛群划分为犊牛 0.5 ～ 1.5 岁，青年牛 1.5 ～ 3 岁，壮龄牛 3 ～ 6 岁，老龄牛 7 岁以上四类，而把青年母牛、壮龄母牛常称为基础母牛。一个繁殖牛场中较为理想的牛群结构应该是犊牛、青年牛、壮龄牛、老龄牛保持在 10% ～ 15%、10% ～ 20%、45% ～ 55% 和 10% ～ 15% 的比例。为了实现有计划的为市场提供商品肉牛，牛群结构是非常重要的因素，每年应适时补充青年基础母牛，补充 1.5 岁以上的青年母牛 20% ～ 25%，从壮龄牛群中每年淘汰 10%，7 岁以上的老龄母牛都应该淘汰，个别健康优秀的母牛可以继续留用。对于新建牛场或者正在扩建牛场，青年母牛的比例可适当高些。如果采用本交模式进行养牛，公牛数占基础母牛数的 5% ～ 7%，采用人工授精模式进行养牛，公牛数占基础母牛数的 1% ～ 2%,另外要有 2% ～ 3% 的试情公牛。

48. 确定肉牛育肥最佳出栏时间的依据是什么？

（1）采食量。在正常育肥期，肉牛采食量随着育肥期的增加而下降，如下降到正常量的 1/3 或更少，或日采食量（以干物质为基础）为活重的 1.5% 或更少，则是育肥结束的标志。

（2）育肥指数。利用活牛体重和体高的比例关系来判断，指数越大，育肥度越好。育肥指数 = 体重（千克）/ 体高（厘米）× 100%，一般育肥指数以 500 以上为佳。

（3）体型外貌。利用肉牛各个部位形态来判断，当牛外观身躯十分丰满，颈显得短粗，鬐甲宽圆，背、腰、臀总合为双脊梁，全身圆润，关节不明显，触摸颈侧、前胸、背、后肋、尾根等处肥大，触感软绵而十分宽厚，同时表现出懒于行走、动作迟缓并出现厌食，表明已满膘，应该及时出栏。

（4）饲养管理水平。饲草、饲料搭配科学合理，营养水平高，采用强度快速育肥，各种环境条件优越育肥出栏时间早；若饲草、饲搭配不合理，粗纤维饲草多，营养水平不均衡，采用阶段性育肥，各种环境条件较差育肥出栏时间就比较晚。

（5）品种。不同品种出栏时间有一定差异，优良品种西门塔尔牛、利木赞牛等及其杂交后代育肥出栏时间早，地方品种牛育肥出栏时间就比较晚。

（6）市场。以上几条不是绝对的，在养牛实践中应灵活掌握，若到消费旺季、市场价格处于高位运行，这时就要果断结束育肥，提前出栏。

49. 如何制定牛场生产计划？

养牛生产是自然再生产和经济再生产，其不可控因素较多。因此制定牛场生产计划要有一定弹性，以适应各种条件变化，适应国家的养牛业计划，满足社会对牛产品的要求。制定生产计划要从实际出发，指标要科学，不能太高，也不能太低，注重市场，以销定产，统筹兼顾，做到劳力、机具、饲草、饲料、资金、产销等之间的综合平衡。

（1）市场综合分析。包括近期肉牛生产发展情况、经验和教训、当前肉牛生产市场环境、国家对肉牛产业的规划、扶持政策、肉牛市场需求预测以及城乡居民的消费趋势等。提出目标和计划的具体内容，分析有利和不利因素，采取合理的管理和技术措施，达到以销定产，人无我有，人有我新，人新我优的路子。

（2）牛场生产计划。

①销售计划。包括犊牛、商品肉牛、牛粪等。制定计划销售量、渠道、销售时间及销售方针策略等。

②成本利润计划。根据市场牛肉、商品牛、犊牛、饲料、劳动力、饲养技术水平等各种成本构成因素，对成本及总体生产成本等支出进行测算，做出计划。

③生产计划。包括犊牛生产、配种分娩和牛群周转计划、种牛供种、肉牛出栏等，确定年初、年终牛群结构及各类牛的饲养头数，同时还要确定牛群淘汰、补充数量等。

④配种分娩计划。主要是依据牛群周转计划、母牛的繁殖规律、饲养管理条件、配种方式、饲养的品种、技术水平等制定本场母牛配种、分娩计划。

⑤草料供应计划。养牛生产中饲草饲料费用占生产总成本的60%～70%，所以在制定草料供应计划时既要注意饲料价格及其来源，又要保证饲料质量；既要保证及时充足的供应，又要避免积压。

⑥疫病防治计划。以养为主，养防结合，最大限度减少疾病的发生，内容包括牛群的定期检查、驱虫、牛舍消毒、各种疫苗的定期注射、防疫效果监测和评估，病牛隔离与无害化处理等。

⑦资金使用计划。资金使用计划是经营管理中非常关键的一项工作，做好计划并顺利实施，要有可靠的资金来源，最大限度提高资金使用效率，精打细算，合理安排，科学使用。

50. 如何进行养牛的成本核算？

（1）生产指标及产（销）完成情况分析。主要包括计划完成情况、生产管理技术指标等。如：产犊率反映母牛的妊娠和生产情况；犊牛成活率反映后备牛的培育水平；出栏率反映养牛生产水平和牛群周转速度；增重速度一般以平均日增重表示（克／日）；饲料报酬指投入单位饲料所获得的产品量，反映饲喂效果，在养牛生产上常以“料肉比”表示，即消耗的饲料：肉牛的增重，另外还有肉牛出栏重等技术指标。

（2）利润分析。产品销售收入扣除生产成本就是毛利，毛利再扣除销售费用和税金就是利润。

（3）成本分析。在完成了利润分析之后，进一步对产品成本进行分析。产品成本是衡量牛场经营管理成果的综合指标，分析之前应对成本数据加以检查核实，严格划清各种费用界限，统一计算口径，以确保成本资料的准确性和可比性。

（4）饲（草）料消耗分析。饲（草）料消耗分析应从消耗定额、利用率和饲料配方三个方面进行。可先算出各类牛群某一时期消耗饲（草）料数量，然后同各自的消耗定额对比，分析饲（草）料在加工、运输、贮存、饲喂等各个环节上造成浪费的数量及原因。不仅要分析饲（草）料消耗数量，而且还要对日粮从营养成分和消化率及饲料报酬、饲料成本等方面进行具体的对比分析，从中筛选出成本低、报酬高、增重快的日粮配合和饲喂方法。

（5）劳动生产率分析。

每个职工年均劳动生产率＝全场年生产总值/年平均职工人数

每个工作日（小时）产量＝某产品的产量/生产所用天（小时）数

通过以上指标的计算分析，即可反映出牛场劳动生产率水平以及劳动生产率升降原因，以便采取对策，不断改进。

除对以上经济活动进行分析外，还应对牛场的财务预算执行情况、牛群结构、牛群周转率、牛场设施设备利用率等项内容进行分析，以便全面掌握牛场经济活动，找出各种影响生产发展的原因，采取综合改进措施，不断提高牛场经济效益。

51. 如何才能使肉牛养殖效益最大化?

（1）保证良好的养殖环境。养牛首先要搞好牛舍建设，因地制宜建造冬暖夏凉的牛舍，冬季要做好保温，使舍内温度保持在5℃以上。每天定时清除粪便，中午通风换气，刷拭牛体，定时牵牛到舍外晒太阳，增强体质，有利于增膘。

（2）选养良种牛。选择优良品种的牛进行养殖是获得好效益的关键，因为良种牛不仅肉质好、生长快、饲料报酬高、卖相好，发病率也低。要改变多年一贯制搞级进杂交的做法，积极引进利木赞、西门达尔等品种进行三元杂交，不断提高改良效果和经济效益。千万不要以为本地牛已经很优良，而不注重进行品种改良，要不断改良所养品种，牛价贵时要搞品种改良，牛价贱时更应搞品种改良，如果实施自繁自养要尽量使用冷冻精液配种技术。尤其应注意，不能用杂种公牛配种，因为杂种公牛虽然体高力大，但遗传性不稳定，极易造成近亲繁殖，后代退化，经济效益低下。

（3）科学饲喂。养肉牛应尽量让其吃好、吃饱青绿草料，同时补饲其他必需的营养饲料。提高养牛效益，要从犊牛培育抓起，特别是要搞好舍饲期补饲，使其在6～8月龄时体重达500千克左右出栏，也可经短期强度育肥后体重达500千克以上出栏。稻草和麦秸通过氨化后粗蛋白含量可提高，饲用氨化后的稻草和麦秸不仅能降低饲养成本，也能提高养牛经济效益。

添加尿素可提高饲料利用率12%以上。此外，多种维生素、矿物质、微量元素等添加剂均可酌情选择使用。

（4）搞好驱虫。牛在放牧时由于采食牧草和接触地面，体内外常感染多种寄生虫，如牛消化道内极易出现捻转血矛线虫、仰口线虫和食道口线虫等；牛体外极易感染螨、蜱、虱、蝇和蛆等体外寄生虫。这些寄生虫吸收营养、释放毒素，使牛生长发育受阻，日增重下降，饲料转化率下降；牛皮蝇蛆使皮价降低一半多，寄生虫严重时会造成牛死亡。可见，驱虫是养牛不可缺少的重要环节。可在春季3～5月和秋季9～10月进行两次驱虫，育肥牛在育肥开始时要进行驱虫。驱虫药物种类很多，左旋咪唑、敌百虫等，广谱、高效、低毒，可同时驱除体内线虫和体外螨、蜱、虱、蝇和蛆等寄生虫。剂型有针剂、片剂、胶囊和粉剂四种。其中粉剂价格适中，使用方便，用法用量：灌服或拌匀于饲料中饲喂，每10千克体重用1克；驱虫最好安排在下午或晚上进行，使牛在第二天白天排出虫体，便于收集处理。投药前最好停食6～12小时，只给饮水，以提高药效。将牛体内外的各种寄生虫驱尽后，科学饲养、增膘效果显著。

（5）预防疾病。是养牛取得较高效益的关键之一，防病没搞好，种学饲养将前功尽弃。保持牛舍、牛体的清洁卫生，坚持定期消毒、驱虫，保证牛饲料及饮水卫生安全等，如果没有足够的兽医技术，还要与当地兽医保持经常联系，搞好疫病的预防和疾病的治疗（图5-10）。

图5-10　牛舍卫生差

（6）及时出栏。饲养的肉牛达到一定的体重应及时出售，否则会因为饲养成本过高而得不偿失，降低了养牛效益，甚至没有效益。

52. 不同季节怎样养好牛？

（1）春季。

①饲草搭配。春季喂牛要尽量做到饲草多样化，要短草配长草，优质草配次草，如麦草和稻草配青干草、秫叶、花生秧和苜蓿草等，这样混合均匀的饲草营养全面，牛爱吃。

②精料配合。喂精料时要软硬配合，如喂玉米、黄豆等硬料时，可加拌麸皮、粉料等软料。开始先喂草，待牛吃到半饱时少加精料，将要吃饱时多加精料，并且要加有香味的精料，如把黄豆炒香磨碎加拌在草内，即使无青草，牛也能顿顿吃饱。

③加喂尿素。加喂尿素是补充牛体蛋白质的重要措施，春季可适量饲喂。一般6月龄以上的犊牛日喂40～60克，育肥牛70～100克，成年母牛日喂150克。尿素适口性差，可按日粮的1%与精料混合后拌草饲喂，喂后半小时内不能饮水。

④食量安排。春季昼短夜长，在白天喂好牛的基础上，夜间还需加喂一槽，日喂草13～15千克。

⑤饮水加温。春季不能给牛饮冷水，水温应控制在25℃左右。温水中加点食盐和豆末喂牛，可起到降火、消炎作用。

⑥经常刮刷。牛舍内的粪便应勤出，打扫干净，勤垫干碎草和土，保持干燥卫生，防止牛蹄患病。每天把牛牵到室外晒太阳，用刮子或刷子刮刷牛体，可促进血液循环，防止牛生疮癣。

（2）夏季。

①牛汗腺不发达，比较怕热，牛舍内温度超过30℃时，就会阻碍牛体表热量散发，新陈代谢发生障碍。牛舍中含有氨气、硫化氢、二氧化碳等，如果浓度过高、作用时间过长，会使牛体质变差，抵抗力降低，发病率升高等。因此，盛夏季节要常打开通风孔或门窗，促进空气流通，降低牛舍温度。有条件的可在牛舍安装电风扇。天气炎热时每天下午用清水向牛体喷雾降温。运动场上应搭设凉棚，以防牛遭到日晒雨淋，发现牛呼吸困难时，可煮绿豆汤冷却后饮服，并用“风油精”擦抹牛额角、两侧太阳穴和鼻端，提神解暑。同时，应该在牛场周边种树、种草（花）绿化环境，改善场区小气候，营造适宜的温度、湿度、

光照等环境条件。

②搞好牛舍卫生。及时清除牛舍内外、运动场上的粪便及其他污物，保持干燥不积水，每次牛下槽后，饲槽、牛床一定要刷洗干净，清除出去的粪便及时处理。

③搞好牛体卫生刷拭。饲养员刷拭牛体要先站在牛左侧用毛刷由颈部开始，从前向后，从上到下依次刷拭，中后躯刷完再刷头部、四肢和尾部，然后再刷牛右侧身体，每次 3 ～ 5 分钟，刷下的牛毛应收集起来，以免牛舔食影响牛的消化。在舍饲条件下牛活动量小，蹄子长得快，易于引起肢蹄病或肢蹄患病引起关节炎，因此要适时修蹄，经常保持蹄壁周围及蹄叉清洁无污物，修蹄一般在每年春秋两季定期进行。

④调整日粮，合理喂饲。适当调整日粮组成，增强饲料的适口性，减少粗纤维比重。精饲料种类除多样化外，要提高蛋白质水平，并多喂些优质牧草、菜类、瓜类等青绿饲料。为了降低劳动强度，提高饲喂效果，一般采用日喂 2 次，早晚各喂 1 次的方法，确保牛有充分的休息、反刍时间，提高胃肠道消化机能，减少牛的运动次数。实行夜间喂饲,也是防暑的好办法。

⑤供足清水。牛的饮水量与个体、品种、年龄以及外界气温有关，除喂饲后食槽饮水外，在运动场设自由饮水槽，每次喂食时将料投入食槽并适当注水，诱牛饮水吃料，不仅能满足饮用清洁的水，而且对缓和“热应激”反应起到良好的作用。亦可在饮水中放入 0.5% 的食盐，以促进牛消化，保证牛体盐代谢正常。

⑥消除蚊蝇。盛夏季节，蚊子、苍蝇较多，不仅叮咬牛体、影响牛休息，还传播疾病。因此，可在牛舍加纱门纱窗，以防蚊蝇叮咬牛体，也可用 90% 敌百虫 600 ～ 800 倍液喷洒牛体，驱杀蚊蝇，但在用药时防止浓度过高及药液渗入牛体中，引起牛中毒。

（3）秋季。

①调整日粮成分。喂给牛高质量饲草，多喂一些精饲料或者高脂肪物质来提高日粮的能量，可用豆类或动物脂肪，补充量以 1% ～ 1.5% 为宜。提高全价日粮中的蛋白质含量，使其在 18% 左右。粗纤维含量不要过多，特别是青贮饲料。

②增加饲料适口性。给牛调制适口性好的全价饲料，以增强食欲。实践表明：每天以 100 千克饲料加入 500 千克水煮成稀粥,另加红糖 5 千克,分 3 次倒在剩料上，可使剩料全被吃光。

③严格防疫。对患有结核、布病等传染性疾病的牛，应及时隔离。对病牛的分泌物、粪便、剩余饲料、褥草及剖析的病变部分等焚烧深埋做无害化处理。

④做好疾病防治。搞好环境卫生，定期对牛舍进行消毒，可减少发病。对分娩和流产母牛，及时灌服红糖麦麸汤，以促进胎衣及时排出。

（4）冬季 。

①改单一料为多种料。一般在冬季牛喂饲草单一，很少加喂精料，喂单一草料，营养贫乏，适口性差，极易导致牛厌食、掉膘、死亡。因此，冬季牛用饲料必须多样配合，做到青料与干料搭配，粗料与精料搭配，禾本科草与豆科草搭配。

②改随时喂为定时喂。饲养户喂牛大都是什么时候有空就什么时候喂，根本没有时间性。其实，牛的消化过程有一定的规律，定时喂料，能使牛形成条件反射，增加唾液的分泌量，充分消化。在冬季，

由于夜长昼短，除每天在早、中、晚三次定时喂牛外，在夜晚还应加喂“夜食”。

③改舍内运动为户外活动。牛在冬季长期舍饲，缺乏运动，没有机会接触阳光，极易生病。因此，在天晴时，应该将牛牵至舍外避风的地方，晒晒太阳，活动一下筋骨，并刷拭牛体，以促进血液循环，增强牛的体质，防止牛长虱、生癞。

④改舍内积肥为舍外积肥。农户养牛大多数都有舍内积肥的习惯，但在冬季，如果还继续采取此种积肥方法，则势必影响圈舍的卫生、地面的干燥、空气的质量等，使牛体滋生体表寄生虫，出现烂蹄等疾病，给牛安全过冬带来不利影响。

53. 肉牛养殖的风险因素主要有哪几个方面?

很多人都认为肉牛养殖相对来说要稳定一些，其实不然，人常说“家有万贯，带毛的不算”，在养殖全过程中只要其中一个环节做不好、做不到位，就会造成不同程度的经济损失，赚不到钱、甚至赔钱。

（1）思想方面。肉牛养殖并不是一个暴利行业，很多人看过致富经、生财有道等一些致富节目后，感觉肉牛养殖是一个简单而又暴利行业，其实真正搞养殖的朋友都知道，养牛是靠吃苦来赚钱，挣的是辛苦钱，如果要养牛一定要脚踏实地，杜绝一夜暴富思想，同时要有吃苦耐劳的精神。

（2）环境方面。养殖环境分为自然环境和人文环境。自然环境就是看牛是否适合当地气候进行养殖，人文环境就是当地消费习惯。

（3）养殖场地方面。养殖场地是基本条件之一，要根据所处场地的条件来决定，不能盲目地进行，如农区适合圈养，山区适合放牧。另外所选养殖场地既要交通方便、离水源近、能通电等要求，还应该远离交通主干道、远离屠宰场、远离居民区、远离污染。

（4）饲草饲料方面。饲草、饲料比较容易解决，肉牛养殖饲草、饲料投资占总投资60%～70%，因为粗饲料量大、体积大，只能靠当地就近解决，并需要提前储存，若从外地运输会加大养殖成本高，一般不可取。

（5）肉牛养殖前景方面。不仅要看现在有没有市场，还要看未来3～5年市场怎么样。如果连续几年都不好，那么未来两年肯定会赚钱，相反现在十分火爆，广告满天飞，四处卖种，那么这个行情两年内肯定会赔钱。

（6）资金方面。须清楚地了解自身的资金实力，比如引种投入、流动资产、场地固定资金等预算。要根据自己的资金多少来确定养殖规模，资金少时不能打肿脸充胖子，盲目扩大规模，给后期的养殖生产带来困难，加大了养殖风险。资金多的，也要注意不要贪大图洋，财大气粗，忽视了成本预算，量力而行，滚动投入，循序发展，才能减少损失，增加养殖成功率。

（7）技术方面。要通过侧面或书本资料了解一些有关肉牛养殖、繁殖、疾病防治等技术知识。对于规模较大的牛场应先派饲养员外出培训，待掌握了一定的技术再发展。如果不想外出培训，仅通过看书本资料摸索，那么就应该从小规模做起，不断总结经验，等自己技术成熟后，再进行大规模养殖。

（8）疫病方面。牢固树立疫病风险大于市场风险的意识，做好肉牛养殖每个环节的饲养管理工作，以养为主，养防结合，尽可能降低肉牛发病率。

（9）防骗意识方面。在养牛行业中有一些不法分子，利用农户致富心切的心理，发布虚假信息，提供劣质品种，对此一定要引起注意。防骗意识强弱与否直接关系到上当与否，不要轻信那些超常规、高利润的夸张宣传，在引种时应多参考有关专家的意见，到有一定信誉的单位去引种。

（10）自然灾害方面。大自然不可预测因素很多，如持续阴雨天，极端暑热、冰雪冷冻和风灾等，要有防范应对措施。

54. 牛场档案管理的主要内容是什么？

牛场档案管理是牛场生产计划制定的重要依据，应专人记录和管理，档案管理要求从引种开始，到饲草、饲料，兽药采购、使用，技术应用，产品销售，用工，水电费用，设备维修，场内外环境消毒，牛场卫生措施，疫苗防疫效价监测与评估，疾病诊断治疗，废弃物处理等方面进行翔实的记录，以便发现问题、查找原因、提出对策。

六、牛场生物安全措施

1. 牛场生物安全的重要性是什么?

（1）保证养牛生产的顺利进行。多吃牛肉、吃好牛肉、吃放心牛肉是城乡群众生活水平不断提高的需要，但随着规模化、集约化的快速发展，养牛密度增加，发病率随之升高，养牛风险不断加大，生物安全措施完善与否关系到养牛生产能否顺利进行。

（2）保护人体健康。近年来威胁牛健康生长的疾病种类愈来愈复杂，人畜共患病时有发生，有些已威胁到人的健康甚至生命安全，搞好牛场生物安全、疾病预防，不但可以减少养牛的经济损失，而且可以有效保护人的身体健康。

（3）保护生态环境。养牛规模化、集约化的快速发展，由此产生的粪、尿及污染物排泄量逐年增大，对周围环境如土地、水源、空气造成污染，使生态环境受到不同程度破坏。所以应搞好牛场生物安全，对粪、尿及污染物进行无害化处理达标后排放。

2. 牛场从业人员健康保障的重心是什么?

（1）保护人体健康。随着牛场数量及规模不断扩大，给农村劳动者带来了更多的就业岗位，牛场从业人员也越来越多。众所周知人的因素决定一切，自身安全不可小视，因为威胁养牛的疾病种类愈来愈复杂，人畜共患病时有发生，有些已威胁到人的健康，搞好牛场生物安全、疾病预防，不但可以减少养牛的经济损失，而且可以有效保护从业人员的身体健康。

（2）保证养殖生产的顺利进行。吃到安全、放心、无害、无毒的牛肉是城乡群众生活水平不断提高的需要，但随着规模化、集约化的快速发展，养殖密度增加，畜禽发病率随之升高，养殖疫病风险不断加大，生物安全措施完善与否直接关系到养殖生产能否顺利进行。为此养殖场从业人员首先应学习《动物防疫法及实施细则》《人畜共患病防治办法》等法律法规，从思想上认识到人畜共患病可防可控。

3. 牛场应如何做好人畜共患病防控工作?

（1）建立规范的消毒制度。牛场生产区入口设消毒室和消毒池，每季度应全面消毒一次，舍内每周消毒两次，舍（栏）、饲槽定期刷洗消毒。外来或购入的牛应持有检疫单位的健康证明，做好隔离观察，场内外出现传染病时，立即隔离、封锁，采取相应的应急措施，并向上级主管部门报告。

（2）免疫、检疫。牛场应定期检疫和监测，尤其是一些人畜共患的传染病，根据防疫计划定期接种防疫，健康牛每年春、秋两季各进行一次结核病、布氏杆菌病检疫，发现阳性及时淘汰并进行无害化处理，保持场内公共卫生安全，避免从业人员受到危害。同时要加强从业人员自身的病前筛查，特别是在传染病流行季节，一定要做到疾病早发现、早诊断、早治疗。

（3）搞好牛场饲养管理。给牛创造舒适的生产、生活环境，牛舍保持干燥、清洁、卫生，定期消毒、驱虫，不突然改变饲养管理条件等。

（4）引进牛的管理。引进良种牛时要注意不能从疫区引进，同时还要采取双向检疫、双向隔离措施，在引进牛的产地要进行相关疫病和人畜共患病的检疫，经检疫确认健康的方可引进。引进后要观察18～25天，再次进行相关疫病的检疫，经检疫确认健康方可混群，确保本场不受疫病威胁。

（5）加强接生防护。在母牛生产期间从业人员接触的时间较多，应特别注意自身防护，避免受伤部位接触产畜的分泌物和其他部位，同时从业人员的呼吸道和身体的暴露部位也要做好防护，每次接生工作完毕后要进行彻底的清洗和消毒，防止受到致病微生物的侵害。

4. 保障牛场从业人员健康应采取哪些有效措施?

（1）养成良好生活习惯，提高自身抵抗能力。牛场从业人员应养成良好的饮食习惯，不暴饮暴食，不偏食，不挑食，工作后应充分休息。有条件的养殖场要安排好职工的业余文化生活，使职工心情愉快，生活有质量，工作有干劲。从业人员应多参加一些有益健康的活动和运动，提高机体各组成器官机能的活力，增强对环境的适应能力。加强自身修养、遇事不急不怒，保持平和的心态，保持健康的生活方式，培养文明健康的兴趣爱好。不酗酒，不熬夜，不吸烟。提高自身对环境的适应能力和抵抗力，控制人畜共患病的发生。

（2）定期健康检查。主要的人畜共患病，如布鲁氏菌病、结核病等，这些疾病可以经人感染牛，也可经牛感染人，是国家严控的传染病，新入场的职工要进行健康检查，人畜共患病的患者不允许进场工作。如工作确实需要必须先进行有效治疗，待身体恢复健康后方可入场工作，场内从业人员每年定期进行健康检查，有人畜共患病或其他健康问题的人员都应采取隔离、治疗等有效措施，待身体状况恢复健康方可正常工作，以保障从业人员的健康安全。

（3）做好个人防护。牛场工作又脏又累，要求工作人员必须思想上重视，工作时严肃认真，避免出现牛伤人。上下班穿戴相应的工作服、工作帽、口罩等，工作完毕要根据不同情况进行工作场所和自身的清洗消毒，上班禁止吸烟、喝水、吃零食，防止病从口入，不给致病微生物可乘之机。

（4）加强疫情监控，防止疫情扩散。在发生人畜共患疫情时要迅速采取有效措施，迅速扑杀和控制，避免疫情扩散和引起从业人员感染。采取扑杀和无害化处理、封锁、消毒、销毁、免疫注射等措施，及时控制疫情的扩散和蔓延，保证场牛和从业人员的健康安全。平时要对病死或未知原因死亡的牛进行焚烧、深埋等无害化处理，防止污染场内环境。

5. 养牛生产的污染物主要是哪几类?

养牛产生的污染物主要有：牛的粪、尿，牛场污水，病死牛的尸体，牛场排出的有害气体，饲料加工产生的粉尘，牛舍内排放出的灰尘、病原微生物等。如果这些物质处理不当，就会对周围大气、水源地、土壤造成污染。

6. 养牛生产对环境污染的危害主要表现在哪几个方面?

（1）对大气的污染。牛场粪、尿和污水不加处理或处理不当任意堆放，产生有害气体，不仅会导致场区内空气质量下降，而且牛场产生的有毒有害气体、粉尘、病原微生物等排入大气后，可随大气扩散并传播，当这些物质的排放量超过大气的自净能力时，将对人和畜禽造成危害。

（2）对水源的污染。对水源造成污染的主要包括有机物质、微生物和有毒有害物质。牛场粪、尿当中含有大量的碳氢化合物，含氮、含磷有机物，未被消化利用的饲料等腐败有机物，这些有害、有毒成分渗入地下，对水源造成污染。

（3）对土壤的污染。一是通过污染水源流经土壤造成水源型的土壤污染，二是空气中的恶臭有害气体降落到地面，造成大气污染型的土壤污染。牛场附近由于经常有粪、尿长年大量堆积或粪、尿渗透（特别是雨淋），其中的氮、磷、钾等物质进入土壤、造成对土壤的污染。

7. 牛场环境保护的重要性是什么?

（1）防止牛场产生的粪、尿、废水、废气对周围环境产生污染。

（2）避免周围环境污染物对养牛生产造成危害，以保证牛的健康。

（3）环境保护是国家法律法规的规定，养牛场必须无条件执行，《畜禽规模养殖污染防治条例》《畜禽养殖业污染物排放标准》是牛场环境保护的重要依据。

8.《畜禽规模养殖污染防治条例》对防治养殖污染是怎样规定的?

《畜禽规模养殖污染防治条例》规定：畜禽养殖场、养殖小区应当根据养殖规模和污染防治需要，建设相应的畜禽粪便、污水与雨水分流设施，畜禽粪便、污水的贮存设施，粪污厌氧消化和堆沤、有机肥加工、制取沼气、沼渣沼液分离和输送、污水处理、畜禽尸体处理等综合利用和无害化处理设施。已经委托他人对畜禽养殖废弃物代为综合利用和无害化处理的，可以不自行建设综合利用和无害化处理设施。

9. 牛场粪污治理的原则是什么?

（1）牛场粪污治理应从源头控制，严格执行雨污分离，通过优化饲料配方、提高饲养技术、管理水平、改善牛舍结构和通风供暖工艺、改进清粪工艺等措施，减少牛场污染物对环境的危协。

（2）牛场粪污治理应按照资源化、减量化、无害化的原则，以综合利用为出发点，提高资源化利用率。

（3）牛场粪污应经无害化处理要做到种养结合，循环利用，无害化处理应满足下列要求。

①液态粪污宜采用厌氧工艺进行无害化处理，沼液、沼渣不得作为同等动物的饲料。

②固体粪便采用好氧堆肥技术进行无害化处理，加工成有机肥，用于种植饲草、饲料，节约种养成本。

（4）没有充足土地消纳利用固体粪便的养牛场，应建立集中处理处置粪便的有机肥厂或处理（处置）设施。

（5）牛场废水不得排入生活用水水域和有特殊功能的水域，排放去向应符合国家和地方的有关规定。

10. 牛场建设应遵循的原则性是什么?

（1）新建、改建、扩建牛场应当符合当地畜牧业发展规划、畜禽养殖污染防治规划，满足动物防疫条件，并进行环境影响评价。对环境可能造成重大影响的牛场，应当编制环境影响报告书或填报环境影响登记表。环境影响评价的主要内容包括：牛场产生的废弃物种类和数量，废弃物综合利用和无害化处理方案和措施，废弃物的消纳和处理情况以及向环境直接排放的情况，最终可能对水源、土壤等环境和人体健康产生的影响以及控制和减少影响的方案和措施等。

（2）牛场应当根据养殖规模和污染防治需要，建设相应的粪、尿、污水与雨水分流设施，粪、尿、污水的贮存设施，粪污厌氧消化和堆沤、有机肥加工、制取沼气、沼渣、沼液分离和输送、污水处理、尸体处理等综合利用和无害化处理设施。未建设污染防治配套设施、自行建设的配套设施不合格，或者未委托他人对养殖废弃物进行综合利用和无害化处理的，牛场不得投入生产或者使用。

（3）将牛场粪、尿、污水、沼渣、沼液等用作肥料，应当与土地的消纳能力相适应，并采取有效措施，消除可能引起传染病的微生物，向环境排放经过处理的废弃物，应当符合国家和地方规定的污染物排放标准和总量控制指标。

11. 牛场粪污收集与贮存应采取哪几种方法?

（1）粪污收集。牛场宜采用干清粪工艺，应日产日清，建立排水系统，并实行雨污分流。

（2）粪污贮存。粪污无害化处理后用于还田利用的，应设置专门的贮存池，贮存池的总有效容积应根据贮存期确定。种养结合的牛场，贮存池的贮存期不得低于当地农作物生产用肥的最大间隔时间和冬季封冻期，或雨季最长降雨期，一般不得小于30天的排放总量，贮存池的结构应具有防渗漏功能，不得污染地下水，贮存池应配备防止降雨（水）进入的措施，贮存池应配置排污泵等。

12. 牛场粪污处理的具体措施是什么?

（1）固体粪便采用好氧堆肥技术进行无害化处理。在远离城市和城镇、土地宽广、有足够农田消纳牛场产生的粪尿，尤其是种植常年施肥作物如蔬菜、果树、经济作物的牛场可采用该模式。

（2）不具备堆肥条件的牛场，可选用其他方法对固体粪便进行资源回收利用，但不得对环境造成二次污染。如果没有堆肥条件，但有足够土地消纳沼渣、沼液的地区，可采用厌氧发酵处理。

（3）未采用干清粪的牛场，堆肥前应先将粪水进行固液分离，分离出的粪渣进入堆肥场，液体进入废水处理系统。

13. 牛场堆肥场地规划设置应满足什么条件?

（1）堆肥场地位置应符合相关规定，一般应由粪便贮存池、堆肥场地以及成品堆肥存放场地等组成。

（2）采用间歇式堆肥处理时，粪便贮存池的有效体积应按至少能容纳6个月粪便产生量计算。

（3）牛场内应建造收集堆肥渗滤液的贮存池。

（4）堆肥场地应具备防渗漏措施，不得对地下水源造成污染。

（5）牛场应配置防雨淋设施和雨水排水系统。

14. 粪污好氧堆肥的基本原理是什么？

好氧堆肥是在人工控制的好氧条件下，在一定水分、碳氮比和通风条件下，通过微生物的发酵作用，将对环境有害的有机物质转化为无害的有机肥料的过程。具体地说就是把粪便与其他有机物如秸秆、杂草及垃圾混合、堆积，在人工控制下，在一定的温度、湿度、碳氮比和通风条件下，利用自然界广泛分布的细菌、放线菌、真菌等微生物的发酵作用，把粪便及污染物中的各种有机物转化为植物能够吸收的无机物和腐殖质的转化过程。

15. 好氧堆肥应具备的基本条件是什么？

好氧堆肥的基本条件是通风供氧、控制水分和碳氮比，一般是在鲜粪（含水率70%以上）中加入干燥含碳高的调理剂（秸秆、草灰、锯末、稻壳等），调节水分，调节碳氮比，提高物料的空隙率，有利通风供氧。堆肥时微生物分解物料的过程产生高温（50～70℃），杀灭病原微生物、寄生虫卵和草籽，腐熟后的肥料无臭，高分子的有机物质被降解为容易被植物吸收的低分子化合物，从而变成高效有机肥，克服了粪便含水率高、使用、运输、贮存不便的缺点，并能消除粪便直接堆沤对周围环境造成的污染。好氧堆肥具有温度高、基质分解比较彻底、堆制周期短、异味小、可以大规模采用机械化处理等优点。

16. 牛场堆肥的方法有哪几种？

（1）自然发酵。自然发酵的步骤为将鲜牛粪送到贮粪池（场）堆积，经一定时间的发酵后施入农田。该方法简单易行，设备投资少，但需要的贮粪场面积较大，占地多，对牛粪中病原微生物、寄生虫卵等处理效果彻底。

（2）简易堆肥。可选水泥地或铺有塑料膜的地面，也可在水泥槽中，将牛粪便堆成长条状，高约1.5～2米，宽不超过3米，长度根据场地大小和粪便多少而定。堆积方法是先较疏松地堆积一层，待温度达到60～70℃后保持3～5天（或者待温度自然稍降后），将牛粪堆压实，再堆积一层新鲜牛粪，如此层层堆积到1.5～2米为止，用泥浆或塑料膜密封。为保证堆肥的质量，含水率超过75%时应中途翻堆，含水率低于60%时，应泼水，以满足水分要求，提高发酵效果，密封3～6个月即可启用。为减少发酵处理时间，可在肥料堆中竖插或横插或留适当数量的通气孔。生产中可采用堆肥舍、堆肥槽等进行堆肥，腐熟快，臭气少，可连续生产。

（3）发酵槽堆肥。将鲜牛粪收集到发酵槽内，适时进行翻堆、喷洒菌种，调控相对湿度到60%左右，经过21天发酵脱水，发酵温度可达50～60℃，使牛粪水分降到30%左右还可达到无害化处理的目的。

17. 粪污厌氧处理的基本原理是什么？

牛场粪污厌氧处理是在适宜的温度、水分和适当的碳氧比例条件下，经过复杂的好气微生物的活动，牛粪污中的有机物被沼气池中的好气微生物分解。在氧气不足的环境中，厌气菌开始活动，其过程大体上分为两个阶段：第一阶段为成酸阶段，由成酸细菌将多糖、脂肪、蛋白质等三类化合物分解成短链脂肪酸（乙酸、乳酸、丙酸)、氨气和二氧化碳;第二阶段是沼气和二氧化碳的生成过程,大约有60%的碳素转化为沼气,从水中冒出,积累到一定程度后产生压力,通过管道即可使用。牛粪经过厌氧发酵产生沼气、沼液和沼渣,沼气是一种可燃的混合气体,是一种可再生能源,可供牛场生活及照明,也可发电,沼气的主要成分是甲烷(无臭、无毒、无色的可燃气体,俗称瓦斯),沼液和沼渣可作为有机肥使用。

18. 粪污厌氧处理的基本条件是什么?

(1)无氧环境。可以建造四壁不透气的沼气池,上面加盖密封。

(2)充足的有机物。充足的有机物可保证沼气菌等各种微生物正常生长和大量繁殖,一般认为每立方米发酵池容积,每天加入1.6～4.8千克固形物为宜。

(3)适当的碳氮比。在发酵原料中,有机物碳氮比一般以25∶1时产气系数较高,在进料时需注意适当搭配、综合进料。

(4)适宜的温度。沼气菌的活动温度以35℃最活跃,此温度产气快且多,发酵时间约为1个月,如池温在15℃时,则产生沼气少而慢,发酵时间约为1年,沼气菌生存适宜的温度范围为8～70℃。

(5)适宜的pH。沼气池在pH为6.4～7.2时产气量最高,酸碱度可用pH试纸测试,一般情况下发酵液过酸,可用石灰水或草木灰中和。

19. 牛粪利用模式有哪几种?

(1)牛粪经好氧或厌氧发酵为种植业生产提供有机肥。

(2)牛粪经厌氧发酵产生沼气,供生活照明、发电等。

(3)牛粪还可用来养蚯蚓、种蘑菇、养泥鳅等。

20. 牛场隔离措施的主要内容是什么?

(1)牛场与外界环境的隔离。在选址时,就应考虑到牛场应处在一个天然屏障的大环境中,周边应无其他饲养场及肉类加工厂,与村庄以及主要公路相距至少1千米;牛场内严禁饲养猪、禽、犬、猫及其他动物,搞好灭鼠、灭蚊蝇和灭吸血昆虫等工作控制有害生物。

(2)新购进牛的隔离。新购进的牛必须持有法定单位的检疫证明书,并严格执行隔离检疫制度,确认健康后方可入群。对新进牛的处置措施如下。

①新购进牛到场后应在隔离区待养,隔离区应环境良好,水质良好,并有相适应的圈舍。

②第1天,给新购进牛打耳标,在进食和喝水前称重,引导其饮水、进食。观察每头牛,确保它们的健康,任何受伤的牛都应与群体分开并接受治疗。

③第2天,观察牛群健康状况,每天至少检查牛两次,有条件的话,应在牛运输前接种疫苗,以便尽早产生免疫力,进行体内和体表的寄生虫处理。

④新购进牛到场后应在隔离区饲养10～15天,无异常者方可合群饲养。

(3)人员的隔离。牛场内部各分区应明确清晰,生活管理区与生产区、生产区各区之间、净道与污道,避免形成防疫隐患区。

①牛场谢绝外来人员进入生产区参观,应在生活区指定的地点会客和住宿。

②饲养人员进入生产区,要经过消毒通道,更换专用的工作服和鞋帽后才能进

入，工作服和鞋帽每次使用都要经过消毒。

③生产区内各生产阶段的人员、用具应固定，人员不得随意串舍，各圈舍用具不得外借和交叉使用。

④生产区的工作人员不得对外开展诊疗等服务。

⑤饲养人员每年应至少进行一次体格检查，如发现患有危害人、牛的传染病者，应及时调离，以防传染。

（4）病牛的隔离。为防止疫病扩散和传播，必须要建立病牛隔离舍，患病牛一律转入隔离舍，由专人负责饲养、治疗，禁止其他人员接近。

①病牛。有典型症状或类似症状，或其他特殊检查呈阳性的牛。凡是挑选出来的病牛应隔离在远离正常牛、消毒处理方便、不易散播病原体并处于牛场下风向的密闭房舍内饲养，内部及周围环境应经常性地消毒。隔离舍内的病牛应用特异性抗血清或抗生素及时治疗，并加强饲养管理，用具、饲料、粪便污物等未经彻底消毒处理不得运出。

②疑似病牛。无任何症状，但与病牛及其污染的环境有过明显的接触，如同群、同槽、同牧等，这类牛有可能处在潜伏期，有排菌（毒）的危险，应在清毒后另选地方隔离、限制其活动，出现症状按病畜处理，经一定时间不发病，可取消隔离。

③假定健康牛。除上述两类外，其他易感牛都属于此类，应与上述两类严格隔离饲养，加强防疫消毒和相应保护措施，并立即进行紧急预防接种。

21. 为确保牛场生物安全日常应做的主要工作是什么？

（1）全面彻底消毒。包括人员、车辆强制消毒，牛舍、场区定期消毒，食槽、饮水槽等常规消毒及牛排泄物、流产胎儿、胎衣、死亡牛尸体无害化处理等。

（2）严格的免疫、检疫操作。免疫、检疫时必须认真严格，做到100%的免疫率和100%的抗体合格率，否则必须进行补检，并对检出的患病牛及时进行处理。

（3）分群饲养。按牛的品种、性别、年龄、强弱等分群饲养，不同阶段的牛分阶段饲养。

（4）适宜的牛场环境。为牛创造适宜的生长环境，防止各种疾病的发生与传播，保证牛场的饮水供应。

（5）制订科学的牛群保健计划。根据牛场实际情况制订牛群保健计划，如防疫、消毒，驱虫，疾病监控、监测、治疗等，日常管理时注意观察牛个体，及早发现病牛并进行及时治疗。购进牛需经严格检查，并经一段时间的隔离饲养。

22. 牛场发生疫情时应采取的紧急防控措施有哪几个方面？

（1）立即组成防疫小组，尽快做出应急处置，同时迅速向上级有关部门报告疫情。

（2）隔离封锁病牛，出入人员、车辆、被污染的环境严格消毒，在最后一头病牛痊愈或屠宰后两个潜伏期内再无新病例出现，经过全面消毒，报上级主管部门批准，方可解除封锁。

（3）对病牛及封锁区内的牛实行合理的综合防治措施，包括疫苗的紧急接种、抗生素疗法、高免血清的特异性疗法、化学疗法、增强抵抗力的辅助疗法等。

（4）病死牛尸体要严格按照防疫条例进行处置。

23. 怎样做好牛场疾病综合防治工作?

（1）消毒和环境卫生。夏季3～5天、冬季7～10天消毒一次，周围有疫情时应增加消毒次数，平时搞好圈舍内外环境卫生，健全兽医卫生管理制度，牛场采用封闭式管理，大门口、每栋牛舍门口都应设置相应的消毒池，减少人员的进出，确保安全经营。

（2）做好保健驱虫工作。母牛配种前驱虫一次，后备母牛转群时驱虫一次，每年进行一次全面体外驱虫，将体内外寄生虫病的危害降到最小，驱虫方法可采用肌肉注射或拌在饲料内饲喂。

（3）制定合理的免疫程序。母牛、种公牛分别对待，并结合本地疫病流行情况制定本场免疫程序并严格执行，严格按疫苗保管、运输、使用规程操作，做到头头注射，个个免疫。

（4）治疗产科疾病。对影响牛繁殖的产科疾病，早发现、早诊断、早治疗，尽可能减少空怀率，采用人工授精技术时，应严格按技术规程操作，对失去治疗价值的母牛尽早淘汰或育肥处理。

24. 牛场卫生管理的主要内容是什么?

（1）建立规范的消毒制度。生产区入口设消毒室和消毒池，每季度牛场应全面消毒一次，牛舍每周消毒一次，犊牛舍（栏）、饲槽定期刷洗消毒。外来或购入的牛应持有检疫单位的健康证明，做好隔离观察，场内外出现传染病时，立即隔离、封锁，采取应急措施，并向上级主管部门报告。

（2）免疫、检疫。根据防疫计划定期接种防疫，健康牛群每年春、秋两季各进行一次结核病、布氏杆菌病检疫。每年秋季对初生1周以上的牛进行炭疽芽孢苗的免疫注射，翌年春季补注一次。

（3）健康管理。给牛创造舒适的生产、生活环境，牛舍保持干燥、清洁、卫生，定期消毒、驱虫，不突然改变饲养管理条件等。

（4）蹄部护理。每年的春、秋季各检查和修蹄1次，患肢蹄病的牛要及时治疗。蹄病高发季节，应每周用5%的硫酸铜溶液喷洒蹄部2次，减少蹄病的发生。

25. 牛场消毒的目的有哪几个方面?

（1）牛场日常消毒是为了预防传染病发生，也是做好各种疫病免疫的基础和前提。

（2）牛场消毒是消灭被病原微生物污染了的场内环境、牛体表及设备器具。

（3）牛场消毒是为了切断传播途径，阻止动物传染病的传播和蔓延，杀灭或清除传染源排到外界环境中的病原微生物。

26. 防治牛疫病的主要措施有哪几个方面?

（1）消灭传染源。这是预防疫病发生的首要措施，平时应做好疫病调查，定期对牛群进行必要的检疫，以便及时发现并消灭传染源，对因疫病死亡的牛，尸体要进行无害化处理，还应定期使用药物对牛进行驱虫。

（2）切断传播途径。不少疫病的病原体，可以在外界环境中生存一定时期，并保持其致病力。因此应根据具体情况采取相应的措施，切断病原体的传播途径，预防疫病的发生。

（3）提高机体的抵抗力。这是防止牛病发生和传播的根本措施，包括三个方面，即加强饲养管理，提高机体的非特异性抵抗力，进行预防性的免疫接种，提高机体的特异性抵抗力。

27. 制定牛场免疫计划的原则是什么？

建立科学合理的免疫程序，有计划地对牛群进行免疫接种是预防和控制牛传染病的重要措施。制订合理的免疫程序，要根据当地疫病流行情况，选择合理的疫苗、接种方法、剂量，确保各种疫苗接种的时间、次数、间隔时间等，以达到最佳的免疫效果。对本地和本场尚未发生的疫病，必须在证明确实已经受到严重威胁时，才能计划接种，对高毒力型的疫苗更应慎重，非不得已不引进使用。

28. 预防牛病常做的免疫有哪几个？

（1）口蹄疫免疫。在可能流行地区，每年春、秋两季用同型的口蹄疫弱毒苗接种1次，肌内或皮下注射，1～2岁牛1毫升，2岁以上牛2毫升。注射14天后产生免疫力，免疫期4～6个月。这种疫苗残余毒力较强，能引起一些幼牛发病，因此1岁以下的小牛不要接种。

（2）炭疽免疫。4月龄首次免疫，每年5～9月雨季前应作炭疽菌苗预防接种1次。炭疽菌苗有3种，使用时任选1种。无毒炭疽芽孢苗，1岁以上的牛皮下注射1毫升，1岁以下牛犊注射0.5毫升。第二号炭疽芽孢苗用于各种年龄的牛，一律皮下注射1毫升。接种14天后产生免疫力，免疫期为1年。炭疽芽孢氢氧化铝佐剂苗或称浓缩芽孢苗，是无毒炭疽芽孢苗和第二号炭疽芽孢苗的10倍浓缩制品，使用时以1份浓缩苗加9份20%氢氧化铝胶稀释后，按无毒炭疽芽孢苗或第二号炭疽芽孢苗的用法、用量使用，14天后产生免疫力，免疫期1年。

（3）气肿疽免疫。3年内曾发生过气肿疽的地区，每年春季接种气肿疽明矾菌苗1次，各龄牛一律皮下接种5毫升，犊牛长到6个月时，加强免疫1次。接种14天后产生免疫力，免疫期约6个月。

（4）牛出血性败血症免疫。使用牛出血性败血症氢氧化铝菌苗，4月龄首次免疫，6月龄二次免疫，以后每年3月或9月定期免疫一次。皮下注射，免疫期9个月。

（5）牛布鲁菌病免疫。常发区每年要定期对检疫为阴性的牛进行预防接种。流产布鲁菌19号弱毒菌苗，6～8月龄时免疫1次，必要时在怀孕前加强免疫1次，每次颈部皮下注射5毫升，免疫期可达7年。公牛、成年母牛和孕牛不宜使用。

布鲁菌羊型5号冻干弱毒菌苗。用于3～8月龄的犊牛，可皮下注射，也可气雾吸入，免疫期1年。公牛、成年母牛和孕牛均不宜使用。

布鲁菌猪型2号冻干弱毒菌苗。公、母牛均可用，孕牛不宜注射，以免引起流产。可皮下注射、气雾吸入或口服接种，皮下注射和口服时用苗数为500亿/头，室内气雾吸入为20亿/头，免疫期2年以上。每隔1年免疫1次。

（6）牛流行热病免疫。牛流行热油佐剂灭活苗，每年在蚊蝇孳生前半月（4～5月）接种，6月龄以下犊牛剂量减半，皮下注射，免疫期6个月。

（7）牛泰勒虫病免疫。牛泰勒虫病胶冻细胞苗，每年在蚊蝇孳生前半月（4～5月）接种，肌内注射。

29. 健康生态养牛的重要性是什么？

健康生态养牛充分体现生态系统中资

源的合理、循环利用，提高资源利用率，因地制宜发展多种形式的养牛模式，实行种养结合，处理好养牛与生态环境的关系，通过科学合理的牛场选址与建设，为牛创造舒适的生产、生活环境，做到规范管理，不断提高养牛的经济效益和社会效益，为市场提供优质、安全、无公害的牛肉及其产品。

30. 目前养牛有哪几种模式?

（1）繁殖型（犊牛生产型）。以饲养繁殖母牛为主要生产手段，犊牛育成后出售给育肥场（户），这种模式一般要具有一定的放牧草场和优质高效的饲草饲料基地。为了提高母牛的繁殖率，每年要选择一定数量、繁殖力强的母牛补充繁殖群，在饲养过程中运用先进的繁殖技术，选配的公牛品种优良且在一级以上，确保牛场高效运行。

（2）育肥型。这种饲养模式是分期分批引入架子牛，采用强度育肥，一般采用纯舍饲或放牧加舍饲的育肥方法。在饲养过程中多喂给养分丰富的饲草饲料，以增加产肉量和改善肉的品质，育肥牛应选择品种优良、生长迅速、饲料转换率高、发育整齐的架子牛。这种模式缺点是每批引进牛有一个适应期，相应的延长了育肥期，也易带入传染性疫病，出售商品肉牛价格受制于市场。

（3）繁殖肥育型（自繁自养型）。这种模式以饲养繁殖母牛为主线，所产犊牛在本场育肥至出栏，一般采用持续育肥法，犊牛断奶后迅速转入肥育阶段进行育肥，达到出栏体重（500千克左右）出售。此种模式环环相连，能够使牛在饲料利用效率较高的生长阶段保持较高的增重，缩短饲养周期，其优点是可获得较高收益，能生产出优秀且适合本场育肥的架子牛，生产费用较低，可有效防止外来疫病。

31. 牛场消毒分为哪几类?

（1）经常性消毒。经常性消毒是为预防牛场疾病的发生，对饲养员及饲养设施及用具进行消毒，也包括对工作服、帽、靴的消毒。在牛场出入门口、牛舍门口设消毒池，对经过的车辆或人员进行消毒等。

（2）定期消毒。对牛场周围环境、圈舍、设备用具如食槽、水槽（饮水器）、注射器、针头进行定期消毒。

（3）突击性消毒。牛场及周边发生传染病时，为及时消灭病牛排出的病原体，对病牛接触过的圈舍、设备、用具、病牛分泌物、排泄物及尸体进行消毒，对治疗牛病时使用过的器械也应做消毒处理。

32. 常用的几种消毒方法是什么?

（1）机械性清除。用清扫、铲刮、洗刷等方法清除灰尘、污物及沾染在场地、设备上的粪、尿、残余饲料、废物、垃圾等，减少环境中的病原微生物，可提高使用化学消毒剂的消毒效果。

（2）通风换气。通风可以使牛舍内空气中的微生物和微粒的数量减少，同时，通风能加快水分蒸发，使物体干燥，缺乏水分，致使许多微生物不能生存。

（3）物理消毒。太阳光中紫外线具有杀菌作用，能杀死一般病毒和菌体，还可利用紫外线灯的照射消毒。

（4）高温消毒。烘箱干热消毒、高压蒸汽湿热消毒、煮沸消毒等，主要用于衣物、注射器等的消毒。从专用的火焰喷射消毒器中喷出的火焰具有很高的温度，能有效杀死病原微生物，常用于金属器具、水泥地面、砖墙的消毒。

（5）化学消毒法。利用化学消毒药使微生物的蛋白质产生凝结、沉淀或变形等，使细菌和病毒的繁殖发生障碍或死亡以达到消毒目的。

（6）生物消毒法。利用生物技术将病原微生物杀灭或清除的方法。如对粪便进行堆积发酵产生一定的高温可杀死粪便中的病原微生物。

33. 常用的化学消毒剂有哪几种？

（1）氢氧化钠（火碱）。市售火碱含94%氢氧化钠，为白色固体，在空气中易潮解，有强烈腐蚀性，本品杀菌、杀病毒作用较强，常用于病毒性感染和细菌性感染的消毒，对寄生虫有杀灭作用。2%～5%水溶液用于牛舍、器具和运输车辆消毒。

（2）生石灰。为白色或灰色块状物，主要成分是氧化钙。加水后放出大量热，变成氢氧化钙，氢氧根离子具有杀菌作用。生灰加水制成10%～20%乳剂用于牛舍墙壁、运动场地面消毒；生石灰可在牛舍地面撒布消毒，消毒作用可持续6小时。

（3）漂白粉。干粉或5%混悬液用于牛舍地面、排泄物消毒，即用即配，不能用于金属用具消毒。

（4）过氧乙酸溶液。无色透明溶液，呈弱酸性，易挥发，有刺激性气味，并带有醋酸味，杀菌作用快而强，抗菌谱广，对细菌、病毒、霉菌和芽孢均有效。0.04%～0.2%过氧乙酸溶液用于耐酸用具的浸泡消毒，0.1%～0.5%过氧乙酸溶液用于牛体、牛舍地面、用具消毒。

（5）克辽林。由粗制煤酚、肥皂、树脂和氢氧化钠混合加温制成的暗褐色液体，以水稀释时即成乳白色，用于牛舍、用具和排泄物的消毒。

（6）菌毒敌。为复合酚消毒药物，含酚类物质41%～49%、醋酸22%～26%，喷洒或浸泡杀灭病毒、细菌、霉菌及多种寄生虫卵，1∶3 000对牛舍消毒，1∶100用于特定传染病及运输车辆消毒，禁止与碱性药物配用。

（7）福尔马林（甲醛溶液）。为无色带有刺激性和挥发性液体，内含40%的甲醛，杀菌力强，1%～1.25%福尔马林溶液在6～12小时能杀死细菌、芽孢及病毒，主要用于牛舍、仓库及设备消毒。

（8）高锰酸钾。为暗紫色结晶，易溶于水，杀菌能力较强，能凝固蛋白质和破坏菌体的代谢过程，2%～5%高锰酸钾水溶液用于饲养用具的洗涤消毒，生产中常利用高锰酸钾的氧化性能来加速福尔马林蒸发而进行空气消毒。

（9）酒精。70%酒精常用于注射部位、术部、皮肤的涂擦消毒和外科器械的浸泡消毒。

（10）碘酊。为碘与酒精混合配制的溶液，常用的有3%碘酊溶液和5%碘酊溶液两种，杀菌力强，能杀死细菌、病毒、霉菌、芽孢等，常用于注射部位、术部、皮肤、器械的涂擦消毒。

34. 如何用福尔马林与高锰酸钾进行熏蒸消毒？

（1）牛舍熏蒸消毒用药量。每立方米房舍空间需福尔马林15～45毫升、高锰酸钾7.5～22.5克，根据房舍污染程度和用途不同，使用不同的药量。用药时，福尔马林毫升数与高锰酸钾克数比例为2∶1，并保证反应完全。牛舍和设备在熏蒸消毒前要清洗干净，消毒时先密闭房舍，然后把福尔马林倒入容器内（所选择容器的容量为福尔马林的10倍以上），再放入高锰酸钾，两种药品混合后马上进行反应而产生烟雾。

（2）消毒时间。消毒时间为12小时以上，消毒结束后打开门窗，熏蒸消毒必须有适宜的温度和湿度，一般室内温度不低于20℃，相对湿度为60%～80%。

35. 常用的化学消毒方法有哪几种?

（1）喷雾法或泼洒法。将消毒药配制成一定浓度的溶液，用喷雾器对需要消毒的地方喷洒，或直接将消毒药泼洒到需要消毒的地方，如地面、墙体、舍内设施等的消毒。

（2）擦拭法。用布块浸沾消毒药液，擦拭被消毒的物体，如对注射部位、术部、皮肤、器械擦拭消毒等。

（3）浸泡法。主要用于器械、用具、衣物等的消毒，一般将被消毒的物品洗涤干净后浸泡于消毒药液内，药液要浸过物品，浸泡时间较长为好。可在牛舍门口设消毒槽，用浸泡药物的草垫对人员的靴、鞋等消毒。

（4）熏蒸法。用于密闭牛舍的消毒，常用福尔马林配合高锰酸钾对牛舍进行熏蒸消毒。

36. 影响消毒剂消毒效果的主要因素是什么?

（1）消毒剂浓度。消毒剂必须按照要求的浓度配制和使用，浓度过高或过低都会影响消毒效果。

（2）环境温度。大部分消毒剂在较高温度下消毒效果好，如牛舍熏蒸消毒时温度低于16℃则没有效果，个别消毒剂温度升高杀菌力下降，如氢氧化钠等。

（3）消毒时间。消毒剂与被消毒对象要有一定的接触时间才能发挥最佳消毒效果。

（4）酸碱度。酸碱度的变化可影响某些消毒剂的作用。碘制剂、酸类、来苏儿等阴离子消毒剂在酸性环境中杀菌作用较强，而新洁尔灭、戊二醛等在碱性环境中杀菌力较好。

（5）敏感性。病原微生物对不同消毒剂的敏感性差异较大，病毒对甲醛、碱的敏感性高于酚类。

（6）化学拮抗物。排泄物、分泌物等妨碍消毒药物与病原微生物的接触，影响消毒效果。

37. 牛场消毒对象主要有哪几个方面?

（1）人员。进入牛场的人员，必须在场门口更换靴鞋，并在消毒池内进行消毒。饲养人员更换衣物，穿戴清洁消毒好的工作服、帽和靴经消毒后才可进入生产区。工作服、靴、帽定期洗刷消毒。饲养人员在接触牛群、饲料等之前，必须洗手，并用1∶1 000的新洁尔灭溶液浸泡消毒3～5分钟。牛场谢绝外来人员参观，必须进入生产区时，要洗澡，更换工作服和工作鞋，并遵守场内防疫制度。

（2）牛。一般采用带牛消毒。定期用0.1%新洁尔灭、0.3%过氧乙酸、0.1%次氯酸钠等进行带牛喷雾消毒。

（3）牛舍及环境。每年春秋两季用0.1%～0.3%过氧乙酸或1.5%～2%烧碱对牛舍、牛圈进行一次全面大消毒，牛床和采食槽每月消毒1～2次。牛舍周围环境及运动场每周用2%氢氧化钠或撒生石灰消毒一次，牛场周围、场内污水池、下水道等每月用漂白粉消毒一次。牛场大门入口设消毒池，消毒药使用2%烧碱溶液或1%菌毒敌溶液、10%克辽林溶液等，并注意定期更换消毒液。牛舍地面及粪尿沟可选用下列药物消毒：2%～10%烧碱水、3%～5%来苏儿溶液等喷雾消毒，用20%生石灰乳粉刷墙壁，分娩牛舍在分娩前后各消毒1次。运动场清扫干净，水泥地面用清水彻底清洗干净，再用5%～10%热碱水消毒药喷洒消毒。土地面将土壤深翻30厘米左右，同时撒布干漂白粉或新鲜生石灰，然后用水湿润、压平。

（4）用具。对料槽、饮水器、各种用具等进行消毒，一般先将用具冲洗干净后，用0.1%新洁尔灭或3%～5%来苏儿消毒。

（5）粪便的消毒。患传染病和寄生虫病的牛的粪便消毒方法有多种，如焚烧法、药品消毒法、掩埋法和生物热消毒法等。

38. 牛场免接种分哪几种?

根据免疫接种进行的时机不同，可分为预防接种和紧急接种。

（1）预防接种。预防接种是在经常发生某些传染病的牛场，或有某些传染病潜在的牛场，或经常受到邻近地区某些传染病威胁的牛场，为了防患于未然，在平时有计划地给健康牛群进行的免疫接种。预防接种通常使用疫苗、菌苗、类毒素等生物制剂作为抗原，使机体产生主动免疫力。用于人工主动免疫的生物制剂可统称为疫苗，包括细菌、支原体、螺旋体制成的菌苗，用病毒制成的疫苗和用细菌外毒素制成的为类毒素，接种后经一定时间（数天至3周），可获得数月至1年以上的免疫力。

（2）紧急接种。紧急接种是在发生疫病流行时，为了使疫病得到控制或扑灭，对尚未发病的牛进行的应急性免疫接种。紧急接种通常使用免疫血清或抗毒素，使机体很快获得被动免疫力。但在疫区内应用疫苗作紧急接种时，须对所有受到传染病威胁的牛逐一进行详细观察和检查，仅能对正常无病的牛进行紧急接种，对病牛及可能已受感染的潜伏期牛，必须在严格消毒的情况下立即隔离，不能再接种疫苗。

39. 牛场免疫接种方法有哪几种?

（1）皮下注射。多数疫病的疫苗可采用皮下注射法接种，如布鲁菌病等，皮下注射多选择在颈上部，一般用12～16号针头。

（2）肌肉注射。可进行皮下注射的部分疫苗也可采用肌肉注射，注射多选择在颈部或臀部肌肉，用10～16号针头。

（3）皮内注射。少数疫苗需进行皮内注射，注射部位多在颈侧外部或尾根皮肤皱襞及肩胛骨中央。

（4）口服免疫。将疫苗溶于水或拌于饲料中，通过饮水或吃食进行口服免疫。

（5）气雾免疫。将稀释的疫苗用带有压缩空气的雾化发生器喷射出去，使疫苗形成雾化粒子，均匀飘浮于空气中，牛群通过呼吸免疫。

40. 牛场免疫接种常用的疫苗、血清主要有哪几种?

口蹄疫疫苗、口蹄疫血清、牛传染性胸膜肺炎疫苗、牛传染性胸膜肺炎血清、精制破伤风抗毒素、牛多杀性巴氏杆菌灭火苗、牛瘟疫苗、伪狂犬疫苗、狂犬疫苗、肉毒梭菌C型菌苗、气肿疽疫苗、炭疽疫苗等。

41. 使用疫苗应注意哪几个方面?

（1）要购买有国家批准文号正规厂家生产的疫苗。疫苗使用前要仔细检查，如发现疫苗没有标签、疫苗生产时间过期、疫苗色泽有变化、发生沉淀、发霉、玻璃瓶破裂等情况都不能使用。

（2）妥善保存和运输。一般要求疫苗应冷藏运输，疫苗应保存在低温、避光及干燥的场所，灭活疫苗、免疫血清等保存温度在 2 ～ 10℃，防止冻结；弱毒疫苗一般都在 0℃以下保存，温度越低，疫苗保存效果越好。疫苗保存温度应保持稳定，避免反复冻融，运输途中要避免高温和日光直接照射，尽快到达保存地点或预防接种地点。

（3）疫苗的稀释配制。疫苗稀释时须避光、无菌操作，稀释液应用灭菌的蒸馏水、生理盐水或专用的稀释液，稀释时绝对不能用热水，疫苗稀释后要避免高温及阳光直接照射，活菌疫苗稀释时稀释液中不得含有抗生素，疫苗接种所用注射器、针头、瓶子等必须严格消毒。

（4）使用。严格按照疫苗使用说明书进行疫苗接种，稀释倍数、接种剂量、部位按照说明进行，使用后的疫苗瓶等包装不得乱丢，应消毒或深埋。

42. 牛寄生虫病预防用药原则是什么?

根据寄生虫病的发生规律，预防用药程序如下，供参考。

3 月份使用阿苯达唑口服，用于驱杀体内由越冬幼虫发育而成的线虫、吸虫及绦虫；5 月份应用氨丙啉或磺胺喹啉口服，预防夏季球虫病的发生；6 月份定期（可每周 1 次）用敌杀死等溶液喷雾进行环境消毒，以驱杀蚊蝇；7 月份使用阿苯达唑口服，以防治夏季线虫、吸虫及绦虫感染；10 月份，应用阿维菌素口服或注射，预防当年 10 月至翌年 3 月间的疥癣等体外寄生虫病的发生，还可杀灭体内当年繁殖的幼虫、成虫。

43. 牛场从业人员卫生管理的重要性是什么?

随着城乡居民生活质量提高，对畜产品肉、蛋、奶的消费增加，养殖场规模不断扩大，为农村劳动者带来了更多的就业岗位，养殖场从业人员也越来越多。养牛数量不断增长，人畜共患病逐年上升，已威胁到从业人员的自身健康和生命安全。疫病的发生和流行使消费者不放心或不敢吃肉、蛋、奶，养殖场从业人员也提心吊胆，生怕自身染病。所以牛场卫生管理措施是牛场主和畜牧兽医主管部门需要认真研究和解决的当务之急。牛场卫生管理关系到人的自身健康、畜产品安全及社会的安全稳定。

（1）保护人体健康。人的因素决定一切，自身安全不可小视，近年来牛的疾病种类愈来愈复杂，人畜共患病时有发生，有些已威胁到人的健康甚至生命安全，搞好养殖场生物安全、疾病预防，不但可以减少养殖业的经济损失，而且可以有效保护从业人员的身体健康及生命安全。

（2）保证牛生产的顺利进行。吃到安全、放心、无毒、无害的牛肉及产品是城乡群众生活水平不断提高的需要，但随着规模化、集约化的快速发展，牛场养殖密度增加，发病率升高，牛疫病风险不断加大，牛场生物安全措施完善关系到城乡消费市场畜产品能否正常供应及养牛生产能否顺利进行。

44. 养牛对从业人员的健康威胁主要有哪些方面?

（1）病原微生物。牛粪尿、圈舍及周围环境存在的各种病原微生物时刻对牛及从业人员造成威胁。

（2）空气。见于圈舍简陋、饲养密度高、冬季舍内通风不良等，牛舍易产生氨气、二氧化碳等有害气体。

（3）饲草、饲料。见于加工设备落后、个人防护设施不到位，饲草、饲料加工过程中产生大量的粉尘、悬浮物等。

45. 如何保证场内牛和从业人员的安全健康?

（1）学习国家法律法规，了解人畜共患病的危害。养殖场从业人员首先应学习《动物防疫法》及实施细则，学习《人畜共患病防治办法》等国家法律法规，认识到人畜共患病可防可控。

（2）遵守牛场动物卫生制度，防止人畜共患病发生。

①建立规范的消毒制度。

②做好免疫、检疫。牛场应定期检疫和监测，尤其是一些人畜共患的传染病，根据防疫计划定期接种防疫。

③搞好牛场饲养管理。

④搞好引进牛的管理。

⑤加强接生防护。

（3）采取有效措施，保障从业人员健康。

①养成良好生活习惯。

②定期健康检查。

③做好个人防护。

④加强疫情监控，防止疫情扩散。

七、牛疾病防治

1. 牛的生理指标正常值分别是多少?

牛的正常生理指标见表 7-1。

表 7-1　牛的正常生理指标

品种	体温 /℃	脉搏（次 / 分钟）	呼吸（次 / 分钟）	瘤胃蠕动（次 / 分钟）
黄牛	37.5 ～ 38.5	50 ～ 80	10 ～ 30	4 ～ 10
水牛	36 ～ 38.5	30 ～ 50	10 ～ 50	5 ～ 10
犊牛 2 月龄～ 1 岁	38.5 ～ 39.5	80 ～ 110	20 ～ 50	

2. 牛个体检查的内容及方法是什么?

（1）眼观检查。

①采食情况观察。食欲减退说明牛已经发病，这是许多疾病的一个共同症状，多见于口腔疾病或胃肠机能障碍的疾病，食欲废绝见于严重的全身机能紊乱、口腔及其他疼痛性疾病等，真胃疾病或瘤胃酸中毒时采食量下降或拒绝采食。

②饮水情况观察。伴有昏迷的脑病及某些胃肠疾病则饮水减少，气候炎热、严重腹泻、高热、大失血等饮水增加。

③反刍观察。健康牛在采食后 0.5 ～ 1 小时开始反刍，每天反刍 6 ～ 8 次，一次反刍 40 ～ 50 分钟，每次咀嚼 40 ～ 80 次，发病后反刍减少或停止。

④粪便观察。饮水过少时粪便干燥，后段消化道出血时粪便多为红褐色，过食精料粪便较稀，并呈淡黄色且发酸，粪中有黏液则肠道有炎症。

⑤鼻液观察。正常时鼻液量少并被牛舔食，患病牛鼻液量增加，如其中混有脓性分泌物表明炎症严重。

⑥站立姿势观察。正常情况下牛站立时常四肢均衡负重，如躯体偏向某侧表明对侧肢蹄患病。

⑦行走姿势观察。正常牛行走时步态均匀，如踏地不能负重多为蹄部有炎症，可以负重但举腿困难可视为该肢上部疼痛。

（2）常规检查。

①皮肤检查。健康牛的皮温均匀、皮肤弹性强。检查时注意皮肤温度是否正常，有无肿胀、发疹以及受损等。

②眼结膜检查。正常眼结膜呈淡粉红色，角膜表面光滑透明，有小的血管支分布，虹膜棕黑色。检查时应注意其色泽和分泌物的变化及有无肿胀等（图 7-1、图 7-2）。

③口腔检查。观察口腔黏膜色泽、津液、温度，舌体形态、色泽、灵活性等（图 7-3）。

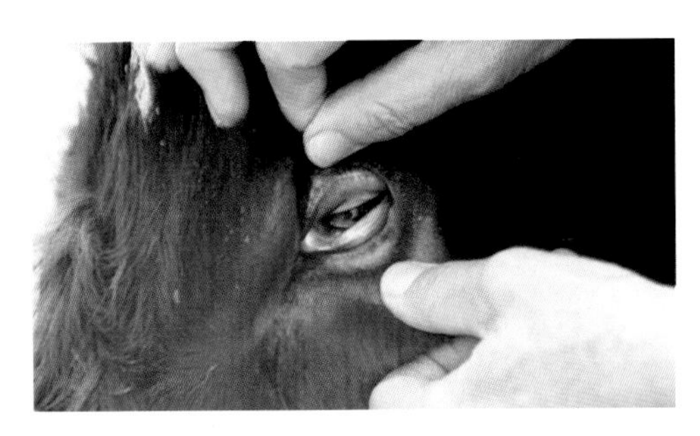

图 7-1　眼结膜检查

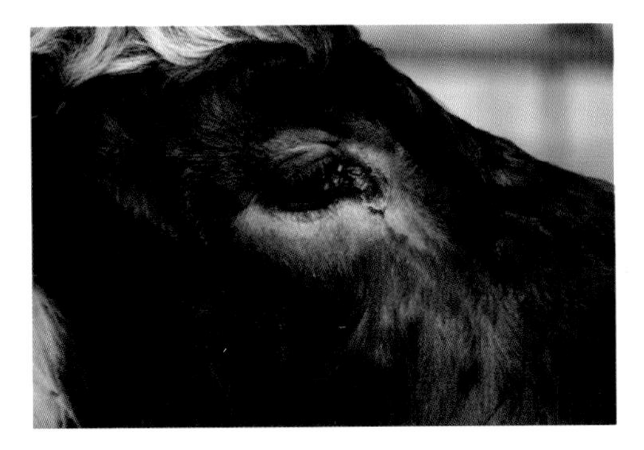

图 7-2　眼角分泌物

图 7-3　口腔黏膜检查

④体表淋巴结检查。经常检查的淋巴结有下颌淋巴结、肩前淋巴结、股前淋巴结等。主要触诊其大小、硬度、温度及敏感性等，上述淋巴结肿大表明相应组织有炎症。

⑤体温测定。健康牛体温为 37.5 ~ 38.5℃。体温高于正常说明发生肺炎、胸膜炎、中暑等，体温降至正常指标以下，预后不良。临床体温均以直肠温度为标准，检查者站在牛正后面，左手提起牛尾巴，右手将体温计轻轻转动着插入肛门，放下尾巴，用体温计上的夹子固定在牛臀部或尾巴上，约 5 分钟后取出读数。

⑥心脏、脉搏检查。牛心脏的听诊部位在左侧胸壁的前下方、肘关节内侧第 3 ~ 5 肋间。脉搏在下颌动脉或尾动脉处检查，心跳和脉搏的测定数应当一致，当牛受到刺激、剧烈运动、环境温度高、发烧时，心跳加快。母牛妊娠后期心跳数增高。

⑦乳房检查。正常乳房的皮温、质地均匀，检查时注意乳房是否有肿胀、缩小、增温、疼痛、硬结等情况，如有上述情况出现，说明该乳区患有不同程度的炎症。隐性乳房炎乳房无肉眼可见炎症，检查时在黑色背景玻璃上，加入鲜牛乳 5 滴，再加入 4% 苛性钠 2 滴，用火柴棒迅速呈同心圆状均匀搅拌 10 ~ 20 秒，同时观察结果，若有凝乳块就可判定为隐性乳房炎。

3. 牛的给药方法主要有哪几种？

（1）皮下注射法。无刺激性的药物或希望药物快一些被吸收时，可用皮下注射法。一般将药液注入皮下疏松结缔组织中，部位在牛颈侧下部或肩胛骨的后方皮下，左手拇指与食指捏取皮肤，产生皱襞，在皱襞底部斜面快速刺入皮肤与肌肉之间，注入药液。

（2）肌肉注射法。常用于注射疫（菌）苗、抗生素药物和各种油剂注射液等。一般将药液注入肌肉组织中，最佳部位在颈侧或臀部肌肉，左手固定注射部位，右手拿注射器，针头垂直刺入肌肉内，并将针芯回抽一下，如无回血，将药液慢慢注入，若发现有回血，应变更位置。

（3）静脉注射法。适用于需迅速发挥药效的药液或不适于肌肉注射、皮下注射的药液。一般将药液直接注射到静脉内，注射部位在牛左、右两侧颈静脉沟上1/3处，一般用16～20号针头。局部消毒后，以左手指压在注射部位近心端静脉沟，待血管怒张，右手拿针头与静脉成30°～45°角，对准静脉管刺入，见血液流出，连接输液器，注射完毕用碘酒棉球或酒精棉球紧压针刺处止血、消毒。

（4）瘤胃穿刺法。主要用于牛瘤胃鼓气的急救或瘤胃注射,术部一般在左肷窝处。

（5）腹腔注射法。最佳部位在牛右肷窝部的中央处,常用于牛久病、心力衰竭等。

（6）乳头灌注法。是乳房炎的常规治疗方法，将适量抗生素加入80～100毫升生理盐水中，在挤尽乳后用通乳针和注射器将药物一次性注入乳房。

（7）乳房基部封闭。对急性和慢性乳房炎有较好疗效，注射器具有封闭针、50毫升注射器，部位在乳区的两乳房基部之间偏向患区处，药物为0.2%～0.5%普鲁卡因50毫升，青霉素160万～320万国际单位。

（8）灌肠法。用于瘤胃臌气、瓣胃阻塞和便秘等，术者通过肛门将表面光滑的胶管插入直肠，另一端接上漏斗并高举，将0.1%高锰酸钾液灌入肠中，通过刺激让其排便或通气。

4. 给牛注射用药注意事项是什么?

（1）注射局部剪毛消毒，先用3%的碘酊棉球擦拭，随后用75%的酒精棉球拭去碘酊，再作注射，注射毕应用酒精棉球拭去可能渗出的注射液，以防感染。

（2）抽取药液时，须仔细察看针头是否通畅、锐利，以及药名、剂量、药液是否混浊或过期等，抽完药液后，要将针筒内的空气排尽，注射的药液量要准确。

（3）静脉注射的药液（特别是氯化钙、高渗盐水等有强烈刺激性的药液）切勿漏于血管外，以免造成局部组织发炎和坏死，若发生折针事故，应立即用镊子夹出断头，必要时可手术切开，取出断头。

（4）注射结束注射器、注射针头必须严格消毒，要坚持打一针换一个针头，用后应煮沸消毒。

5. 养牛常用的药物主要有哪几类?

（1）抗生素类。

①青霉素、链霉素。最常用抗生素药物之一，对革兰阳性球菌及革兰阳性杆菌、螺旋体、梭状芽孢杆菌、放线菌以及部分拟杆菌有抗菌作用。常用于感冒、肺炎等呼吸道感染，及其他一些细菌感染。

②磺胺类药物（磺胺脒、磺胺嘧啶、复方新诺明等）。磺胺脒口服治疗犊牛痢疾效果较好；其他磺胺类药物可用于全身感染、消化道感染、脑炎等，常配合青霉素用于治疗呼吸道感染。

③庆大霉素。常用于治疗拉稀等一些消化道感染。红霉素。常用红霉素软膏用于皮肤感染、眼部感染等治疗。

④乙酰甲喹（痢菌净）。常用于治疗拉稀等一些消化道感染。

⑤头孢类抗生素（头孢噻呋、头孢唑林等）。最常用抗生素药物之一，常配合青霉素或者其他抗生素治疗呼吸道感染、消化道感染及其他感染。

⑥林可霉素。常用于治疗呼吸道感染、皮肤软组织感染、泌尿系统感染等。

⑦沙星类抗生素（恩诺沙星、环丙沙

星、左氧氟沙星等）。用于治疗泌尿生殖器官感染、消化道感染、呼吸道感染以及巴氏杆菌（出血性败血症）等疾病。

⑧卡那霉素。肌注用于敏感菌所致的系统感染，如肺炎、败血症、尿路感染等。

⑨阿米卡星。抗菌作用与庆大霉素、卡那霉素相似，常用于对两种药物产生耐药性的致病菌。

⑩大环内酯类的四种抗生素（替米考星、泰乐菌素、泰妙菌素、泰拉菌素）。这四种抗生素虽然抗菌作用较广，但是我们一般常用于牛传染性胸膜肺炎（牛肺疫、牛支原体肺炎）的治疗。

（2）驱虫药物类。

①阿维菌素、伊维菌素。广谱驱虫药物。常用于体外寄生虫，如疥螨、蜱虫、跳蚤等，同时对线虫也有较好的驱虫效果。伊维菌素是阿维菌素的衍生物，两者驱虫效果差不多，但伊维菌素相对于阿维菌素毒性较低。有口服片剂、粉剂，皮下注射剂，体外喷剂等。

②左旋咪唑。对蛔虫、钩虫、丝虫均有较好的驱虫效果。常用于消化道寄生虫、肺丝虫，口服给药。

③阿苯达唑。对蛔虫、蛲虫、绦虫、鞭虫、钩虫、粪圆线虫等均有较好的驱虫效果，口服给药。

④硝氯酚、硫氯酚、溴酚磷（蛭得净）。驱肝片吸虫。

⑤贝尼尔、黄色素、咪唑苯脲。驱牛焦虫。

⑥吡喹酮。驱牛血虫、脑包虫。

（3）维生素、微量元素、能量合剂类。

①维生素C注射液。提高免疫力、抗氧化、抗应激等。

②维生素。主要有B族维生素、维生素E、维生素D等。用于治疗维生素缺乏所致的营养不良、食欲不振、消化不好等。可促进生育、抗氧化、促进硒吸收、促进钙的吸收等。

③亚硒酸钠注射液。用于治疗白肌症。

④葡萄糖酸钙、氯化钙注射液。用于治疗缺钙。

⑤肌苷注射液。用于血小板减少，各种急慢性肝脏疾患、肺源性心脏病等心脏疾患，中心性视网膜炎、视神经萎缩等疾患，临床上常用于大量输液时的护肝药物。

⑥腺嘌呤核苷三磷酸（ATP）。能量合剂，用于病牛、弱牛输液时。

（4）退烧止痛、麻醉解毒类。主要有安乃近、阿尼利定、复方氨基比林、奈普生、阿托品、消气灵、利多卡因、普鲁卡因等。

（5）健胃、辅助消化类。主要有中药健胃散、人工盐、大黄苏打片、酵母片、乳酶生等。

（6）激素类、强心类。主要有地塞米松、肾上腺素、樟脑磺酸钠注射液、安钠咖等。用于抗炎、抗敏、抗休克、强心、中毒等抢救等。

（7）止喘、利尿、止血类。主要有氨茶碱、甘露醇、速尿（呋塞米）、止血敏（酚磺乙胺）等。用于缓解气喘、利尿、皮肤和内脏出血等。

（8）中药制剂类。主要有双黄连注射液、柴胡注射液、鱼腥草注射液、黄芪多糖注射液、双丁注射液、黄连素（小檗碱）等。用于感冒，肺炎，乳房炎。对多种细菌均有抑制作用，但对痢疾杆菌的抑制作用最强，多用于治疗细菌性痢疾和胃肠炎。

（9）消毒药物类。主要有高锰酸钾、明矾、碘类（碘伏、碘酊、聚维酮碘等）、氢氧化钠、生石灰、塞可新（一种酸性消毒剂）、漂白粉、福尔马林、硫黄熏蒸、轻泄药物［石蜡油、硫酸镁、硫酸钠、人工盐（大量）］等。

（10）其他药物及器具类。主要有5%葡萄糖注射液、10%葡萄糖注射液、50%葡萄糖注射液、0.9%氯化钠注射液、10%浓氯化钠注射液（浓盐）、碳酸氢钠注射液、5毫升注射器、10毫升注射器、20毫升注射器、各个型号针头、一次性输液器、润滑剂（凡士林）、手术刀、止血钳、手术剪、缝合针、缝合线、脱脂棉、纱布、胶带、镊子、保定架、输液架等。

6. 牛场疫病净化应采取的主要措施有哪几个方面?

（1）给牛创造舒适的生产生活环境，保证良好的饲养管理，增强牛的自身免疫力，以养为主，养防结合，最大限度降低发病率，减少药物的使用，培育无特定病原基础母牛群。

（2）制定科学合理的免疫程序，做好防疫效果监测与评估。

（3）确需使用治疗药物的，应经实验室确诊后，制订合适的用药方案，正确选择药物。

7. 牛场兽药使用要求有哪几个方面?

（1）正确诊断，对症治疗。选择疗效高、副作用小、安全廉价的药物，避免盲目滥用抗生素。

（2）用药剂量准确,避免超剂量用药。

（3）使用法律法规允许使用的兽药。按《无公害食品 畜禽饲养兽药使用准则》《兽药管理条例》的有关规定使用兽药，凭专业兽医开具的处方使用经国务院兽医行政管理部门规定的兽药，禁止使用禁用药品。预防、治疗、诊断所用的兽药应来自具有兽药生产许可证，并获得农业农村部颁发的《中华人民共和国兽药GMP证书》的兽药生产企业，或经农业农村部批准注册进口的兽药。

（4）使用兽药时应认真做好记录。包括用药的名称、剂型、剂量，给药途径、疗程，药物的生产企业、产品的批准文号、生产日期、批号等，并建立用药记录档案，保存1年（含1年）以上。

8. 牛场用于治疗牛病时国家禁用的兽药主要有哪几种?

（1）β－兴奋剂类。克仑特罗、沙丁胺醇、西马特罗及其盐、酯及制剂。

（2）性激素类。己烯雌酚及其盐、酯及制剂，玉米赤霉醇、去甲雄三烯醇酮、醋酸甲羟孕酮及制剂。甲睾酮、丙酸睾酮、苯丙酸诺龙、苯甲酸雌二醇及其盐、酯及制剂。

（3）氯霉素及其盐、酯（包括琥珀氯霉素）。

（4）氨苯砜及制剂。

（5）硝基呋喃类。呋喃唑酮、呋喃它酮、呋喃苯烯酸钠及制剂，硝基酚钠、硝呋烯腙及制剂。

（6）催眠、镇静类。甲喹酮，氯丙嗪、地西泮（安定）及其盐、酯，甲硝唑、地美硝唑及其盐、酯及制剂。

（7）林丹（丙体六六六）。

（8）各种汞制剂。包括氯化亚汞（甘汞）、硝酸亚汞、醋酸汞、吡啶基醋酸汞。

9. 牛疾病主要分哪几类？

根据疾病性质主要分传染病、寄生虫病、普通病三大类；根据疾病流行方式分地方性疾病、流行性疾病、大流行性疾病三大类；根据疾病特点分群发病、散发病两大类；根据疾病地域分本土疾病、外来疾病两大类。

10. 口蹄疫的发病特点及防治措施是什么？

口蹄疫是由口蹄疫病毒引起的以偶蹄动物为主的急性、热性、高度传染性疫病。其临床特征为口腔黏膜、蹄部和乳房皮肤形成水疱和烂斑，俗称“口疮”“蹄癀”。

（1）病原。口蹄疫病毒致病力极强，病毒对乙醚、氯仿等有机溶剂不敏感，对酸、碱敏感，不耐热，对紫外线敏感，常用消毒药有氢氧化钠、碳酸钠和醋酸等。

（2）流行特点。偶蹄动物的易感性最高，黄牛、奶牛最易感，其次是牦牛、水牛和猪。患病及带毒的牛是本病传染源。患病初期牛排毒量最大，毒力最强，最具传染性，经破溃的水疱、唾液、粪、乳、尿、精液及呼出的气体向外界排出大量的病毒。该病毒以直接接触和间接接触的方式传播，主要经消化道和呼吸道感染，也可经损伤的皮肤和黏膜感染，病牛的分泌物、排泄物、呼出气体及其他被污染的物品均可成为本病的传播媒介。该病毒能随风散播到 50 ～ 100 千米以外的地方，空气也是一种重要的传播媒介。本病无严格的季节性，但不同地区可表现不同的季节高发性，一般以冬季发病最为严重，犊牛的发病率高，死亡率也高。

（3）临床症状。牛的潜伏期为 2 ～ 4 天。体温升高达 40 ～ 41℃，精神委顿，食欲减退，闭口、流涎，唇内、齿龈、舌面和颊部黏膜生有蚕豆至核桃大的水疱，流涎增多，呈白色泡沫挂满嘴边，采食和反刍完全停止。水疱经 1 昼夜后破裂，形成浅表性边缘整齐的红色烂斑，此时体温即下降，烂斑逐渐愈合，全身症状好转，趾间和蹄冠皮肤上同时或稍后出现水疱，破溃后形成烂斑，若感染则化脓坏死，甚至造成蹄甲脱落，乳头皮肤上也出现水疱。本病一般呈良性经过，牛的恶性口蹄疫可因侵害心肌，病死率高达 20% ～ 50%，犊牛患病时，水疱不明显，主要表现为出血性肠炎和心肌麻痹，病死率更高（图 7-4、图 7-5、图 7-6、图 7-7、图 7-8、图 7-9）。

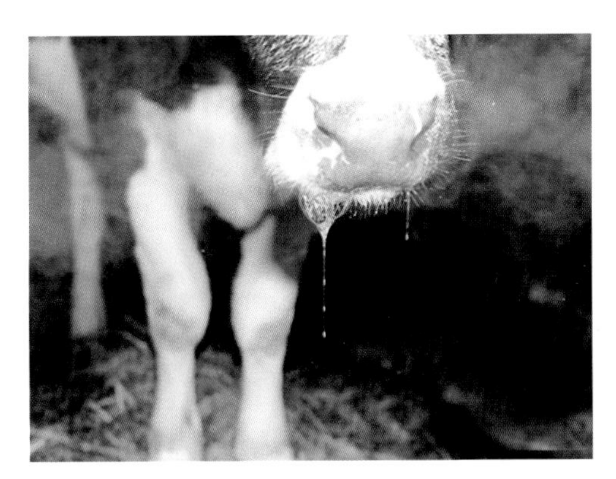

图 7-4 口蹄疫牛闭口流出黏稠灰白色口涎挂满口角（宣长和供图）

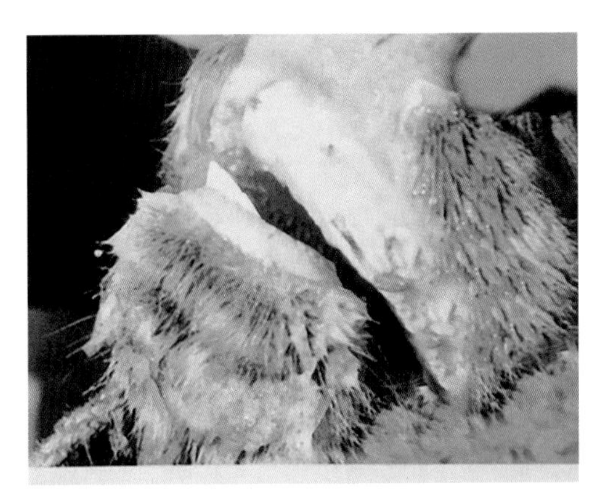

图 7-5 口蹄疫牛齿龈溃疡（宣长和供图）

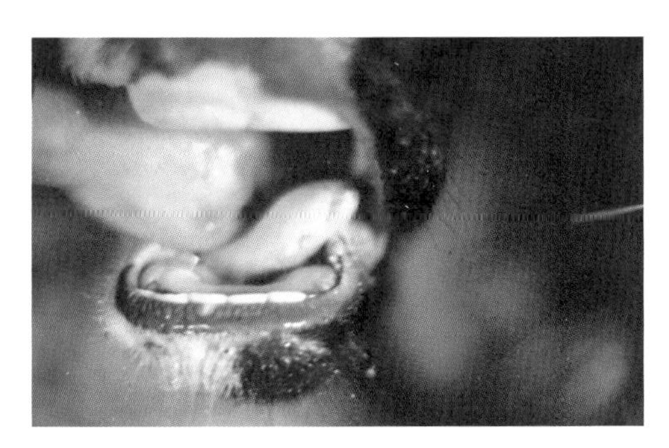
图 7-6 口蹄疫牛口腔黏膜红肿（宣长和供图）

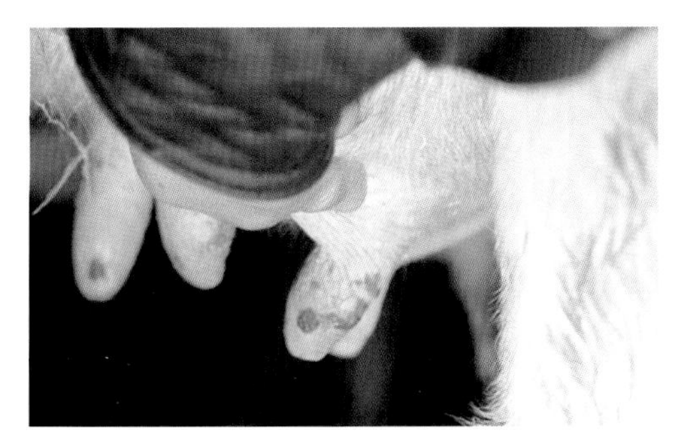
图7-7 口蹄疫牛乳房和乳头的水疱（宣长和供图）

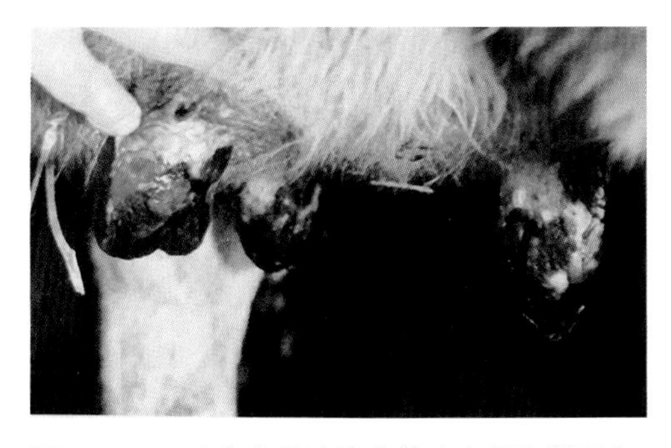
图 7-8 口蹄疫牛乳头溃疡灶（宣长和供图）

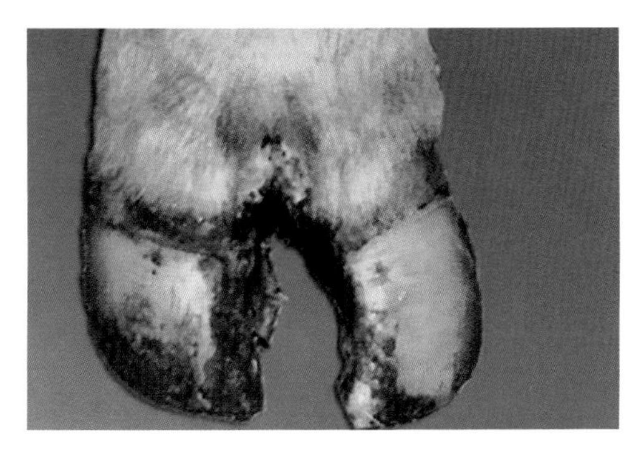
图 7-9 口蹄疫牛蹄叉水疱破裂后形成的溃疡灶（宣长和供图）

（4）病理变化。患病牛的口腔、蹄部、乳房、咽喉、气管、支气管和前胃黏膜发生水疱，圆形烂斑和溃疡，表面覆有黑棕色的痂块，尸体消瘦，被毛粗乱，口腔发臭，口腔黏附着泡沫状唾液，并有口蹄疫特有的水疱、烂斑等，真胃和肠黏膜可见出血性炎症，乳房、乳头上有水泡，一般呈现轻度卡他性或浆液性乳房炎，严重时导致实质性化脓性乳房炎。心内外膜下常有弥散性及斑点状出血，因严重口蹄疫致死的牛，在心肌切面和表面出现灰白色或淡黄色的斑点或条纹，如虎斑（虎斑纹心）。急性死亡的幼犊通常口、蹄无水泡、烂斑等病变，只有急性坏死性心肌炎病变或同时有出血性胃肠炎病变。

（5）诊断。根据流行病学，临床症状如口腔、蹄部和乳房发生水疱和烂斑，病理解剖“虎斑心”等变化可做出疑似诊断，确诊需进行实验室诊断。

（6）防治措施。

①牛场严格消毒，杜绝病原体传入场内。

②认真做好预防接种，严格执行防疫规程，严防接种疫苗时的漏打与疫苗接种剂量不足。牛场每 4 个月进行 1 次疫苗接种，O 型、亚 I 型、A 型 3 种疫苗都要接种，建议 3 种疫苗同时接种，犊牛 90 日龄进行首免，间隔 1 个月再接种 1 次，以后每隔 4 个月免疫 1 次，有条件的牛场可在疫苗接种后的 28 天，进行抗体效价测定。

③发生本病时以“早、快、严、小”为原则，早发现、早上报疫情，快速组织确诊，严格隔离、消毒，小范围封锁、扑杀病牛。

11. 布鲁氏菌病的发病特点及防治措施是什么?

布鲁氏菌病是由布鲁氏菌引起的一种人畜共患传染病，对牛危害极大，以生殖器官炎症和流产为特征。

（1）病原。该菌为革兰阴性球杆菌或短杆菌，对热抵抗力不强，63℃经 7 ～ 10 分钟可被杀死，在鲜乳中可存活 2 天到 1 个月，在冻肉中可存活 14 ～ 47 天，在干燥土壤和胎儿体内可分别存活 37 天和 6 个月。对常用消毒药敏感,1% 来苏儿或 2% 福尔马林 15 分钟可将其杀死。

（2）流行特点。本病的传染源是患病牛及带菌者，以妊娠母牛最为危险，它们在流产或分娩时可将大量布鲁氏菌随着胎儿、羊水和胎衣排出，产后的阴道分泌物和乳汁中都含有布鲁氏菌。该菌感染的公牛精囊中也有布鲁氏菌存在，随尿排出。本病的主要传播途径是消化道，但也可经皮肤感染，吸血昆虫可以传播本病，性成熟牛比犊牛的易感性高。

（3）临床症状。本病潜伏期 2 周～ 6 个月，患牛多为隐形感染。流产可发生于妊娠母牛的任何时期，流产后常伴有胎衣停滞，子宫内膜炎。有些牛还常见关节炎、滑液囊炎，关节肿痛，跛行，腕关节、跗关节等发生炎症。公牛常见睾丸炎、附睾炎，急性病例睾丸肿痛，精液中含有大量的布鲁氏菌（图 7-10、图 7-11、图 7-12、图 7-13、图 7-14、图 7-15）。

（4）病理变化。流产胎儿水肿或有出血点，呈黄色胶冻样浸润，胎衣增厚，胎儿皮下结缔组织发生浆液出血性炎症，真胃中有淡黄色或白色黏液和絮状物，脾脏和淋巴结肿大，肺有支气管肺炎，膀胱浆膜有点状或线状出血。公牛可发生化脓性、

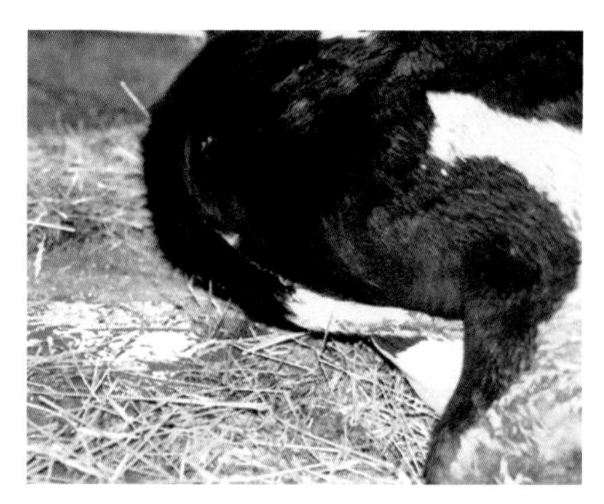

图 7-10 布鲁氏菌病阳性母牛发生子宫内膜炎流出的血样炎性分泌物（宣长和供图）

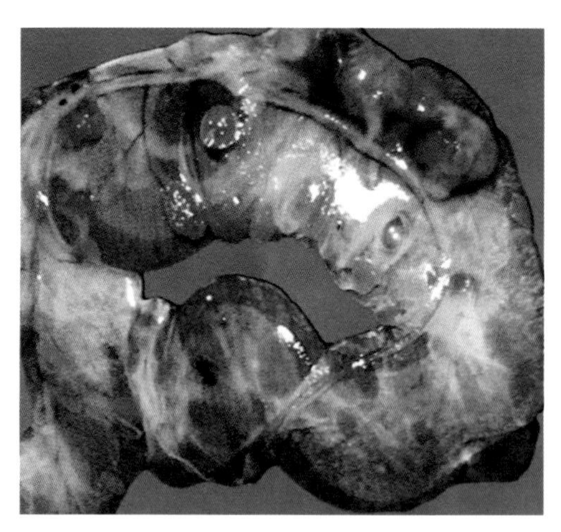

图 7-11 布鲁氏菌病阳性母牛早期感染后的流产胎衣包裹着死亡胎儿（宣长和供图）

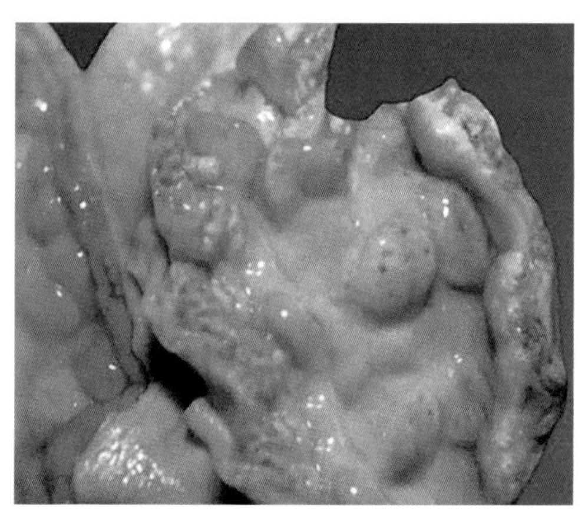

图 7-12 布鲁氏菌病阳性母牛子宫角黏膜出血点（宣长和供图）

图 7-13　布鲁氏菌病阳性母牛化脓性子宫内膜炎，黏膜弥漫性出血（宣长和供图）

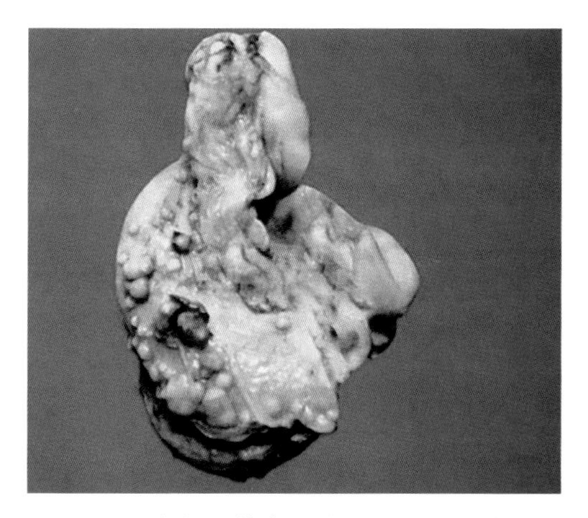
图 7-14　布鲁氏菌病阳性母牛子宫形成的豆粒状布鲁氏杆菌病特异性结节（宣长和供图）

图 7-15　布鲁氏菌病阳性母牛流产胎儿的肝坏死灶、肺炎灶（宣长和供图）

坏死性睾丸炎和附睾炎，睾丸显著肿大，被膜与外层的浆膜相粘连，切面具有坏死灶或化脓灶。

（5）诊断。一旦被布鲁氏菌感染，青年牛的流产率与早产率高，对流产、早产、胎衣不下、发病率高的牛场在排除传染性鼻气管炎、病毒性腹泻、霉菌性感染等传染病外，首先应考虑布鲁氏菌病的感染，并进行布鲁氏菌病的检测。

（6）防治措施。

①坚持自繁自养，必须引进时，进行隔离检疫。

②牛群严格检疫，每年进行 2 次全群检疫，对布鲁氏菌病阳性牛场要进行疫苗的接种。对满 6 月龄的牛用疫苗，每头牛口服免疫，7 月龄加强一次，以后每年进行一次；所有布鲁氏菌病阴性牛，每年防疫 1 次。

③发现流产牛，首先隔离，尽快诊断，确诊为本病或检疫阳性时，及时淘汰。

12. 牛结核病的发病特点及防治措施是什么?

牛结核病是由结核分枝杆菌引起的一种人畜共患的慢性传染病，以多种组织形成肉芽肿、干酪样钙化结节为特征。

（1）病原。结核分枝杆菌革兰染色阳性，对干燥和湿冷的抵抗力很强，在干燥痰中能存活 10 个月，在病变组织和尘埃中能生存 2 ～ 7 个月或更久，在水中可存活 5 个月，在粪便、土壤中可存活 6 ～ 7 个月，在冷藏奶油中可存活 10 个月。但对热的抵抗力差，60℃经 30 分钟即死亡，在直射阳光下经数小时死亡，常用消毒药 4 小时可将其杀死。

（2）流行特点。人对本病易感，也可

感染多种动物。家畜中牛最易感，病人和病牛是主要传染源，其痰液、粪尿、乳汁和生殖道分泌物中都可带菌，污染食物、饲料、饮水、空气和环境而散播传染。本病主要经呼吸道、消化道感染，病菌随咳嗽、喷嚏排出体外，飘浮在空气中的飞沫，健康人畜吸入后即可感染。饲养管理不当与本病的传播有密切关系，牛舍通风不良、拥挤、潮湿、阳光不足、缺乏运动，最易患病，无明显的季节性。

（3）临床症状。以肺结核多见，潜伏期短则数十天，长则几个月甚至几年，病初多无明显症状，可短促干咳，后渐变为湿咳，牛日渐消瘦，贫血，咳嗽日益加重，呼吸困难，病情恶化后全身粟粒性结核。胸膜、腹膜结核时，形成结核结节，如珍珠或葡萄状，胸部听诊有摩擦音，乳房有局限性或弥漫性结节，乳房淋巴结肿大，发生肠结核时可出现顽固性腹泻（图 7-16、图 7-17）。

图 7-16 淋巴结肿大，切面呈黄色豆渣样，为典型结核结节（宣长和供图）

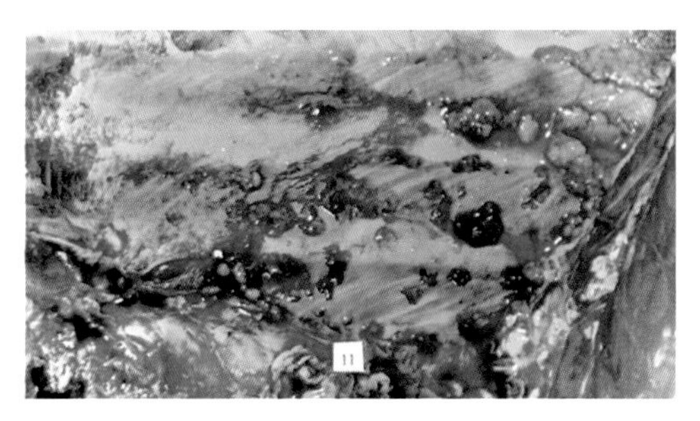

图 7-17 胸肋膜珍珠状结核结节散在分布（宣长和供图）

（4）病理变化。剖检特征是患病组织器官形成结核结节，最常见于肺、肺门淋巴结、纵隔淋巴结，其次为肠系膜淋巴结，其表面或切面常有很多突起的白色或黄色结节，切开后有干酪样的坏死，有的见有钙化，刀切时有沙砾感。胸腔或腹腔浆膜可发生密集的结核结节，质地坚硬，粟粒大至豌豆大，灰白色的半透明或不透明状，即所谓“珍珠病”。胃肠黏膜有大小不等的结核结节或溃疡。乳房结核多发生于进行性病例，切开乳房可见大小不等病灶，内含干酪样物质。

（5）诊断。患牛出现原因不明的逐渐消瘦、咳嗽、肺部异常、慢性乳腺炎、顽固性下痢、体表淋巴结慢性肿胀等症状，可怀疑本病。剖检有特异性结核病变，做出初步诊断，确诊需进行实验室诊断。

（6）防治措施。坚持自繁自养，必须引进时，严格隔离、检疫；每年进行 2 次检疫，检出阳性牛，并淘汰；加强消毒，培育健康犊牛，产房使用前后用 3% 苛性钠、5% 来苏儿消毒，犊牛出生后喂给健康牛奶或消毒奶，隔离饲养。

13. 牛气肿疽病的发病特点及防治措施是什么?

牛气肿疽又称黑腿病或鸣疽，是由气肿疽梭菌引起的牛的一种急性、败血性传染病，临床上以肌肉丰满部位发生黑色的炎性气性肿胀，按压有捻发音，并常有跛行为特征。

（1）病原。本病病原为气肿疽梭菌，革兰染色阳性，芽孢位于菌体中央或一端。本菌的繁殖体对理化因素的抵抗力不强，而芽孢的抵抗力极强，在土壤内可以生存 5 年以上，干燥病料内芽孢在室温中可以生存10年以上，中芽孢可耐煮沸20分钟以上。0.2%氯化汞溶液10分钟、0.3%福尔马林溶液15分钟可杀死本菌。

（2）流行特点。半岁至4岁的牛最易感染，病牛是主要的传染源，病牛的分泌物、排泄物污染水源、土壤、饲草，牛采食感染发病。皮肤创伤和吸血昆虫叮咬也能传播本病，以温暖多雨季节和地势低洼地区发生较多发，常呈地方性流行。

（3）临床症状。潜伏期3～5天，多为急性经过，体温升高到41～42℃，食欲废绝，反刍停止。早期即出现跛行，在臀、肩等肌肉丰满部位发生炎性水肿，初期热而痛，后逐渐变冷、无痛，皮肤干硬呈暗红色或紫黑色，触诊如捻发音，叩诊呈臌音，肿胀部破溃或切开后，流出污红色带泡沫酸臭液体，呼吸困难，全身症状加重，如不及时治疗，常在1～3天内死亡。

（4）病理变化。病尸腐败膨胀，鼻孔、肛门、阴道流出血样液体。肌肉丰厚部位肿胀有捻发音，皮下组织呈红色或金黄色胶样浸润，肿胀部大块肌肉有暗红色坏死，内有小空隙、横切面呈海绵状。心脏内外膜有出血点，心肌变性，肝切面有大小不等棕色干燥病灶，胃肠道有微出血性炎症。

（5）诊断。根据流行特点、临诊症状和病理变化，可做出初步诊断，进一步确诊需采取肿胀部位的肌肉、肝、脾及水肿液，作细菌分离和动物试验。

（6）防治措施。气肿疽发病急、病程短，治疗早期可用抗气肿疽血清，静脉注射。抗菌药物可用青霉素肌肉注射3～4次，每次200万～300万国际单位，10%磺胺嘧啶钠溶液静脉注射100～200毫升，2次/天。局部治疗可用3%双氧水或0.25%～0.5%普鲁卡因溶液10～20毫升，青霉素80万～120万国际单位，溶解后于肿胀周围分点皮下或肌肉注射。对近3年内发生过气肿疽的牛场，每年春天要接种气肿疽菌苗。小牛长到6个月时免疫1次，免疫期约6个月。一旦发生本病，病牛应立即隔离治疗，死牛应深埋或焚烧。病牛围栏、用具及场地用0.2%氯化汞溶液或3%福尔马林消毒。粪便、污染的饲料和垫草等均应焚烧销毁。

14. 牛传染性鼻气管炎的发病特点及防治措施是什么？

牛传染性鼻气管炎又称坏死性鼻炎、红鼻病、牛媾疫，是由牛传染性鼻气管炎病毒引起的牛急性、热性、接触性传染病，临床表现包括鼻气管炎、生殖道感染、结膜炎、脑膜炎等。

（1）病原。牛传染性鼻气管炎病毒，又称牛疱疹病毒，属疱疹病毒科，该病毒对热敏感，56℃ 21分钟可杀死，常用的消毒剂可使其灭活。自然宿主是牛，多见于育肥牛和奶牛，牛群的发病率有时高达75%，20～60日龄的犊牛最为易感，死亡率较高。病牛及带毒牛为主要传染源，病毒大量存在于呼吸道、唾液和精液、阴道分泌物、流产胎儿和胎盘中，主要通过呼吸道和生殖道感染。

（2）流行特点。本病在秋冬寒冷季节较易流行，环境条件差，饲养密度大等不利因素可促进本病发生。

（3）临床症状。

①呼吸道感染型。常伴有结膜炎和脑膜炎，病牛体温升高达39.5～42℃，精神沉郁，食欲废绝，反刍停止，有大量的鼻分泌物，鼻镜及鼻窦因组织高度充血形成“红鼻子”，呼出气体有臭味，呼吸困难，

个别病例出现拉稀、粪便带血，常伴结膜炎，眼结膜充血、流泪，眼睑粘连或结膜外翻，眼分泌物为脓性，妊娠中后期流产，大多数病例病程在10天以上，牛群的发病率20%～30%，严重流行的牛群发病可达75%以上（图7-18、图7-19）。

图7-18 鼻翼高度炎性充血，呈火红色（宣长和供图）

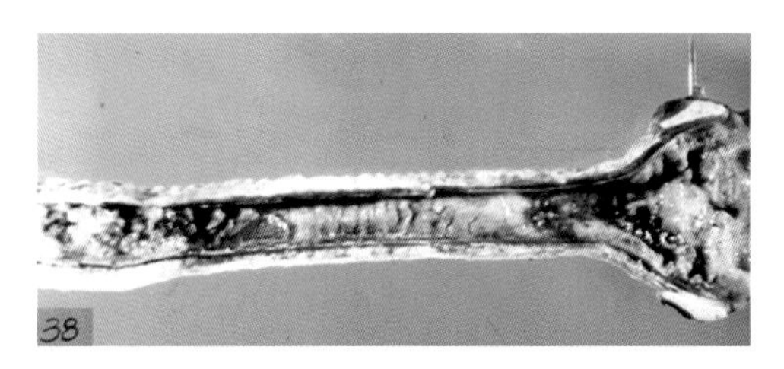

图7-19 咽喉部黏膜纤维素性坏死灶（宣长和供图）

②生殖道感染型。又称传染性脓疮外阴—阴道炎，潜伏期1～3天，母牛及公牛均可感染。母牛感染出现发热，精神沉郁，拒食，排尿频繁并有疼痛；严重时尾巴向上竖起，摆动不安，阴门水肿，流出大量黏液，呈线条状，污染附近皮肤，阴道发炎、充血，阴门黏膜出现许多小的白色结节，以后形成脓疱，脓疱融合形成一个广泛的灰白色坏死膜，脱落后可见红色的创面，妊娠任何时期可发生流产，妊娠后期多见。公牛感染出现一过性发热，数天后可痊愈；严重病例发热，包皮、阴茎上出现脓疱，包皮肿胀、水肿、疼痛，排尿困难，病程一般为10～14天。

③脑膜脑炎型。主要发生于6个月以内的犊牛，病初体温升高到40℃以上，精神沉郁，食欲下降，共济失调，随后兴奋、吼叫、乱跑乱撞，转圈，口吐白沫，角弓反张，2～7日内死亡，死亡率20%～80%。

（4）病理变化。呼吸道黏膜充血、肿胀、糜烂、溃疡，表面有干酪样伪膜覆盖，鼻腔黏膜覆盖脓性渗出物。阴道出现特征性的白色颗粒和脓疱，中枢神经出现非化脓性脑炎和脑膜炎变化。

（5）诊断。根据典型临床症状和病理变化，初步怀疑本病，确诊需进行实验室诊断。

（6）防治措施。加强检疫，防止病牛引入，发生本病后应采取隔离、封锁、消毒等综合性防治措施，本病无特效疗法，可采用综合性对症治疗，如输液、补糖、消炎等。

15. 牛病毒性腹泻（黏膜病）的发病特点及防治措施是什么？

牛病毒性腹泻（黏膜病）是由牛病毒性腹泻病毒引起的牛的一种急性、热性传染病，各种年龄的牛都可感染，以幼年牛易感性最高，临床特征是黏膜发炎、糜烂、坏死和腹泻。

（1）病原。牛病毒性腹泻病毒属于黄病毒科瘟病毒属，该病毒对外界抵抗力不强，pH 3以下或56℃很快被灭活，对一般消毒药如氯仿、乙醚等敏感，但病毒在低温时可以长期存活。

（2）流行特点。本病可感染牛、羊、猪等，6～18月龄的犊牛易感性较高，死亡率可达 90% 以上，患病牛及带毒牛是主要传染源，牛感染后可形成病毒血症，在急性患病牛的鼻液、眼泪、乳汁、尿、粪便及精液中均含有病毒。本病通过直接接触和间接接触传播，主要通过呼吸道和消化道感染，也可以通过胚胎垂直传播，污染的饲料、饮水、用具也可传播本病。发病有一定季节性，一般冬季发病率较高，舍饲及放牧牛都可发病。

（3）临床症状。潜伏期 7 ～ 14 天，可分为急性和慢性，多数表现为隐性感染。

①急性型。精神沉郁，厌食，有浆液性鼻液，咳嗽，流涎，体温高达 40 ～ 42℃，持续 4 ～ 7 天，病牛鼻镜糜烂、表皮剥落，舌上皮坏死，流涎增多，呼气恶臭；严重腹泻，粪便稀薄如水、有恶臭、混有大量黏液和小气泡，后期带有血液（图 7-20、图 7-21）。

图 7-20　犊牛体温升高至 41℃以上，精神沉郁（宣长和供图）

图 7-21　鼻镜舌、齿龈、腭、口腔黏膜先充血后出现溃疡（宣长和供图）

②慢性型。很少出现体温升高，持续或间歇性腹泻，鼻镜糜烂并在鼻镜上连成一片，眼有浆液性分泌物，门齿齿龈发红，蹄冠部皮肤充血，蹄壳变长而弯曲，跛行，病程 2 ～ 6 个月，多数病例以死亡告终，妊娠母牛常发生流产或产下有先天性缺陷的犊牛。

（4）病理变化。鼻镜、鼻腔出现糜烂和溃疡，齿龈、上腭、舌及颊部黏膜糜烂，食管黏膜腐烂是本病的特征性病理变化，瘤胃、皱胃出现炎性水肿和糜烂，小肠、大肠有不同程度的炎症。流产胎儿的口腔、食道、皱胃及气管内有出血斑及溃疡，运动失调的新生犊牛小脑发育不全或脑室积水。

（5）诊断。根据临床症状和食道黏膜糜烂特征性病理变化可做出初步诊断，确诊需进行实验室诊断。

（6）防治措施。加强检疫，防止引进病牛，本病尚无特效治疗方法。对病牛严格隔离，对症治疗和加强护理可以减轻症状，牛群可用的弱毒疫苗为牛病毒性腹泻（黏膜病）、牛传染性鼻气管炎及钩端螺旋体病三联疫苗接种免疫。

16. 牛巴氏杆菌病的发病特点及防治措施是什么?

牛巴氏杆菌病又称牛出血性败血症，是由多杀性巴氏杆菌引起的一种急性传染病，临床以高热、肺炎、急性胃肠炎和内脏器官广泛出血为特征。

（1）病原。病原为多杀性巴氏杆菌，革兰染色阴性。本菌对外界环境抵抗力低，在干燥空气中 2 ～ 3 天死亡，在血液、排泄物和分泌物中能存活 6 ～ 10 天。常用消毒药，如 1% ～ 2% 烧碱、5% 福尔马林等，可在数分钟杀死。

（2）流行特点。本病多为散发，在圈舍通风不良、潮湿、拥挤、气候骤变、寒冷、饲料霉变、营养缺乏、长途运输等机体抵抗力下降时发病。病牛的排泄物、分泌物污染饲料、饮水、用具，经消化道传染给健康牛，也可经呼吸道而传染，被吸血昆虫叮咬以及皮肤、黏膜伤口均可发生感染。本病无明显的季节性，天气骤变、阴湿寒冷时多发。

（3）临床症状。本病的潜伏期 2 ～ 5 天，根据临床表现可分为四种类型。

①败血型。体温升高至 41 ～ 42℃，精神沉郁，食欲废绝，鼻镜干裂，呼吸困难，鼻流出带泡沫的液体，腹泻，粪便带血，一般 12 ～ 24 小时内因虚脱而死亡。

②肺炎型。主要表现出纤维素性胸膜肺炎症状，呼吸困难，干咳，流出脓性鼻液，胸部听诊有支气管呼吸音和啰音，或胸膜摩擦音，胸部叩诊呈浊音，3 ～ 7 天衰竭死亡（图 7–22、图 7–23）。

③浮肿型。颈部、咽喉部及胸前的皮下结缔组织发生炎性水肿，指压时初感有热，痛且硬，后变凉，疼痛减轻，舌及周围组织高度肿胀，呼吸困难，流涎，皮肤黏膜发绀，常因窒息而死，病程 12 ～ 36 小时。

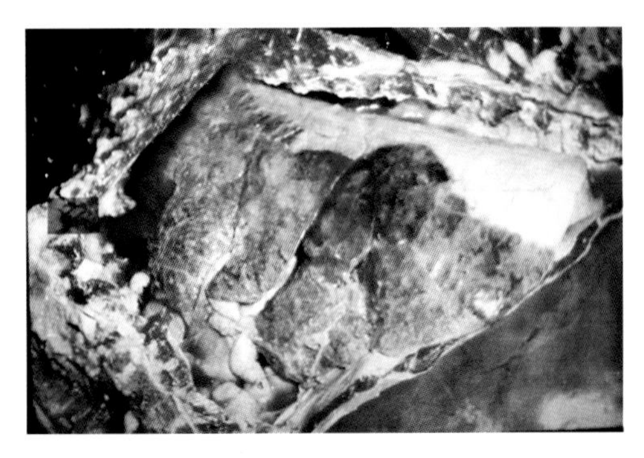

图 7–22　牛巴氏菌病肺膈叶大理石样病变，肺上缘为代偿性肺气肿（宣长和供图）

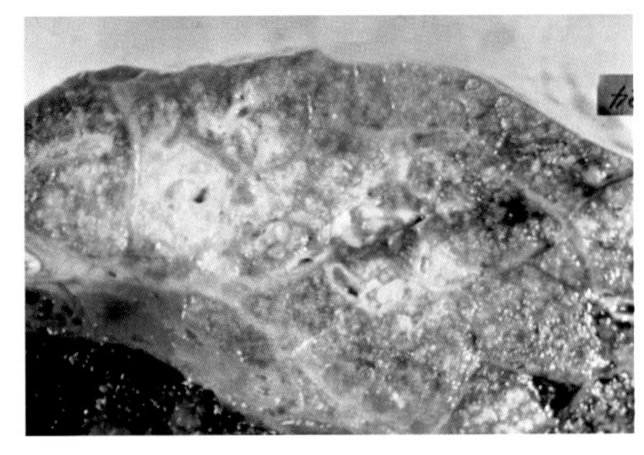

图 7–23　牛巴氏杆菌病肺切面，左为红色肝变区，右为灰色肝变区（宣长和供图）

④慢性型。由急性型转变而来，病牛长期咳嗽，慢性腹泻等。

（4）病理变化。皮下、全身组织器官黏膜、浆膜、皮下组织和肌肉点状出血，心包、胸膜及腹膜出血最明显，脾脏无变化或有小点出血灶，淋巴结肿胀并伴有弥漫性出血；肝、肾实质变性；胸腔有纤维素性渗出物，肺呈红色肝变，切面大理石样变；头、颈部、咽喉水肿，切开水肿部位有深黄色透明液体，上呼吸道黏膜卡他性炎症。

（5）防治措施。加强饲养管理，注意通风换气，避免过度拥挤，定期对牛舍及运动场消毒，免疫用牛出败氢氧化铝灭活苗，体重 100 千克以上的牛注射 6 毫升，体重 100 千克以下的牛注射 4 毫升，皮下或肌肉注射，注射后 3 周产生免疫力，免疫期 9 个月。治疗用高免血清有较好的效果，抗生素用青霉素、链霉素等药物有一定疗效。

17. 牛沙门菌病的发病特点及防治措施是什么?

（1）病原。病原为鼠伤寒沙门菌、都柏林沙门菌和纽波特沙门菌，革兰染色阴性。沙门菌对干燥、日光等抵抗力较强，但对化学消毒剂抵抗力不强，一般常用消毒剂均可将其杀灭。

（2）流行特点。病牛是本病的主要传染源，可发生于任何年龄的牛，10 ～ 40 日龄犊牛多发。病牛的粪便污染饲料、饮水，通过消化道传播，乳汁不良、断奶过早、气候突变、寒冷等可诱发本病，本病一年四季均可发生，犊牛可表现为流行性。

（3）临床症状。犊牛可于出生后 48 小时内出现拒食、卧地、迅速衰竭等症状，常于 3 ～ 5 天内死亡，多数犊牛 10 ～ 14 日龄以后发病，表现体温升高，呼吸困难，排出灰黄色混有黏液和血丝的液状粪便，一般于症状出现后 5 ～ 7 天内死亡，病死率高达 50%。病期延长时腕关节和跗关节肿大，有的还有支气管炎和肺炎症状。成年牛高热，体温达 40 ～ 41℃，食欲废绝，呼吸困难并迅速衰竭，昏迷。大多数病牛于发病后 12 ～ 24 小时粪便带血，不久即变为下痢，粪便恶臭，含有纤维素絮片，间杂有黏膜，怀孕母牛多数发生流产（图 7-24）。

图 7-24 发病犊牛关节肿胀（宣长和供图）

（4）病理变化。犊牛心壁、腹膜、皱胃、小肠等处有出血点，脾脏充血肿大，病程长时肺有炎性区，膝关节、跗关节有浆液性、纤维素性炎症。成年牛出血性肠炎，大肠黏膜脱落，局部有坏死灶，肝脂肪性变或灶性坏死，脾充血肿大（图 7-25）。

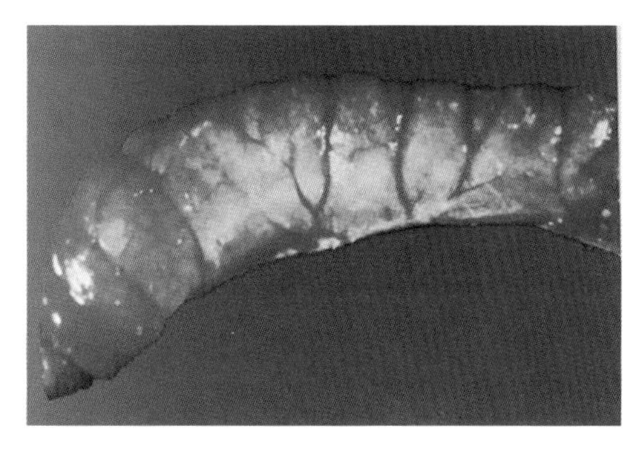

图 7-25 肠道一段出现暗红色的弥漫性充血，为出血性肠炎（宣长和供图）

（5）诊断。根据临床特点和病理变化做出初步诊断，确诊需进行实验室诊断。

（6）防治措施。加强饲养管理，减少和消除发病诱因；加强消毒，保持饲料免受沙门菌污染；严格检疫，防止有病或带菌牛的引入。抗菌消炎、补液，头孢噻呋、阿米卡星、恩诺沙星等都可作为治疗药物，最好根据药敏试验结果选择抗菌药物。

18. 犊牛大肠杆菌病的发病特点及防治措施是什么?

犊牛大肠杆菌是由致病性大肠埃希菌的某些血清型引起的，以新生犊牛和幼龄牛发病为主的肠道传染病，以腹泻、败血症及肠毒血症为特征。

（1）病原。病原为大肠杆菌特定的血清型，革兰染色阴性。大肠杆菌对理化因素抵抗力不强，常用的消毒剂可将其杀死，对热也较敏感，60℃、30 分钟可以杀死，但在寒冷、干燥环境中可长期生存，致病性大肠杆菌对抗生素药物敏感不断下降，菌株耐药性越来越强。

（2）流行特点。10日龄以内犊牛多发，病牛和带菌牛为主要传染源。病原菌随粪便排出，污染饮水、饲料和周围环境而传播本病。犊牛未及时吸吮初乳、饥饿、过饱、饲料不良、气候剧变等易诱发本病。

（3）临床症状。临床上分为败血型、肠毒血型和肠型。

①败血型。主要发生于未吃过初乳的7日龄内幼犊，表现发热、精神沉郁或有腹泻，常于出现症状后数小时至24小时内死亡（图7-26）。

图7-26　犊牛大肠杆菌病因腹泻脱水全身无力，眼窝下陷，眼闭合，卧地不起（宣长和供图）

②肠毒血型。主要发生于吃过初乳的7日龄内幼犊，但较少见，往往是见不到症状就突然死亡，病程稍长者可见到典型的中毒性神经症状，先呈兴奋不安，后出现沉郁，直至昏迷，进而死亡。

③肠型。多见于7～10日龄吃过初乳的幼犊，表现发热、食欲减退或废绝、下痢、腹痛等症状（图7-27）。

（4）病理变化。尸体消瘦，被毛粗乱，后躯沾污粪便，败血症和肠毒血症死亡的牛犊常无明显的病理变化。腹泻型死亡的

图7-27　犊牛大肠杆菌病群体发病，肛门周围被稀便污染（宣长和供图）

犊牛以胃、肠变化为主，真胃内有大量凝乳块，黏膜充血、水肿，表面覆盖有胶冻样黏液，胃黏膜出血、溃疡。肠内容物常混有血液和气泡，小肠黏膜充血、出血，部分黏膜上皮脱落。肝脏淤血、肿大，被膜下有出血点，肾脏皮质部有出血点，病程长的犊牛关节和肺也有炎症病变。

（5）诊断。根据临床症状、病理变化做出初步诊断，确诊需进行实验室诊断。

（6）防治措施。孕牛应加强饲养和护理，犊牛应及时吸吮初乳，饲料配合适当，勿使饥饿或过饱，注意通风换气和环境、用具消毒，用针对本地流行的大肠杆菌血清型菌株制备的疫苗接种。庆大霉素、阿米卡星、多西环素等药物治疗，最好根据药敏试验结果选择抗菌药物，病情恢复后使用活菌制剂调理胃肠菌群。

19. 牛乳房炎的发病特点及防治措施是什么？

牛乳房炎是指牛乳腺受到物理、化学和微生物等的刺激而引起的乳腺叶间组织或腺体发炎，特点是乳汁发生理化性质变化。

（1）病因。乳房炎通常是由于病原微生物侵入所引起，由环境、微生物和牛体三者共同作用而发生。常见的病原微生物主要有葡萄球菌、链球菌和肠道杆菌等。母牛饲养管理不善、产后机体抵抗力下降、乳头皮肤损伤、挤奶前消毒不严等给细菌侵入乳房造成条件，易引发本病，结核病、布鲁氏菌病等传染病也可继发本病。

（2）临床症状

①隐性乳房炎。乳房和乳汁无肉眼可见异常，但乳汁的理化特性等已发生变化，如乳汁中白细胞数增多，乳汁 pH 升高，泌乳量减少。

②临床型乳房炎。患部乳区红、肿、热、痛，乳汁变清，乳房淋巴结肿大，乳量减少或停止，有的混有凝乳块、絮状物或血液，严重时体温升高，反刍停止。根据病程长短和病情严重情况，可分为最急性、急性、亚急性和慢性乳房炎。

a. 最急性。突然发病，发展迅速，患病乳区明显肿大，坚硬如石，皮肤发紫、疼痛，仅能挤出 1 ～ 2 把黄水或淡的血水。

b. 急性。病情较最急性缓和，乳房肿大，皮肤发红，疼痛明显，乳房内可摸到硬块，乳汁灰白色，混有乳凝块、絮状物（图 7-28）。

c. 亚急性。发病缓和，食欲、体温正常，患病乳区红、肿、热、痛不明显，乳汁稍稀薄，呈灰白色，最初几把乳内含絮状物或乳凝块，白细胞数增加，pH 偏高。

d. 慢性。由急性转变而来，反复发生，病程长，头几把乳汁有块状物，以后又无，肉眼观察正常，重者乳汁异常，放置后能分出乳清或内含脓汁，乳房有大小不等的硬结，产奶量下降，药物疗效差。

（3）诊断。根据乳房的局部变化及乳汁的临床检查可做出判断，隐性乳房炎乳汁的 pH，乳汁中的白细胞数、氯化物的含量高于正常值，氢氧化钠乳凝试验阳性。

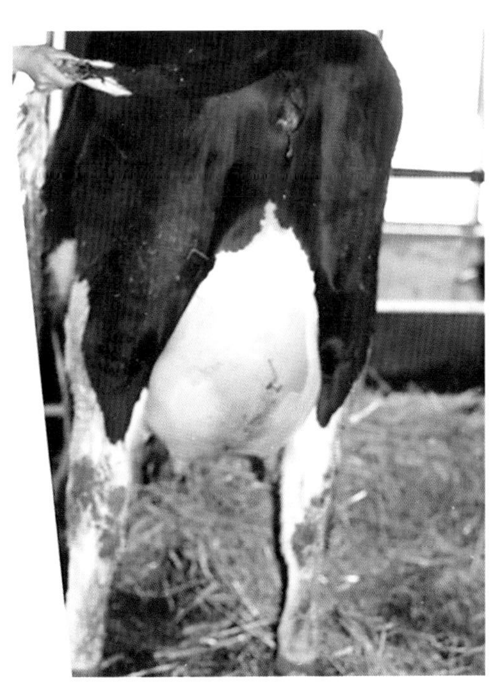

图 7-28　牛急性乳房炎，乳房整体肿胀潮红，急性充血水肿（宣长和供图）

（4）防治措施。

①抗菌药物治疗。常用的药物有青霉素、链霉素、磺胺类、四环素类、氟喹诺酮类等，肌肉或静脉注射给药，也可使用中草药治疗。

②加强饲养管理，改善卫生条件，创造良好的挤奶条件。

20. 牛蹄叶炎的发病特点及防治措施是什么？

牛蹄叶炎为蹄真皮与角小叶的弥漫性、非化脓性、渗出性炎症。

（1）病因。日粮配合不平衡，精料喂量过多，影响瘤胃正常功能，分娩时母牛后肢水肿，使蹄真皮的抵抗力降低，四肢过度负重，甲状腺机能减退，胎衣不下、乳房炎、子宫炎等，都可继发本病。

（2）临床症状。急性体温升高达40～41℃，食欲减退，呼吸、脉搏增数，轻型病例不爱运动，表现特有步态和弯背姿势，蹄有热感，蹄冠部肿胀，蹄壁叩诊疼痛，重症病牛起立和运动困难。慢性病例多由急性发展而来，全身症状轻微，患蹄变形，蹄尖变长、向前缘上翘，蹄壁伸长，系部和球节下沉，拱背，步态强拘（图7-29、图7-30）。

图7-29　因蹄叶发炎疼痛，弯曲前膝休息缓解疼痛（宣长和供图）

图7-30　因蹄叶发炎疼痛，用独特的强拘步态与弓背姿势缓解疼痛（宣长和供图）

（3）诊断。根据临床症状结合病因分析可做出诊断。

（4）防治措施。查找病因，因精饲料喂量过高所致，应改变日粮结构，减少精料，增加干草。由乳房炎或子宫炎引起，应治疗原发病，早期应用抗组织胺药，如灌服苯海拉明，效果好，给予肾上腺皮质激素如可的松注射等，可消除急性临床症状。将患牛置于清洁、干燥软地面上饲喂，促使蹄内血液循环的恢复，为使扩张的血管收缩，减少渗出，急性病例可采用蹄部冷浴，可用1%普鲁卡因20～30毫升行指（趾）神经封闭，缓解疼痛。

21. 牛瘤胃酸中毒的发病特点及防治措施是什么？

牛瘤胃酸中毒是采食了大量易发酵的糖类饲料，在瘤胃内产生大量乳酸而引起的急性代谢性酸中毒，临床上以精神沉郁或兴奋、食欲下降、瘤胃蠕动停止、脱水等为特征。

（1）病因。突然过食谷物精料，如玉米、大麦、小麦、高粱、稻谷及其他糟粕类饲料等；块根、块茎类饲料，如马铃薯、甘薯、萝卜等。特别是在分娩前后，泌乳盛期大量采食这类饲料，或突然改变饲料配方大量添加这类饲料都可引起发病。

（2）临床症状。

①最急性型。多在采食谷物后3～5小时突然死亡，瘤胃pH迅速下降，瘤胃黏膜出血，瘤胃乳头坏死。

②慢性型。精神沉郁，食欲废绝，瘤胃臌胀，听诊瘤胃蠕动音减弱或消失，反应迟钝，肌肉震颤，步态摇晃。腹痛，后肢踢腹，磨牙，空嚼，粪便稀软或水样、酸臭。脉搏增加，呼吸急促，脱水，眼窝凹陷，尿少或无尿（图7-31）。

③重症。神经症状明显，意识不清，眼反射减弱或消失，瞳孔对光反射迟钝，后肢麻痹、瘫痪，卧地不起，角弓反张，昏迷死亡。

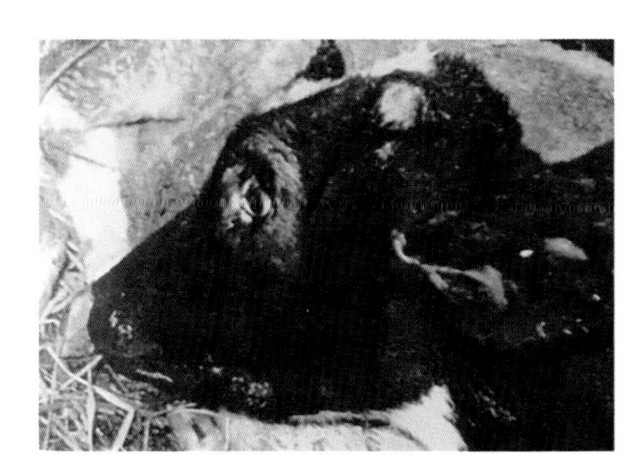

图 7-31 病牛脱水眼球凹陷（宣长和供图）

（3）诊断。根据病史、临床症状可做出初步诊断，血液中乳酸、碱贮等含量，尿液、瘤胃液 pH 测定等，有助于确诊。

（4）防治措施。纠正瘤胃及全身酸中毒，恢复电解质平衡和胃肠功能为治疗原则。

①输液补碱，5% 碳酸氢钠 1 000 毫升、5% 葡萄糖溶液 1 000 毫升、生理盐水 3 000 毫升，一次静脉注射，连用三天。

②静脉注射 5% 葡萄糖或复方氯化钠，每日 8 000 ～ 10 000 毫升，分两次注射，补液时配合输入 5% 碳酸氢钠 500 ～ 1 000 毫升，20% 安钠咖 20 ～ 30 毫升，连续使用，直到脱水和酸中毒解除为止。

③瘤胃酸中毒的牛均表现轻度低血钙，可采用 10% ～ 25% 葡萄糖和 5% 葡萄糖酸钙配合静脉注射。

④ 1% 石灰水上清液及 2% ～ 3% 碳酸氢钠溶液，反复洗胃，直至瘤胃液呈碱性为止。瘤胃鼓气时灌服鱼石脂酒精或松节油，之后再灌服碳酸氢钠。

22. 牛生产瘫痪（产后瘫痪）的发病特点及防治措施是什么？

牛生产瘫痪是母牛分娩前后突然发生的一种急性代谢性疾病，以低血钙、瘫痪、昏迷为特征。

（1）病因。分娩前后大量血钙进入初乳且动用骨钙的能力降低，是引起血钙浓度急剧下降的主要原因。

（2）临床症状。产后瘫痪多数发生在分娩后 72 小时内，根据临床症状可分为前驱症状、瘫痪卧地、昏迷状态 3 个阶段。

①前驱症状。出现短暂的兴奋和抽搐，食欲废绝，站立不动，摇头、伸舌和磨牙，病牛敏感性高，四肢肌肉震颤，行走时步态踉跄、后肢僵硬，共济失调，左右摇摆，易于摔倒。

②瘫痪卧地。伏卧的牛四肢缩于腹下，颈部常弯向外侧，呈 S 状；躺卧的牛四肢伸直，侧卧于地；病牛体温低于正常，38℃以下，耳、鼻、皮肤和四肢发凉。瘤胃蠕动停止，便秘，心音微弱，心率加快，瞳孔散大，反射减弱或消失（图 7-32）。

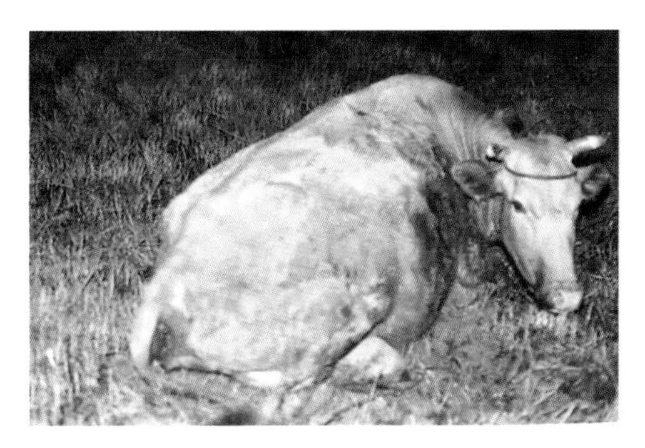

图 7-32 牛分娩后瘫痪卧地，头颈部向后弯曲姿势（宣长和供图）

③昏迷状态。精神高度沉郁，眼睑闭合，昏睡。心音极度微弱，心率可增至 120 次 / 分钟，颈静脉凹陷，多伴发瘤胃臌气。

（3）诊断。病牛多为 3 ～ 6 胎的高产母牛，产后不久，常在产后 3 天之内瘫痪，体温低于正常，卧地后知觉消失，昏睡，心率加快，血钙降低。

（4）治疗。静脉注射钙制剂或乳房送风是治疗生产瘫痪的有效方法。

①静脉注射钙剂。静脉注射10%葡萄糖酸钙溶液，加入4%硼酸效果更佳。25%～50%葡萄糖溶液、10%氯化钙、安钠咖混合静脉注射。血磷、血镁降低的患牛，可静脉注射15%磷酸二氢钠200毫升及皮下注射20毫升25%硫酸镁溶液。

②乳房送风。向乳房内打入空气，以增加乳房内压力，减少乳房血流量，增加循环血量，使血压升高并抑制泌乳，使血钙、血磷不再减少，乳房送风疗法适用于对钙疗法反应不佳或复发的病例。

（5）预防。加强妊娠牛的饲养管理，注意日粮中的钙磷含量和比例。产前2周日粮中钙磷比例保持在1∶1～1.3∶1为宜。适当增加运动和光照，产前2～8天肌肉注射维生素D 1000万国际单位有预防作用。

23. 牛酮病的发病特点及防治措施是什么？

酮病是牛体内糖类和脂肪代谢障碍或紊乱引起的一种全身性功能失调的代谢性疾病。临床上以消化功能障碍和神经功能紊乱为特征。

（1）病因。营养不足或日粮结构不当，如牛分娩后大量泌乳时，若采食量不能满足能量需要，机体动员体脂和分解蛋白质来满足需要，使血液中酮体产生过多而致病，或饲料中精料、粗料比例不当，如黄豆、豆饼、豆腐渣等比例过高，玉米、麸皮等饲喂不足，蛋白质、脂肪分解过多，产生大量酮体。内分泌功能失调，微量元素钴缺乏也可引起酮病发生，皱胃变位、创伤性网胃炎、子宫内膜炎、产后瘫痪等疾病，均可继发本病。

（2）临床症状。主要症状是精神沉郁，食欲减退，产奶量急剧下降，尿或奶呈现酮体阳性反应甚至有特殊的酮味。临床可分为消化型、神经型和生产瘫痪型。

①消化型酮病。病牛精神沉郁，食欲减退，初期常拒食精料，仅吃少量干草和青草，后期食欲废绝，病牛反刍减少，瘤胃蠕动减弱或消失，泌乳量急剧下降（图7-33）。

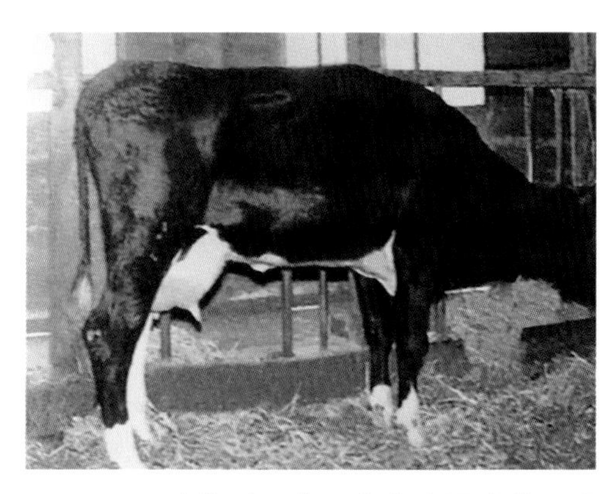

图7-33 消化型酮病，病牛腹围卷缩，明显消瘦（宣长和供图）

②神经型酮病。除呈现消化型酮病的症状外，有不同程度的神经症状。病牛兴奋不安，摇头，空嚼，从口角流有混杂泡沫状唾液，眼球震荡，转圈。

③生产瘫痪型酮病。病牛出现类似生产瘫痪的症状，卧地不起，脊椎“S”状弯曲，消瘦，食欲不振（图7-34）。

（3）诊断。据本病的临床症状，结合病史及血液、尿液中酮体含量增多、血糖含量减少，可做出诊断。

（4）治疗。加强护理，调整饲料，减喂油饼类等富含脂肪的饲料，增喂富含糖和维生素的饲料。

①使用25%或50%葡萄糖溶液，静

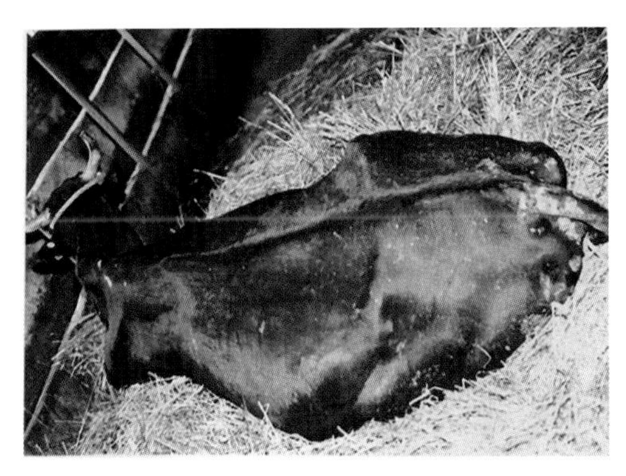

图7-34　瘫痪型酮病，病牛卧地不起（宣长和供图）

脉注射，每次300～500毫升，一日2次。神经型酮病，静脉注射25%硫酸镁注射液200～250毫升或20%葡萄糖酸钙注射液250毫升。

②应用氢化可的松0.5～1克，或醋酸可的松0.5～1.5克，肌肉注射或静脉注射。

③补充产糖物质，可用丙酸钠120～200克，混饲喂给，连用7～10天。也可内服乳酸钠或乳酸钙450克，每日1次，连用2天。

24. 牛胎衣不下的发病特点及防治措施是什么？

母牛分娩后胎衣在正常时限内不排出则为胎衣不下或胎衣滞留。牛产后排出胎衣的正常时间为12小时，超过12小时表示异常。

（1）病因。牛胎盘属于上皮绒毛膜与结缔组织绒毛膜混合型，胎儿胎盘与母体胎盘联系比较紧密，这是胎衣不下发生较多的主要原因，其次产后子宫收缩无力和胎盘炎症等也易造成胎衣不下。

①产后子宫收缩无力。怀孕期间，饲料中矿物质、微量元素和维生素A等缺乏，孕牛消瘦、过肥、运动不足等，怀双胎、胎儿过大，流产、难产等，都易发生胎衣不下。

②胎盘炎症。怀孕期间感染布鲁杆菌、沙门杆菌、李氏杆菌等，引起子宫内膜炎及胎盘炎，易于发生胎衣不下。

（2）临床症状。胎衣不下分为胎衣全部不下及胎衣部分不下两种。胎衣全部不下，即整个胎衣不排出来，胎儿胎盘的大部分仍与子宫黏膜连接，仅见一部分胎衣悬吊于阴门之外。牛经过1～2天，滞留的胎衣腐败分解，从阴道内排出污红色恶臭液体，病牛卧下时排出较多。腐败分解产物被吸收后，出现全身症状，拱背，努责，体温稍高，食欲下降及反刍减少，胃肠机能紊乱，腹泻，瘤胃弛缓。胎衣部分不下，即胎衣大部分已经排出，只有一部分或个别胎儿胎盘残留在子宫内，从外部不易发现（图7-35）。

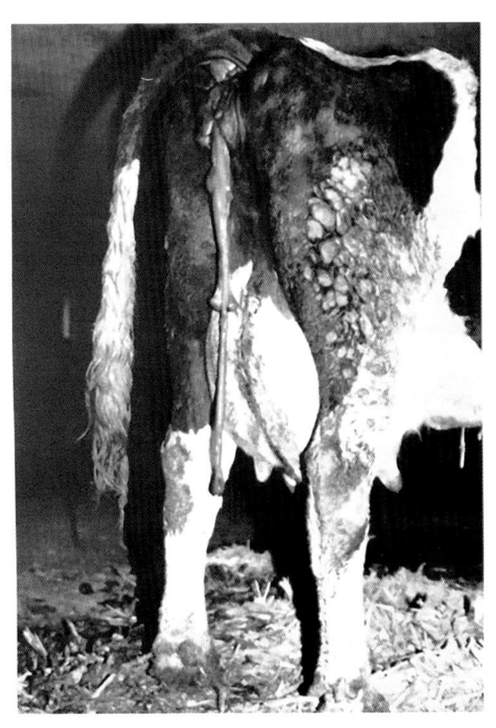

图7-35　胎悬吊于体外（宣长和供图）

（3）诊断。主要根据是恶露排出的时间延长，有臭味，其中含有腐烂胎衣碎片。

（4）治疗。牛产后经过 12 小时，如胎衣仍不排出，应根据情况选用下列方法进行治疗。治疗胎衣不下的原则是尽早采取措施，防止胎衣腐败吸收，促进子宫收缩，局部和全身抗菌消炎，在条件适合时可用手工剥离胎衣。

①药物治疗。向子宫腔内投药如土霉素、青霉素、链霉素、磺胺类药物等，防止腐败，延缓溶解。在胎衣不下的早期阶段，肌肉注射抗生素。胎衣不下出现体温升高，食欲下降或废绝等全身症状时，应采取全身输液治疗，并结合子宫内灌注药液疗法。在子宫内注入 5% ～ 10% 盐水 300 毫升，可促使胎儿胎盘缩小，与母体胎盘分离，高渗盐水注入后须注意使盐水尽可能完全排出。

②激素疗法。分娩后 8 小时尚未完全排出胎衣的母牛，肌肉注射 25 毫升前列腺素，可使胎衣不下的发生率显著下降。也可注射催产素 50 ～ 100 国际单位，2 小时后可重复注射一次。催产素最好在牛产后 12 小时以内注射，超过 24 ～ 48 小时效果不佳。

③手术疗法。即剥离胎衣，胎衣不下的病牛药物治疗无效时，可在子宫颈管尚未缩小到手不能通过以前（产后 2 ～ 3 天），进行剥离。

剥离胎衣的原则：容易剥离就剥，不可强行剥离，胎衣不能完全剥净时，不如不剥。患有子宫内膜炎和体温升高的病牛，一般不可进行剥离，剥离胎衣时动作要轻要快，5 ～ 20 分钟内剥离，无菌操作，彻底剥离干净，严禁损伤子宫内膜，剥离后子宫内要放置抗生素等药物。

（5）预防。怀孕母牛要饲喂含钙及维生素丰富的饲料，尤其要重视维生素 A、维生素 D、维生素 E 的补充。舍饲牛要适当活动，增强体质，产前 1 周减少精料。定期防疫、检疫，做好布鲁杆菌病、李氏杆菌病、胎儿弧菌病、结核病的防制。分娩后让母牛自己舔干犊牛身上的黏液，尽可能灌服羊水，并尽早让犊牛吮乳或挤乳。

25. 牛子宫内膜炎的发病特点及防治措施是什么？

牛子宫内膜炎是指子宫黏膜的急慢性炎症，以从阴门流出浆液性、黏液性或脓性分泌物等为特征。

（1）病因。子宫受到大肠杆菌、链球菌、葡萄球菌、棒状杆菌、变形杆菌、嗜血杆菌等病原菌的感染。如分娩和助产时消毒不严，产道受到损伤，胎衣不下、子宫脱出、流产，人工授精时器械消毒不严等均可引起子宫内膜炎。

（2）临床症状。本病按病程可分为急性和慢性两种，有时尚可见到隐性子宫内膜炎。

①急性子宫内膜炎。病牛体温升高，精神沉郁，食欲、产奶量明显下降，反刍减少或停止，拱背、努责，从阴门排出黏液或脓性分泌物，病重者分泌物呈暗红色或棕色，恶臭，卧下时排出量增多（图 7-36）。

②慢性子宫内膜炎。按炎症性质可分为慢性卡他性脓性子宫内膜炎和慢性化脓性子宫内膜炎。慢性卡他性脓性子宫内膜炎，病牛精神不振，食欲减退，体温升高，发情周期不正常，从阴门流出黏稠浑浊的黏液，灰白色稀薄脓液或黄褐色脓汁，直肠检查，子宫壁变厚。慢性化脓性子宫内

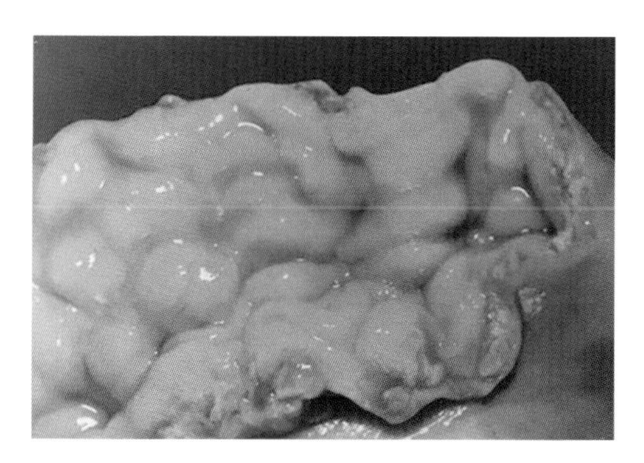

图 7-36 急性卡他性子宫内膜炎，内膜肿胀充血，灰白色粥样分泌物增多（宣长和供图）

膜炎，病牛全身症状明显，体温升高，精神高度沉郁，食欲废绝，经常从阴门流出脓性分泌物，尤其卧下时排出特别多，常粘在阴门周围和尾根处，形成干痂，直肠检查，子宫壁厚而软，体积增大，触之有波动感（图 7-37）。

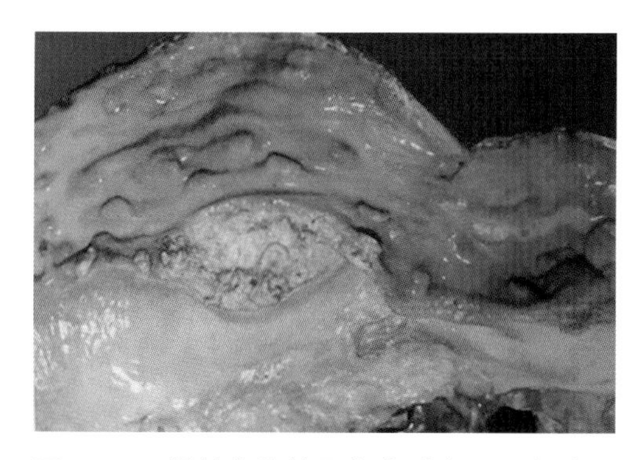

图 7-37 慢性化脓性子宫内膜炎，子宫腔内有黄色脓样分泌物（宣长和供图）

③隐性子宫内膜炎。生殖器官无异常，发情周期正常，但屡配不孕，只有在发情时流出略带混浊的黏液，发情黏液中含有小气泡，有的病牛发情后从阴门流出紫红色的血液。

（3）诊断。急性化脓性子宫内膜炎可以根据临床症状及阴门排出的分泌物的性状确诊，慢性子宫内膜炎可根据临床症状、发情期分泌物的性状、阴道检查、直肠检查和实验室检查做出诊断。

（4）治疗。

①子宫冲洗。常用冲洗药液有生理盐水、1% ～ 2% 小苏打溶液、0.5% 高锰酸钾溶液、0.1% 雷夫努尔溶液、7% 鱼石脂溶液等。如子宫颈口不开放，可先注射苯甲酸雌二醇等药物促使其开放。如子宫积脓，先将脓液排出后再冲洗，冲洗至排出液清亮为止。全身症状严重的病牛，为避免引起感染扩散，禁用冲洗法。

②子宫内给药。选用广谱抗生素，如庆大霉素、卡那霉素、阿莫西林、土霉素、磺胺类药物等，直接将抗菌药物 12 克投入子宫，或用少量生理盐水溶解，做成溶液或悬浮液用导管导入子宫，每日 2 次。有全身症状的，静脉注射抗生素。

③激素治疗。使用催产素 20 国际单位，或雌二醇 8 ～ 10 毫升，或氯前列烯醇 500 微克，肌肉注射，可促进子宫收缩，促使子宫内渗出物排出。

26. 牛皱胃变位的发病特点及防治措施是什么？

牛皱胃脱离正常位置，根据变位的位置分左方变位和右方变位两种。皱胃通过瘤胃下方移行到左侧腹腔，置于瘤胃与左腹壁之间称为皱胃左方变位。皱胃以逆时针扭转移位到网胃与膈肌之间或以顺时针扭转移位到肝脏与右腹壁之间，称为皱胃右方变位。

（1）病因。

①皱胃左方变位。一般认为多由于皱胃弛缓或皱胃机械性转移所致。皱胃弛缓的原因有长期单一饲喂玉米、玉米青贮等饲料，分娩期努责、消化不良、皱胃炎、

皱胃溃疡、胎衣不下等。

②皱胃右方变位。主要是皱胃弛缓，但不限于妊娠或分娩的母牛，跳跃、起卧、滚转、分娩等体位或腹压发生剧烈改变是促发因素（图 7-38）。

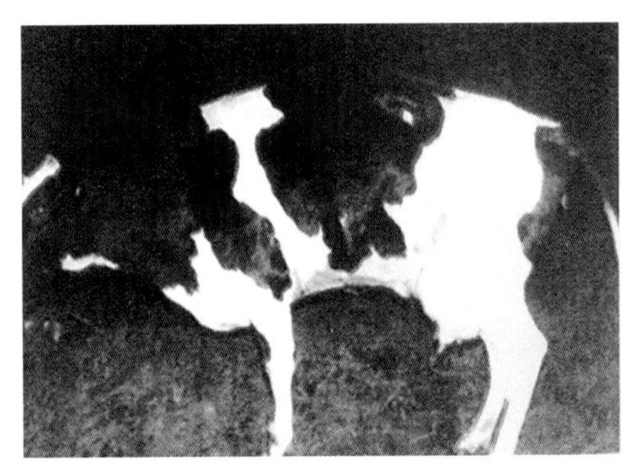

图 7-38　右方变位的牛因疝痛弓腰努责，腹部收缩，头颈部伸直（宣长和供图）

（2）症状。

①皱胃左方变位。多发生于分娩之后，少数发生在产前 3 个月，病牛食欲减退，反刍、瘤胃蠕动减弱或消失，排黑色黏粪便。一般体温、脉搏和心跳无明显变化，瘦弱，腹围缩小，后期卧地不起。视诊左腹肋弓部局限性膨大，在左侧最后 3 个肋骨的上 1/3 处叩诊，同时用听诊器听腹侧膨大部，可听到钢管音。

②皱胃右方变位。患牛突发腹痛，蹴踢腹部，背腰下沉，呈蹲伏姿势，眼球下陷，脱水，体温正常或偏低，心跳次数增加至 100～120 次/分钟，瘤胃蠕动减少或停止。粪便带血呈暗黑色，皱胃充满气体和液体，右腹（皱胃）和左腹（瘤胃）膨胀。将听诊器放在右肷部，结合在右肷窝至倒数第 2 肋骨之间用手指叩击，听到高亢的钢管音。直肠检查，在右侧腹部摸到膨胀而紧张的皱胃。

（3）诊断。听诊、叩诊结合，以特定部位出现钢管音结合膨胀部位穿刺液检查，做出诊断。

（4）治疗。必须尽早实施开腹手术进行整复。

①皱胃左方变位的治疗。以促其复位或手术整复为主，配合抗菌消炎、补液强心。

保守疗法。轻度变位的病牛，每天驱赶运动 1～2 小时或跑动 10 分钟，当皱胃弛缓有所改善时，可自行恢复。同时应静脉注射钙制剂、皮下注射新斯的明等副交感神经药和盐类泻剂，以增强胃肠运动，消除皱胃弛缓，促进皱胃内气体与液体的排空和复位。

滚转整复法。先让病牛饥饿数日，并限制饮水，使瘤胃的体积变小，使病牛呈左侧横卧姿势，然后再转成仰卧式，随后以背为轴心，先向左滚转 45°，回到正中，再向右滚转 45°，再回到正中，如此来回左右摇晃 3～5 分钟，突然停止，使病牛仍呈左侧横卧姿势，再转成俯卧式，最后使之站立，检查复位情况。

手术整复法。术前禁食 24 小时以上，手术部位在左侧腹壁，切口顶点为距腰椎横突下方 15 厘米、距最后肋骨后缘 6 厘米的交点处，垂直向下切开皮肤 15 厘米，打开腹腔，找到皱胃后，先穿刺放气，然后在胃大弯处，用 4 股粗而长的缝线缝 2 针（不能穿透黏膜层），分别从瘤胃下方通过，在右侧事先剪毛消毒的腹壁皮肤出针，将皱胃复位后，在右侧体外将 2 根线端逐渐收紧并打结，闭合腹腔。术后在出现反刍后才开始饲以少量优质饲草、饲料，特别注意少喂精料，5～6 天内每天肌肉注射青霉素、链霉素，当有脱水症状时，应静脉补液纠正酸碱失衡。

②皱胃右方变位的治疗。手术部位在右侧腹肋部中央，距腰椎横突下方15厘米，垂直向下切开腹壁长20厘米，导出腹腔积液，找到皱胃后，用连有胶管的针头穿刺排液、放气，纠正皱胃位置，并使十二指肠和幽门通畅，最后将皱胃浆膜和切口部腹膜一并缝合固定，以防止复发。

27. 牛螨病的发病特点及防治措施是什么？

本病是由螨虫寄生于牛皮肤引起的一种慢性接触传染性体外寄生虫病。

（1）病原。螨虫包括疥螨属和痒螨属两种。

①疥螨。形体很小，肉眼难以看到。雌螨大小为（0.25 ～ 0.51）毫米 ×（0.24 ～ 0.39）毫米，雄螨大小为（0.19 ～ 0.25）毫米 ×（0.14 ～ 0.29）毫米。背面隆起，腹面扁平，浅黄色，半透明，呈龟形。虫体前端有一咀嚼式口器、无眼。其背面有细横突、锥突、圆锥形鳞片和刚毛，腹面具4对粗短的足（图7-39、图7-40）。

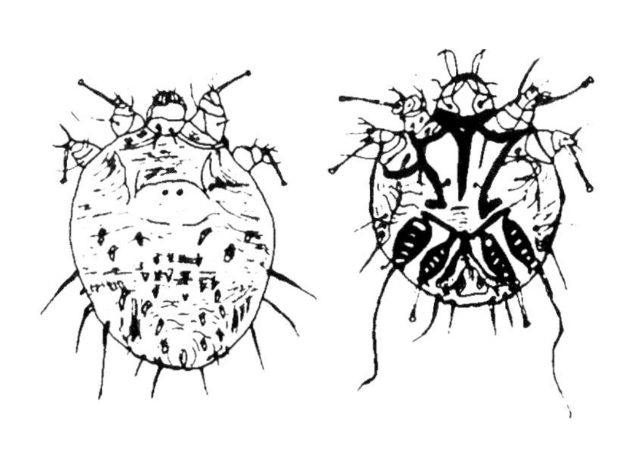

图7-39 牛疥螨的背面（左）和腹面（右）形态

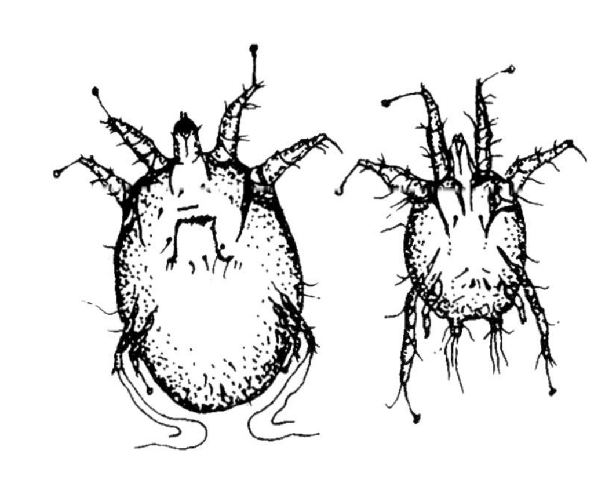

图7-40 牛疥螨的雌虫腹面（左）和雄虫腹面（右）形态

②痒螨。大小为0.5 ～ 0.9毫米，呈长圆形，灰白色，肉眼可见。虫体前端有长圆锥形刺吸式口器，背面有细的线纹，无鳞片，腹面有4对长足，前两对比后两对长。

疥螨和痒螨的发育包括卵、幼虫、若虫和成虫四个阶段，全部发育过程都是在牛皮肤内完成的，发育过程平均疥螨15天、痒螨10 ～ 12天。

（2）流行病学。牛螨病主要是通过病牛与健康牛直接接触传播的。也可通过被螨及其卵污染的圈舍、用具造成间接接触感染，饲养员、牧工、兽医的衣服和手也可引起病原的扩散。本病主要发生于秋末、冬季和初春，尤其阴雨天气，圈舍潮湿，体表湿度较大，适宜螨的发育和繁殖，夏季牛皮肤受日光照射较干燥，螨大部分死亡。痒螨寄生于牛体表皮肤，本身具有坚韧的角质表皮，对环境不利因素的抵抗力超过疥螨，如在6 ～ 8℃、85% ～ 100%湿度条件下，在圈舍内能活2个月，在牛身上能活35天。

（3）症状。病牛表现剧痒，皮肤变厚、结痂，脱毛和消瘦等（图7-41）。

图 7-41 牛螨病感染牛的白毛部分可见形态不一的病灶，皮肤出现湿疹样病变脱毛、充血、渗出（宣长和供图）

疥螨病多发生于毛少而柔软的部位。多局限于头部和颈部，严重感染时也可波及其他部位。皮肤发红肥厚，出现丘疹、水疱，继发细菌感染可形成脓疱，严重感染时牛消瘦，病部皮肤形成皱褶或龟裂，干燥，脱屑。少数患病的犊牛可因此食欲废绝，高度衰竭而死亡。

痒螨病多发生于毛密而长的部位，多发生于颈部、角基底、尾根，蔓延至垂肉和肩胛两侧，严重时波及全身。患病部位脱毛，皮肤形成水疱、脓疱，结痂肥厚。由于淋巴液、组织液的渗出及互相间啃咬，患部潮湿。严重感染时，牛精神委顿，食欲大减，发生死亡。

（4）病理变化。疥螨病以疹性皮炎、脱毛、形成皮屑干痂为特征。痒螨病以皮肤表面形成结节、水疱、脓疱，破溃干涸形成黄色柔软的鳞屑状痂皮为特征。

（5）诊断。根据症状可做出诊断，在病、健皮肤交界处刮取病料镜检，查到各发育阶段虫体或虫卵可确诊。

（6）治疗。用敌百虫 1 份加液体石蜡 4 份，加温溶解后涂擦患部。溴氰菊酯（0.005% ～ 0.008% 水溶液）、杀虫脒（0.1% ～ 0.2% 水溶液）涂擦或喷洒。伊维菌素，每千克体重 0.2 毫克，配成 1% 溶液皮下注射，隔日重复用药一次。

28. 牛球虫病的发病特点及防治措施是什么？

牛球虫病是球虫寄生在牛肠道黏膜上皮细胞内而引起的一种原虫性疾病，犊牛容易发病，以急性出血性肠炎为特征。

（1）病原。寄生在牛体内的球虫有十余种，以邱氏艾美耳球虫和艾美耳球虫致病力最强，临床最常见。邱氏艾美耳球虫主要寄生在直肠也可寄生在盲肠、结肠黏膜上皮细胞内，卵囊为圆形、椭圆形，大小为（14 ～ 17）微米 ×（17 ～ 20）微米，呈淡黄色。艾美耳球虫寄生在牛小肠、盲肠和结肠黏膜上皮细胞内，卵囊呈椭圆形，大小为（20 ～ 21）微米 ×（27 ～ 29）微米，呈褐色（图 7-42）。

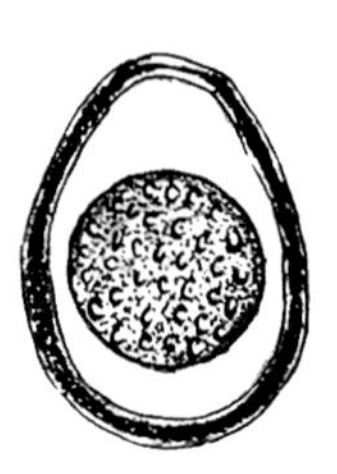

图 7-42 邱氏艾美耳球虫卵囊形态

生活史为虫体在寄生部位的上皮细胞内经过裂体增殖和配子生殖后，脱离肠上皮细胞，随粪便排到外界。在外界适宜的温度、湿度条件下，进行孢子生殖，卵囊内发育形成孢子囊（4 个）和子孢子（8 个），含有成熟子孢子的卵囊为感染性卵囊。健牛随草、料、饮水食入这种卵囊后被感染，子孢子侵入牛体内又重复以上的发育过程。

（2）流行病学。两岁以下的犊牛发病率与死亡率较高，成年牛大多带虫而不表现症状，病牛和带虫牛是本病的传染源，本病多发生在4～9月份，牛场泥泞或牧区潮湿，牛群易感染发病，饲料突然更换，舍饲与放牧相互转变易诱发本病。

（3）临床症状。潜伏期为2～3周，多为急性经过，病牛精神沉郁，食欲减退，粪便稀薄并混有血液。随着病程的延长，牛精神委顿，食欲废绝，体温上升到40～41℃，喜躺卧，瘤胃蠕动和反刍完全停止，呈进行性腹泻，稀便中带有血液、黏液和纤维素性伪膜，有恶臭。母牛泌乳减少或停止。末期粪便中含大量血液，病牛极度消瘦、衰竭而死亡。慢性病例可长期下痢，便血，消瘦，终致死亡（图7-43）。

（4）病理变化。盲肠、结肠、直肠出血坏死性炎症，内容物稀薄，混有血液、黏液和纤维素，肠壁淋巴结肿大，有灰白色病灶，黏膜溃疡（图7-44）。

（5）诊断。根据流行病学、临床症状和病变可做出初步诊断，粪便和直肠刮取物检查以发现大量球虫卵囊即可确诊。

（6）治疗。氨丙啉，犊牛每千克体重20～25毫克，口服，1次/天，连用4～5天。磺胺二甲基嘧啶，犊牛每千克体重100毫克，口服，1次/天，连用3～7天，同时配合对症治疗，使用鱼石脂等灌服，输液，补糖等。

（7）预防。保持牛舍和运动场卫生、干燥，粪便、垫草进行生物发酵以杀死卵囊。用3%～5%热碱水消毒地面、饲槽、水槽，保持饲草、饲料、饮水清洁卫生。成年牛多为带虫者，犊牛和成年牛分群饲养、分草场放牧，发现病牛及时隔离治疗。

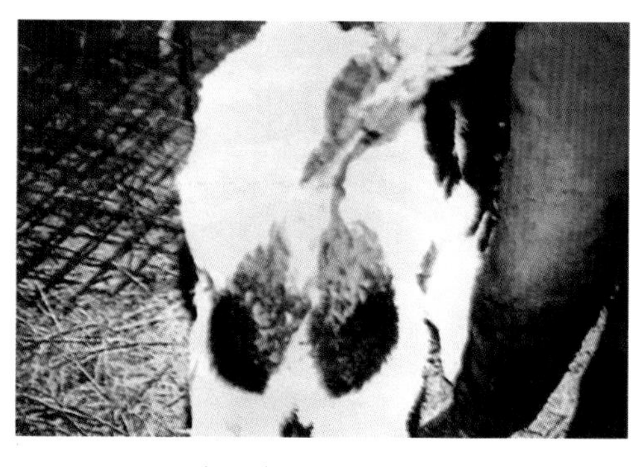

图7-43 牛球虫病发病犊牛因肠炎排出带血黏液稀便，污染肛门周围（宣长和供图）

图7-44 结肠黏膜出血并有小溃疡灶，表面附有纤维素样伪膜，又称球虫病结肠段的出血性纤维素性坏死性结肠炎（宣长和供图）

养好肉牛顺口溜

养好肉牛很关键，各各环节要细心；
场址选择很重要，选错场址年年糟；
利于防疫交通便，通风向阳地势高。
场地干燥坡度缓，水源充足水质好；
场区布局要合理，生产生活不混淆。
仓库防潮又防鼠，场内不养狗和猫；
生产区内又有区，大中小牛要分群。
牛舍之间有间隔，通风采光防疫好；
牛舍跨度要适中，二列舍房更为好。
水泥地面适粗糙，以免湿滑防摔跤；
墙体房顶能隔热，冬暖夏凉应激少。
舍外要有排粪沟，舍内卧床要合理；
牛场须有隔离舍，周边围墙防疫盗。
场门派人来守卫，车辆人物把毒消；
死牛不可随地埋，下风地处挖尸坑。
高产肉牛有特点，前中后躯是关键；
身躯要求园筒形，背腰结合成直线；
后躯宽大呈方形，三躯结合勿凹陷。
鼻直口阔无棱角，皮薄骨粗背毛短；
四肢结实无系卧，高产肉牛肥满膘。
养牛须以草为先，一年四季离不了；
苜蓿干草要常有，传统养牛转观念。
购料应选性价比，想省反而更花钱；
严格把好原料关，霉变饲料有风险。
技术骨干当参谋，月月测定肉料比；
配方不要轻易变，蛋白脂肪常稳定。
苜蓿营养丰而全，即省精料又增膘；
勿牛饲料常添加，收入增加换新颜。

参考文献

丁洪涛，王石庄，张烈，等，1997. 肉牛高效饲养新技术［M］. 大连：大连出版社 .

黄应祥，张全林，刘强，1999. 图说养牛新技术［M］. 北京：科学出版社.

李培和，王云洲，等，2002. 农村养牛实用新技术［M］. 北京：中国农业出版社.

蒋兆春，戴杏庭，顾丽华，等，2000. 养牛生产关键技术［M］. 南京：江苏科学技术出版社.

董蠡，2001. 实用牛马病临床类症鉴别［M］. 北京：中国农业出版社.

向华，宣华，王玉森，等，2004. 牛病防治手册［M］. 北京：金盾出版社.

蒋兆春，林继煌，江凤龙，等，2004. 牛病鉴别诊断与防治［M］. 北京：金盾出版社.

付尚杰，初秀，2005. 规模化安全养肉牛新技术［M］. 北京：中国农业出版社.

林范泽，夏成，侯喜林，等，2008. 牛病类症鉴别诊断彩色图谱［M］. 北京：中国农业出版社.

张申贵，卢明军，冯会中，等，2010. 牛的生产与经营［M］. 北京：中国农业出版社.

林大木，2013. 牛病防治图册［M］. 长沙：湖南科学技术出版社.

胡士林，马爱霞，王金君，等，2018. 彩色图解科学养牛新技术［M］. 北京：化学工业出版社.

陈怀涛，李晓明，胡永浩，等，2018. 牛病诊疗原色图谱［M］. 北京：中国农业出版社.

史民康，李根根，曹宁贤，等，2019. 图说如何安全高效饲养肉牛［M］. 北京：中国农业出版社.

周国乔，徐健，徐波，等，2019. 牛病诊断与防治彩色图谱［M］. 北京：中国农业科学技术出版社.

图书在版编目（CIP）数据

肉牛高效养殖技术问答/董建平，师军锋，辛绪峰主编．—北京：中国农业出版社，2020.5

ISBN 978-7-109-26775-6

Ⅰ.①肉…　Ⅱ.①董…②师…③辛…　Ⅲ.①肉牛-饲养管理-问题解答　Ⅳ.①S823.9-44

中国版本图书馆CIP数据核字（2020）第062230号

肉牛高效养殖技术问答

ROUNIU GAOXIAO YANGZHI JISHU WENDA

中国农业出版社出版

地址：北京市朝阳区麦子店街18号楼

邮编：100125

责任编辑：周益平　李海锋

责任校对：周丽芳

印刷：中农印务有限公司

版次：2020年5月第1版

印次：2020年5月北京第1次印刷

发行：新华书店北京发行所

开本：700mm × 1000mm　1/16

印张：11

字数：180千字

定价：59.60元
